经济与管理类统计学系列教材
“十二五”普通高等教育本科国家级规划教材

应用多元统计分析

（第四版）

朱建平　主编

科学出版社
北　京

内 容 简 介

本书为"十二五"普通高等教育本科国家级规划教材，同时也是教育部高等学校统计学类专业教学指导委员会推荐教材。本书努力贯彻"少而精"的原则，力求以统计思想为主线，以 R 语言为工具，深入浅出地介绍各种多元统计方法的理论和应用。主要内容包括：多元统计分析概述、多元正态分布的参数估计、多元正态分布均值向量和协差阵的检验、判别分析、聚类分析、主成分分析、因子分析、相应分析、典型相关分析、多维标度法、多变量的可视化分析等。特别是，本书将 R 语言的学习和案例分析有机结合，体现了多元统计分析方法的应用。

本书配备多媒体教学课件，可作为经济类、管理类各专业本科生教材，同时也适合自学多元统计分析的读者阅读参考。

图书在版编目(CIP)数据

应用多元统计分析/朱建平主编. —4 版. —北京：科学出版社，2021.1

经济与管理类统计学系列教材 "十二五"普通高等教育本科国家级规划教材

ISBN 978-7-03-067320-6

I. ①应… II.①朱… III. ①多元分析–统计分析–高等学校–教材
IV. ①O212.4

中国版本图书馆 CIP 数据核字(2020)第 255211 号

责任编辑：方小丽/责任校对：贾娜娜

责任印制：赵 博/责任设计：蓝正设计

科学出版社 出版

北京东黄城根北街 16 号

邮政编码：100717

http://www.sciencep.com

三河市骏杰印刷有限公司印刷

科学出版社发行 各地新华书店经销

*

2006 年 8 月第 一 版 开本：787×1092 1/16

2012 年 6 月第 二 版 印张：15

2016 年 1 月第 三 版 字数：356 000

2021 年 1 月第 四 版 2025 年 7 月第三十六次印刷

定价：42.00 元

(如有印装质量问题，我社负责调换)

经济与管理类统计学系列教材编委会

编委会主任：

曾五一　教育部高等学校统计学类专业教学指导委员会原主任委员、厦门大学教授、博导

编委：（按姓氏笔画排序）

王艳明　教育部高等学校统计学类专业教学指导委员会委员、山东工商学院教授

王振龙　全国统计职业教育教学指导委员会副主任委员、陕西广播电视大学教授

朱建平　教育部高等学校统计学类专业教学指导委员会副主任委员、厦门大学教授、博导

刘　洪　中南财经政法大学教授、博导

刘建平　暨南大学教授、博导

许　鹏　湖南大学教授、博导

李金昌　教育部高等学校经济学类专业教学指导委员会副主任委员、浙江工商大学教授、博导

李宝瑜　山西财经大学教授、博导

杨　灿　厦门大学教授、博导

肖红叶　国家级教学名师、天津财经大学教授、博导

张润楚　南开大学教授、博导

茆诗松　华东师范大学教授、博导

杭　斌　山西财经大学教授、博导

罗良清　教育部高等学校经济学类专业教学指导委员会委员、江西财经大学教授、博导

周恒彤　天津财经大学教授、博导

庞　皓　国家级教学名师、西南财经大学教授、博导

郑　明　教育部高等学校统计学类专业教学指导委员会委员、复旦大学教授、博导

徐国祥　教育部高等学校统计学类专业教学指导委员会副主任委员、上海财经大学教授、博导

总序

党的二十大报告提出：“教育、科技、人才是全面建设社会主义现代化国家的基础性、战略性支撑。必须坚持科技是第一生产力、人才是第一资源、创新是第一动力，深入实施科教兴国战略、人才强国战略、创新驱动发展战略，开辟发展新领域新赛道，不断塑造发展新动能新优势。” 2023 年，中共中央、国务院印发了《数字中国建设整体布局规划》，规划中提出，建设数字中国是数字时代推进中国式现代化的重要引擎，是构筑国家竞争新优势的有力支撑；加快数字中国建设，对全面建设社会主义现代化国家、全面推进中华民族伟大复兴具有重要意义和深远影响。

正如全国政协委员、中国科学院院士、北京大学教授陈松蹊教授最近在接受记者采访时所指出的那样：“数字中国建设需要全社会的共同努力，需要唤醒全民数据意识，大力弘扬数据文化。统计学人才，正是数据文化建设的主要传播者，是建设数字中国的生力军。”“近年来，作为推动数字经济、人工智能发展的关键学科之一，统计学在面向世界科技前沿、面向经济主战场、面向国家重大需求、面向人民生命健康的诸多领域正在发挥着越来越大、不可替代的作用。”

统计学是一门研究如何测度、收集、整理、归纳和分析反映客观现象总体数量的数据，以帮助人们正确认识客观世界数量规律的方法论科学。随着社会经济的发展和科学技术的进步，统计应用的领域越来越广，统计已经成为人们认识世界不可或缺的重要工具。

现代统计学可以分为两大类：一类是以抽象的数量为研究对象，研究一般的收集数据、分析数据方法的理论统计学。另一类是以各个不同领域的具体数量为研究对象的应用统计学。前一类统计学具有通用方法论的理学性质，其特点是计量不计质。后一类统计学则与各不同领域的实质性学科有着非常密切的联系，是有具体对象的方法论，因而具有复合性学科和边缘学科的性质。所谓应用既包括一般统计方法的应用，也包括各自领域实质性科学理论的应用。经济与管理统计学是以社会经济数量为对象的应用统计学。要在经济和管理领域应用统计方法，必须解决如何科学地测定经济现象即如何科学地设置指标的问题，这就离不开对有关经济现象的质的研究。要对经济和管理问题进行统计分析，也必须以有关经济和管理的理论为指导。因此，经济与管理统计学的特点是在质与量的紧密联系中，研究事物的数量特征和数量表现。不仅如此，由于社会经济现象所具有的复杂性和特殊性，经济与管理统计学除了要应用一般的统计方法外，还需要研究自己独特的方法，如核算的方法、综合评价的方法，等等。

从历史和现状看，我国统计学专业的办学也有两种模式：一是强调各类统计学所具有的共性。这种模式主要培养学生掌握通用的统计方法和理论。它肯定统计学的“理学性质”，按照理学类学科的特点设置课程，概率论和各种数理统计方法等通用的统计方法论在课程中占有较大分量。其培养目标是有良好的数学基础、熟练掌握统计学基本理论与各种方法，同时有一定的专门领域的知识，能够适应各个不同领域的统计工作和统计研究的统计人才。二是强调各类统计学的个性，对于经济与管理类统计学来说，就是强调其与经济学和管理学等其他学科的密切联系，按照经济与管理类学科的特点设置课程，除统计学本身的专业课外，经济管理类的课程占相当大的分量。其培养目标是复合型人才，即具有坚实的经济与管理理论功底，既懂数理统计方法、又懂经济统计方法，并能熟练掌握现代计算手段的经济与管理统计人才。这种人才既是统计人才又是经济管理人才，不仅能胜任基层企事业单位和政府部门的日常统计业务，而且能从事市场调查、经济预测、信息分析和其他经济管理工作。上述两种办学模式，各有特色，同时也各有一定的社会需求。应该根据“百花齐放，百家争鸣”的方针，允许多种办学模式并存，由各院校根据自己的特色和市场对有关人才需求的大小，自主选择合适的办学模式。

为了更好地满足新时代对统计人才的需要，无论是理学类统计学专业还是经济管理类统计学专业都必须思考如何面向未来、面向世界，加强自身的建设，以便更好地与国际接轨的问题。但是，这两类专业的培养目标不同，知识体系也有相当大的差异，难以完全统一或互相取代。2003 年 11 月，当时的教育部高等学校统计学类专业教学指导分委员会在厦门召开年会，会上各方面的专家达成共识，为了促进统计学的学科建设和发展，有必要按授予学位的不同，分别制定指导性的教学规范。2004 年 1 月，全国经济与管理类统计学专业的部分专家和学者在天津财经学院（现更名为天津财经大学）讨论了《统计学专业教学规范（授经济学学位）》征求意见稿，对初稿进行修改与补充，又经过教育部统计学类专业教学指导分委员会研究和审定，最终形成了正式的教学规范（以下简称新规范）。

根据新规范的设计，经济管理类统计学专业应开设的统计学专业主干课程包括以下 10 门：统计学导论、数理统计学、应用多元统计分析、应用时间序列分析、应用抽样技术、计量经济学、国民经济统计学、企业经营统计学、证券投资分析、货币与金融统计学。为了进一步提高统计教材的质量，更好地满足培养经济管理类统计人才的需要，我们成立了全国经济与管理类统计学系列教材编委会，组织全国高校同行分工协作，编辑出版了一套经济与管理类统计学系列教材。

本套系列教材根据经济管理类统计学专业的特点，构建了与培养目标相适应的教学内容体系。在系列教材的编写中，尽可能做到统筹兼顾，防止低水平重复。同时，各本教材采用相同的版式、体例和统一规范的学术用语，并且，注意教材编写体例的新颖性，提高学生学习的兴趣和效率。因此，本套系列教材比较适合作为经济管理类统计学专业的专业课程教材。其中的《统计学导论》和《计量经济学》也可作为一般经济管理类专业的核心课程教材。

第一套经济与管理类统计学系列教材出版至今已经过去十多年了。该套教材的出版发行受到了广大读者的欢迎，被不少高等院校采用。迄今为止，本系列教材已有多种再版或重印，其中的《统计学导论》和《计量经济学》曾被教育部评定为国家级精品教材。《统计学导论》《计量经济学》《应用多元统计分析》和《应用抽样技术》等教材则先后被列入普通高等教育"十一五"国家级规划教材或"十二五"普通高等教育本科国家级规划教材。以《统计学导论》为基础教材的厦门大学与天津财经大学的"统计学"课程和以《计量经济学》为基础教材的西南财经大学"计量经济学"课程被教育部评为国家级精品课程和国家级精品资源共享课程。2009 年以本系列教材作为其主要内容之一的教学成果"经济管理类统计学专业教学体系的改革与创新"获得第六届高等教育国家级优秀教学成果一等奖。总而言之，在过去十多年里，本系列教材对促进我国统计学专业的教学改革、提高统计学专业教学质量，发挥了应有的作用。

近年来，随着社会经济的发展和科学技术的进步，全球正在逐步进入大规模生产、分享和应用各种数据的大数据时代。大数据时代是"数据为王"的时代。通过对各种数据的采集、存储、处理和分析，人们可以获得许多有价值的知识，从而更加有效地组织生产、经营和各种活动，进而推动人们生活方式和整个社会的变化和进步。大数据是一种宝贵的资源，大数据必须通过挖掘、提炼和加工才能真正发挥作用。作为认识客观世界数量规律的有力工具，统计学的基本思想与方法在大数据时代仍然大有用武之地。在应对大数据的各种挑战中，必将出现新的统计学理论与方法，进而促进统计学自身的发展。

为了适应经济社会形势的发展和大数据时代的到来，在科学出版社的组织和大力支持下，我们启动了经济管理类统计学系列教材的全面修订与再版工作。新的系列教材在保持原系列教材基本特色的基础上，主要在以下几个方面又作了一些改进：

第一，成立新的经济与管理类统计学系列教材编委会，吸收一些年富力强的教授参与系列教材的主编和修订工作。

第二，根据与时俱进的原则，对原系列教材的内容进行全面的修订、补充与完善。

第三，根据各课程的具体情况，在编写出版纸质教材的同时，开展相关数字资源网上互动平台的建设。利用二维码将教材的有关内容与网上资源相互链接。通过扫描二维码，读者可以利用手机或电脑观看教学案例与各章的习题详解，还可以通过网上互动平台，观看教学视频。

经济与管理类统计学专业系列教材的建设与完善是一个复杂艰巨的系统工程，完成这一工程需要全国统计教育工作者的共同努力。借此机会，我要感谢参与本套系列教材编写、修订的全国各高校的同行专家和学者，感谢为本套系列教材的出版提供帮助的科学出版社的领导和编辑。衷心祝愿大家的辛勤劳动能够再次结出丰硕的果实，能够为我国统计学的普及和提高做出更大的贡献。

曾五一

2023 年 7 月

第四版前言

《应用多元统计分析》自 2006 年 8 月由科学出版社出版以来，已经修订到目前的第四版、印刷 27 次，被许多高校采用，受到了广大教师和学生的普遍欢迎，是教育部高等学校统计学类专业教学指导委员会推荐用书，并被遴选为普通高等教育“十一五”和“十二五”本科国家级规划教材，为我国经济统计专业教学改革和创新做出了贡献，同时也得到了社会的认可。

在这里我们强调，在大数据时代的今天，人们已经意识到数据最值钱的时代已经到来。显然，大量信息在给人们带来方便的同时也带来一系列问题，例如：信息量过大，超过了人们掌握、消化的能力；一些信息真伪难辨，从而给信息的正确应用带来困难；信息组织形式的不一致性导致难以对信息进行有效统一处理；在公共的网络环境中，用户隐私的保护，不仅需要法律支持，更需要社会公认的数据标准和规范等。这样我们面临着复杂数据的处理问题，特别是研究客观事物中多个变量（或多个因素）之间相互依赖的统计规律性，它的重要理论基础之一是多元统计分析。

为了适应时代发展的需要，按照教育部高等学校统计学类专业教学指导委员会关于统计学科教材编写的要求，将教材中的案例实现做了较大的修订，力求以统计思想为主线，以 R 语言为工具，深入浅出地介绍各种多元统计方法的应用。本书仍然保持了原教材的基本框架和内容体系，但是对各章的案例分析，全部修订为用 R 语言实现，增加了 R 语言应用基础，同时对第十一章多变量的可视化分析进行了完善修改，力求体现以下特点：

第一，把握统计实质，贯穿统计思想。注重统计思想的讲述，在多元统计方法的应用上把握实质，从实际问题入手，在不失严谨的前提下，淡化统计方法本身的数学推导，体现统计学的实用性。

第二，应用 R 语言，实现统计计算。通过案例分析进一步加强统计理论和方法的应用，注重训练学生解决实际问题的能力，提高综合分析问题的能力。

第三，加强统计理论学习，完成统计实践。根据实际介绍的统计方法，将编写的习题分为两类，一类是继续巩固和加强统计理论及方法，包括基本概念和基本思路训练的习题；另一类是针对实际问题，培养学生结合统计方法独立解决实际问题的能力的习题。

为了提高学生的学习兴趣和学习效率，考虑到不同的使用对象和教学特点，对部分内容可根据实际情况进行选讲。

本次修订编写工作由朱建平教授、张志刚教授、王磊副教授共同完成，其中朱建平教授担任主编统稿，张志刚教授编写 R 语言应用，并协助完成总纂。

本书在修订编写和出版过程中得到了厦门大学管理学院、厦门大学健康医疗大数据国家研究院、厦门大学数据挖掘研究中心、湖北经济学院、浙江工商大学现代商贸流通体系协同创新中心和科学出版社的支持，朱平辉教授、刘云霞副教授、辛华副教授和任晓萍助理教授参加了前几版的编写工作，方小丽同志为本书的组稿、编辑做了大量的工作，在此一并表示衷心感谢！尽管我们在修订编写本书的过程中尽心竭力，但书中难免有疏漏或不妥之处，恳请读者多提宝贵意见，以便今后进一步修改与完善。

本书的出版得到了厦门大学哲学社会科学繁荣计划建设项目和厦门大学“双一流”重点建设项目的支持和资助。

编　者

2020 年 10 月于厦门

目　录

第一章

多元统计分析概述

第一节　引言

多元统计分析是运用数理统计方法来研究解决多指标问题的理论和方法。近 40 年来，随着计算机应用技术的发展和科研生产的迫切需要，多元统计分析技术被广泛应用于地质、气象、水文、医学、工业、农业和经济等许多领域，已经成为解决实际问题的有效方法。由于计算机处理技术发生着日新月异的变化，人们处理大规模复杂数据的能力日益增强，从大规模数据中提取有价值的信息能力日益提高，人们将会迅速进入大数据时代。大数据时代不仅会带来人类自然科学技术和人文社会科学的发展变革，还会给人们的生活和工作方式带来焕然一新的变化。大数据时代的到来，在给多元统计分析理论的发展和方法的应用带来了发展壮大机会的同时，也使其面临着重大的挑战。

多元统计分析起源于 20 世纪初，1928 年 Wishart 发表论文《多元正态总体样本协差阵的精确分布》，可以说是多元统计分析的开端。30 年代 R. A. Fisher、H. Hotelling、S. N. Roy、许宝騄等做了一系列的奠基性工作，使多元统计分析在理论上得到了迅速发展。40 年代多元统计分析在心理、教育、生物等方面有不少的应用，但由于计算量大，其发展受到影响，甚至停滞了相当长的时间。50 年代中期，随着电子计算机的出现和发展，多元统计分析方法在地质、气象、医学、社会学等方面得到广泛的应用。60 年代通过应用和实践又完善和发展了理论，新的理论、新的方法不断涌现，又促使它的应用范围更加扩大。70 年代初期，多元统计分析才在我国受到各个领域的极大关注，并在理论研究和应用上取得了很多显著成绩，有些研究工作已达到国际水平，并已形成一支科技队伍，活跃在各条战线上。80 年代初期，数据在不同信息管理系统之间的共享使数据接口的标准化越来越得到强调，为数据的共享和交流提供了捷径，80 年代后期，互联网概念的兴起、“普适计算”(ubiquitous computing)理论的实现以及传感器对信息自动采集、传递和计算成为现实，为数据爆炸式增长提供了平台，为多元统计理论和方法的应用开辟了新的领域。90 年代，由于数据驱动，数据呈指数增长，企业界和学术界也不断对此现象及其意义进行探讨，为大数据概念的广泛传播提供了途径。进入 21 世纪以来，世界上许多国家开始关注大数据的发展和应用，一些学者和专家发起了关于大数据研究和应用的深入探讨，如 M.S.Vikor 和 C.Kenneth 所著的《大数据时代》等，对大数据促进人们生活、工作与思维的变革奠定了基础。在此期间，多元统计与人工智能和数据库技术相结合，通过互联网和物联网在经济、商业、金融、天文等行业得到更广泛的应用。

为了让读者更加系统地掌握多元统计分析的理论与方法，本书重点介绍多元正态总体的参数估计和假设检验以及常用的统计方法。这些方法包括判别分析、聚类分析、主成分分析、因子分析、相应分析、典型相关分析、多维标度法以及多变量的可视化分析等。与此同时，利用在我国广泛流行的 R 语言来实现实证分析，做到在理论的学习中体会应用、在应用的分析中加深理论。

第二节 大数据时代的多元统计分析

大数据是信息科技高速发展的产物，如果要利用多元统计分析的理论方法处理大数据问题，必须要全面深入理解大数据的概念，必须理解大数据产生的时代背景，然后根据大数据时代背景理解大数据概念。

一、大数据时代背景

M.Grobelink 在《纽约时报》2012 年 2 月的一篇专栏中称，“大数据时代”已经降临，在商业、经济及其他领域中，管理者决策越来越依靠数据分析，而不是依靠经验和直觉。

如果说 19 世纪以蒸汽机为主导的产业革命时代终结了传统的以手工劳动为主的生产方式，并从而推动了人类社会生产力的变革，那么 20 世纪以计算机为主导的技术革命则方便了人们的生活，并推动人类生活方式发生翻天覆地的变化。我们认为，随着计算机互联网、移动互联网、物联网、车联网的大众化和博客、论坛、微信等网络交流方式的日益红火，数据资料的增长正发生着“秒新分异”的变化，大数据时代已经到来毋庸置疑。据不完全统计，一天之中，互联网产生的全部数据可以刻满 1.68 亿张高密度数字视频光盘(digital video disc，DVD)。国际数据公司(International Data Corporation，IDC)的研究结果表明，2008 年全球产生的数据量为 0.49ZB(1024EB=1ZB，1024PB=1EB，1024TB=1PB，1024GB=1TB)，2009 年的数据量为 0.8ZB，2010 年增长为 1.2ZB，2011 年的数据量高达 1.82ZB，相当于全球每人产生 200GB 以上的数据，而到 2012 年，人类生产的所有印刷材料的数据量是 200PB，全人类历史上所有语言资料积累的数据量大约是 5EB。哈佛大学社会学教授加里·金说：“大数据是一场革命，庞大的数据资源使得各个领域开始了量化进程，无论是学术界、商业界还是政府，所有领域都将开始这种进程。”在大数据时代，因为等同于数据的知识随处可寻，对数据的处理和分析才显得难能可贵，所以在大数据时代，如何从纷繁芜杂的数据中提取有价值的知识是多元统计分析方法面对的首要问题。

二、大数据对多元统计分析的要求

在大数据时代，数据引领人们的生活，引导商业变革和技术创新。从大数据的时代背景来看，可以把大数据作为研究对象，从数据本身和处理数据的技术两个思路理解大数据，这样理解大数据就有狭义和广义之分：狭义的大数据是指数据的结构形式和规模，是从数据的字面意义理解；广义的大数据不仅包括数据的结构形式和数据的规模，还包括处理数据的技术。

狭义角度的大数据，是指计量起始单位至少是 PB、EB 或 ZB 的数据规模，其不仅包括结构化数据，还包括半结构化数据和非结构化数据。我们应该从横向和纵向两个维度解读大数据：横向是指数据规模，从这个角度来说，大数据等同于海量数据，指大数据包含的数据规模巨大；纵向是指数据结构形式，从这个角度来说，大数据不仅包含结构化数据，更多的是指半结构化数据和非结构化数据，指大数据包含的数据形式多样。广义角度的大数据，不仅包含大数据结构形式和规模，还泛指大数据的处理技术。大数据的处理技术是指能够从不断更新增长、有用信息转瞬即逝的大数据中抓取有价值信息的能力。在大数据时代，传统针对小数据处理的技术可能不再适用。这样，就产生了专门针对大数据的处理技术，大数据的处理技术也衍生为大数据的代名词。不管从广义的角度，还是从狭义的角度，大数据的核心是数据，而数据是统计研究的对象，从大数据中寻找有价值的信息的关键在于对数据进行正确的统计分析。因此，鉴定“大数据”应该在现有数据处理技术水平的基础上引入统计学的思想。

从统计学科与计算机学科性质出发，可以这样来定义“大数据”：大数据指那些超过传统数据系统处理能力、超越经典统计思想研究范围、不借用网络无法用主流软件工具及技术进行单机分析的复杂数据的集合，对于这一数据集合，在一定的条件下和合理的时间内，可以通过现代计算机技术和创新统计方法，有目的地进行设计、获取、管理、分析，揭示隐藏在其中的有价值的模式和知识。

毫无疑问，由于计算机处理技术日新月异，人们能处理大规模复杂数据的能力日益增强，从大规模数据中提取有价值信息的能力日益提高，人们将会迅速进入大数据时代。大数据时代不仅会带来人类自然科学技术和人文社会科学的发展变革，同时也对数据的处理方法提出了更高的要求。

统计学是一门古老的学科，是处理数据的重要方法之一，已经有三百多年的历史，在自然科学和人文社会科学的发展中起到了举足轻重的作用；统计学又是一门生命力极其旺盛的学科，它海纳百川又博采众长，随着各门具体学科的发展不断壮大自己。毫不例外，大数据时代的到来，给统计学科带来了发展壮大机会的同时，也使得统计学科面临着重大的挑战。怎样深刻地认识和把握这一发展契机，怎样更好地理解和应对这一重大挑战，这就迫使我们在对多变量统计分析的理论和方法进行学习及研究的基础上，重新审视并提出适合现代数据分析的思想、理念与方法。

第三节　应用背景

统计方法是科学研究的一种重要工具，其应用颇为广泛。特别地，多元统计分析方法常常被应用于自然科学、社会科学等领域的问题中。为了进一步体现多元统计分析方法的应用，应该首先从宏观的角度认识统计学应用的背景，然后从微观的角度显示多元统计分析应用的广泛性。

一、统计学的生命力在于应用

(一)统计学产生于应用

从统计学的发展过程中可以看出统计学产生于应用，在应用过程中发展，它的生命力在于应用。

300 多年前，威廉·配第(1623—1687)写的《政治算术》，从其研究方法看，被认为是一本统计学著作。政治算术学派的统计学家将统计方法应用于各自熟悉和感兴趣的研究领域，都还是把其应用对象当成肯定性事物之间的联系来进行研究的。他们确信，事物现象存在着简单明了的数量关系，需要用定性与定量的方法将这种关系(规律)揭示或描述，使人们能够更具体、真切地认识世界。

数理统计学派的奠基人凯特勒在统计学中引入了概率论，把它应用于自然界和社会的许多方面，从而为人们认识和说明不确定现象及其相互之间的联系开辟了一条道路。在自然科学和社会科学的许多领域，都留下凯特勒应用统计学研究的烙印。自从凯特勒把概率论引入应用中的统计学，人们对客观世界的认识及描述更全面、更接近于实际。他在广泛应用拉普拉斯等概率论中的正态曲线、误差法则、大数法则等成果的过程中，为统计学增添了数理统计方法，进而又扩展了统计学的应用范围。

在应用中对发展统计方法贡献显著的当推生物统计学派的戈尔登(1822—1921)、皮尔逊(1857—1936)和农业实验学派的孟德尔(1822—1884)、戈塞特(1876—1937)等。戈尔登六年中测量了近万人的身高、体重、呼吸力、拉力和压力、手击的速率、听力、视力、色觉及个人的其他资料。在探究这些数据内在联系的过程中提出了今天在自然科学和社会科学领域中广泛应用的“相关”思想。将大量数据加以综合描述和比较，从而能使他的遗传理论建立在比较精确的基础上，为统计学引入了中位数、四分位数、分布、回归等极为重要的概念和方法。皮尔逊在检验他老师戈尔登的“祖先遗传法则”和自然选择中“淘汰”对器官的相关及变异的影响中，导入了复相关的概念和方法。在讨论生物退化、反祖、遗传、随机交配等问题中，展开了回归与相关的研究，并提出以 χ^2 检验作为曲线配合适合度的一种量度思想。

农业实验学派的孟德尔和戈塞特同样是在实验回答各自应用领域中出现的新要求、新课题，发展了统计思想和统计分析方法。孟德尔及其后继者贝特森等创建的遗传实验手段，比通过记录生命外部联系曲折反映事物内在本质的描述统计更加深刻。他们运用推断的理论与实验的方法，通常只用小样本来处理。戈塞特的 t 分布与小样本思想更是在由于“有些实验不能多次进行”，因此“必须根据极少数的事例(小样本)来判断实验结果的正确性”的情况下产生的。今天，这些统计思想和分析推断方法已经成为科学家不可缺少的基本研究工具。

近现代，统计学已经空前广泛应用于最高级的运动形式——社会。其结果便是出现了一系列与其应用对象指导理论和其他相关学科交织在一起的边缘学科，如在社会经济方面的投入产出经济学、经济计量学、统计预测学、统计决策学等。在这些边缘学科中，统计学与其应用对象结合更紧密、更自然。这些学科的专家学者至少在两个或两个以上专业领域里有比较深厚的学术造诣。统计学的应用帮助他们在各自的应用领域中取得了辉煌的成就。

可见，统计学的发展一刻也离不开应用。它在应用中诞生，在应用中成熟、独立，在应用中扩充自身的方法内容，同时扩展了应用领域，又在应用中与其他学科紧密结合形成新的边缘学科。一部统计理论发展史同时又是一部应用统计发展史，正因如此，统计学的生命力在于应用。

(二)理论研究为统计学的应用奠定了基础

统计理论研究和应用研究从总体上说应该属于“源”和“流”的关系。如果理论不成熟，方法不完善，统计应用研究也很难达到较高的水平。因此，充分发挥统计学的生命力，必须建立在统计理论研究的基础之上。

从国际上看，近十几年来，统计分析技术的研究有了新的发展。这些研究的总体特征是广泛吸收和融合相关学科的新理论，不断开发应用新技术和新方法，深化和丰富统计学传统领域的理论与方法研究，并拓展统计研究的新领域。这些都充分体现了统计学强有力的生命力，其具体表现如下。

第一，统计学为计算机科学的发展发挥作用。在计算机协助的电子通信、网络创新、资源及信息统计中的统计软件等方面，对统计信息搜集、存储和传递中利用计算机提高工作效能，建立统计信息时空结构有了新的发展。在网络推断、统计软件包、统计建模中的计算机诊断方面，提出了统计思想直接转化为计算机软件，通过软件对统计过程实行控制的作用，以及利用计算机程序识别模型、改善估计量性质的新方法。这些研究成果使人们兴奋地看到计算机技术正在促使统计科研工作发生革命性变化。在软件的质量评估以及用软件检验统计程序和方法的可靠性等方面也有了新的发展。

第二，统计理论与分析方法的新发展。近年来，统计方法成果丰硕，反映了统计理论与分析方法在不断发展中趋于成熟和完善。在贝叶斯方法、非线性时间序列、多元统计分析、统计计算、线性模型、稳健估计、极值统计、混沌理论及统计检验等方面，内容广泛而翔实，可以归纳为三个方面：①理论上有新的开拓，如应用混沌理论提出混沌动态系统、混沌似然分析；引入数学中象分析、谱分析的方法，探讨象分析中同步模型化的方法，建立经验谱类函数的假设检验方法等。②不同的分析方法相互渗透、交叉结合运用，衍生新的分析方法，如马尔可夫链、蒙特卡罗方法在贝叶斯似然计算中的应用，参数估计方法的非参数校正，状态空间模型与月份时间序列的结合运用。③借助现代计算机技术活跃新的研究领域。在计算机技术迅速发展的带动下，模拟计算理论和方法有了长足的发展，这给非线性模型等因计算繁杂而沉闷多时的研究领域注入了新的活力，提出了非线性结构方程模型的特征向量估计方法、非线性回归中的截面有效性逼近、带噪声的非线性时间序列的识别等富有见地的新思路。Logistic 模型、向量时间序列模型的研究也因计算技术的解决而不乏新成果。

第三，统计调查方法与记述的创新。调查方法是统计方法论的重要组成部分，近年来，在抽样理论与方法、抽样调查、实验设计方面十分关心如何改进调查技术、减少抽样误差等问题。在调查过程的综合管理、不等概率抽样设计、分层总体的样本分配、抽样比例的回归分析和实验设计正交数组的构造方法等方面有了新见解。再抽样及随机加权方法、随机模型及连续调查报告的趋势计量、辅助信息和抽样方法，则涉及多种统计分析和计算方法的应用，在转换样本调查设计等方面也取得一定成果。计算机辅助调查有了新的发展。

众所周知，理论来源于实践，反过来又服务于实践。统计理论的研究和分析技术的发展，无疑对统计的实践起到了一定的指导作用。从另一角度也显示出，统计理论和分析技术的不断完善，为统计学的应用奠定了基础，确保了统计学强大的生命力。

二、多元统计分析方法的应用

这里通过一些实际问题，解释选择统计方法和研究内容之间的关系，这些问题以及本书中的大量案例能够使得读者对多元统计分析方法在各个领域中的广泛应用有一定的了解。多元统计分析方法从研究问题的角度可以分为不同的类，相应有具体解决问题的方法，参见表 1.1。

表 1.1　统计方法和研究内容之间的关系

问题	研究内容	统计方法
数据或结构性化简	尽可能简单地表示所研究的现象，但不损失很多有用的信息，并希望这种表示能够很容易地解释	多元回归分析、聚类分析、主成分分析、因子分析、相应分析、多维标度法、可视化分析
分类和组合	基于所测量到的一些特征，给出好的分组方法，对相似的对象或变量进行分组	判别分析、聚类分析、主成分分析、可视化分析
变量之间的相关关系	变量之间是否存在相关关系，相关关系又是怎样体现的	多元回归分析、典型相关分析、主成分分析、因子分析、相应分析、多维标度法、可视化分析
预测与决策	通过统计模型或最优准则，对未来进行预见或判断	多元回归分析、判别分析、聚类分析、可视化分析
假设的提出及检验	检验由多元总体参数表示的某种统计假设，能够证实某种假设条件的合理性	多元总体参数估计、假设检验

多元统计分析方法在经济管理、农业、医学、教育学、体育科学、生态学、地质学、社会学、考古学、环境保护、军事科学、文学等方面都有广泛的应用，这里列举一些实际问题，进一步了解多元统计分析的应用领域，让读者从感性上加深对多元统计分析的认识。

(1) 银行希望根据客户过去的贷款数据，来预测新的贷款者核贷后逾期的概率，以作为银行是否核贷的依据，或者提供给客户其他类型的贷款产品。在此可以利用聚类分析和因子分析方法。

(2) 城镇居民消费水平通常用八项指标来描述，如人均食品消费支出、人均衣着消费支出、人均居住消费支出、人均生活用品及服务消费支出、人均交通通信消费支出、人均教育文化娱乐消费支出、人均医疗保健消费支出、人均其他用品及服务消费支出，这八项指标存在一定的线性关系。为了研究城镇居民的消费结构，需要将相关性强的指标归并到一起，这实际上就是对指标进行聚类分析。

(3) 频发的网络服务侵权纠纷已经成为制约我国信息网络产业有序发展的主要障碍，利用统计方法进行定性分析、对比分析、主成分分析以完善相关法律法规，厘清各类型网络服务商复杂的侵权状况。

(4) 某一产品是用两种不同的原料生产的，试问此两种原料生产的产品寿命有无显著差异？又如，若考察某商业行业今年和去年的经营状况，这时需要看这两年经营指标的平均水平是否有显著差异以及经营指标之间的波动是否有显著差异。可用多元正态总体均值向量和协差阵的假设检验。

(5) 某医院已有 100 个分别患有胃炎、肝炎、冠心病、糖尿病等的患者资料，记录了他们每个人若干项症状指标数据。如果对于一个新的患者，当也测得这若干项症状指标时，可以利用判别分析方法判定他患的是哪种病。

(6) 根据每位手机客户的月消费记录，利用聚类分析和判别分析将客户分类，预测客户流失情况，也可以通过对客户整体的消费数据进行分析，推出合理的套餐，供客户选择。

(7) 有 100 种酒，品尝家可以对每两种酒进行品尝对比，给出一种相近程度的得分（相差越小得分越高，相差越大得分越低），希望用这些得分数据来了解这 100 种酒之间的结构关系。这样的问题就可以用多维标度法来解决。

(8) 在地质学中，常常要研究矿石中所含化学成分之间的关系。设在某矿体中采集了 60 个标本，对每个标本测得 20 种化学成分的含量。我们希望通过对这 20 种化学成分的分析，了解矿体的性质和矿体形成的主要原因。

(9) 在互联网上，网站根据客户购买商品的信息，通过判别分析预测客户下一次购买产品的类型，或者推荐相似产品。

(10) 在高考招生工作中，知道每个考生的基本情况，通过分析不仅可以了解学生喜欢学习的科目，还可以进一步从考生每门课程的成绩，分析出学生的逻辑思维能力、形象思维能力和记忆力等对学习成绩的影响。

第四节　计算机在统计分析中的应用

一、加强计算机统计应用教学

从统计学产生和发展的历史可以看到，在统计数据的收集、整理、加工、分析的过程中，对统计学的昌盛发展起决定性作用的工具就是高速的计算工具——计算机。同样，它对统计教学也是相当重要的。首先，应在统计教学中大力加强通用统计应用软件的教学。在国外比较流行的统计应用软件有 SAS、SPSS、S-PLUS、MINITAB、Excel、R 语言等，它们不仅仅是一个统计分析软件，都可用于统计工作的全过程，如统计调查方案设计、统计整理、数据库的建立与管理等。因此，加强通用统计应用软件的教学十分重要。其次，应把掌握一种算法语言和一定的数据库知识或网络知识作为对统计专业学生计算机应用知识的基本要求。应注重应用，根据统计课程的特点，处理好通用统计应用软件课程教学与应用统计方法课程教学间的关系，尽可能把它们有机地结合起来。这样不仅能突出有关统计方法课程的应用特色，更好地理解其原理、基本思想及适用条件，而且能使学生通过课程的反复学习，熟练掌握通用统计应用软件的使用。

这里我们应该清楚地认识到，多元统计分析的数学计算比较复杂，如果不借助于计算机，许多问题根本无法解决。在多元统计分析的教学中，加强计算机的应用教学就显得尤为重要。因此，本书在案例分析中，大部分采用国际上流行的通用统计软件 R 语言来实现，这样不仅能体现多元统计分析方法的理论价值，而且能更好地显示出其应用价值。

二、计算机统计分析的基本步骤

计算机统计分析的基本过程如下。

(1)数据的组织。数据的组织实际上就是数据库的建立。数据组织有两步：第一步是编码，即用数字代表分类数据(有时也可以是区间数据或比例数据)；第二步是给变量赋值，即设置变量并根据研究结果给予其数字代码。

(2)数据的录入。数据的录入就是将编码数据输入计算机，即输入已经建立的数据库结构，形成数据库。数据录入的关键是保证录入的正确性。录入错误主要有认读错误和按键错误。在数据录入后还应进行检验，检验可采取计算机核对和人工核对两种方法。

(3)统计分析。首先根据研究目的和需要确定统计方法，然后确定与选定的统计方法相应的运行程序，既可以用计算机存储的统计分析程序，也可以用其他统计软件包中的程序。

(4)结果输出。经过统计分析，计算结果可以打印出来，输出的形式有列表、图形等。

➢ 思考与练习

1.1　应用多元统计分析方法可以解决什么问题？

1.2　应用多元统计分析主要包括哪些分析方法？这些方法分别可以用于解决哪方面的具体问题？

第二章

多元正态分布的参数估计

第一节　引言

多元统计分析涉及的都是随机向量或多个随机向量放在一起组成的随机矩阵。例如，在研究公司的运营情况时，要考虑公司的获利能力、资金周转能力、竞争能力以及偿债能力等指标；又如，在研究国家财政收入时，税收收入、企业收入、债务收入、国家能源交通重点建设基金收入、基本建设贷款归还收入、国家预算调节基金收入、其他收入等都是需要同时考察的指标。显然，如果只研究一个指标或是将这些指标割裂开分别研究，是不能从整体上把握研究问题的实质的，解决这些问题就需要多元统计分析方法。为更好地探讨这些问题，本章首先论述有关随机向量的基本概念和性质。

在实用中遇到的随机向量常常是服从正态分布或近似正态分布的，或虽本身不是正态分布，但它的样本均值近似于正态分布。因此，现实世界中许多实际问题的解决办法都是以总体服从正态分布或近似正态分布为前提的。在多元统计分析中，多元正态分布占有很重要的地位，本书所介绍的方法大都假定数据来自多元正态分布。为此，本章将介绍多元正态分布的定义和有关性质。

然而，在实际问题中，多元正态分布中均值向量$\boldsymbol{\mu}$和协差阵$\boldsymbol{\Sigma}$通常是未知的，一般的做法是由样本来估计。这是本章讨论的重要内容之一，在此介绍最常见的最大似然估计法对参数进行估计，并讨论与其有关的性质。

第二节　基本概念

一、随机向量

本节所讨论的是多个变量的总体，所研究的数据是经过n次观测得到的p个指标(变量)，把这p个指标表示为$X_1,X_2,\cdots,X_p$，常用向量

$$\boldsymbol{X}=(X_1,X_2,\cdots,X_p)'$$

表示对同一个体观测的p个变量。这里应该强调，在多元统计分析中，仍然将所研究对象的全体称为总体，它是由许多(有限和无限)的个体构成的集合，如果构成总体的个体

是具有 p 个需要观测指标的个体，那么称这样的总体为 p 维总体(或 p 元总体)。上面的表示便于人们用数学方法去研究 p 维总体的特性。这里“维”(或“元”)的概念，表示共有几个分量。若观测了 n 个个体，则可得到如表 2.1 所示的数据，称每一个个体的 p 个变量为一个样品，而全体 n 个样品组成一个样本。

表 2.1 n 个个体的数据

变量 / 序号	X_1	X_2	…	X_p
1	X_{11}	X_{12}	…	X_{1p}
2	X_{21}	X_{22}	…	X_{2p}
⋮	⋮	⋮		⋮
n	X_{n1}	X_{n2}	…	X_{np}

在这里横看表 2.1，记为

$$\boldsymbol{X}_{(\alpha)}=(X_{\alpha 1},X_{\alpha 2},\cdots,X_{\alpha p})',\quad \alpha=1,2,\cdots,n$$

表示第 α 个样品的观测值。竖看表 2.1，第 j 列的元素

$$\boldsymbol{X}_j=(X_{1j},X_{2j},\cdots,X_{nj})',\quad j=1,2,\cdots,p$$

表示对第 j 个变量 X_j 的 n 次观测数值。

因此，表 2.1 所反映出的样本资料可用矩阵表示为

$$\boldsymbol{X}_{n\times p}=\begin{bmatrix} X_{11} & X_{12} & \cdots & X_{1p} \\ X_{21} & X_{22} & \cdots & X_{2p} \\ \vdots & \vdots & & \vdots \\ X_{n1} & X_{n2} & \cdots & X_{np} \end{bmatrix}=(\boldsymbol{X}_1,\boldsymbol{X}_2,\cdots,\boldsymbol{X}_p)=\begin{bmatrix} \boldsymbol{X}'_{(1)} \\ \boldsymbol{X}'_{(2)} \\ \vdots \\ \boldsymbol{X}'_{(n)} \end{bmatrix} \tag{2.1}$$

简记为 $\boldsymbol{X}$，在以后的描述中，若无特殊说明，本书所称向量均指列向量。

定义 2.1 将 p 个随机变量 $X_1,X_2,\cdots,X_p$ 的整体称为 p 维随机向量，记为 $\boldsymbol{X}=(X_1,X_2,\cdots,X_p)'$。

对随机向量的研究仍然限于讨论离散型和连续型两类随机向量。

二、多元分布

先回顾一下一元统计中分布函数和密度函数的定义。

设 X 是一个随机变量，称 $F(x)=p(X\leqslant x)$ 为 X 的概率分布函数或简称为分布函数，记为 $X\sim F(x)$。

若随机变量 X 在有限或可列个值 $\{x_k\}$ 上取值，记 $P(X=x_k)=p_k$，$k=1,2,\cdots$ 且 $\sum_k p_k=1$，则称 X 为离散型随机变量，称 $P(X=x_k)=p_k(k=1,2,\cdots)$ 为 X 的概率分布。

设 $X \sim F(x)$，若存在一个非负函数 $f(x)$，使得一切实数 x 有 $F(x)=\int_{-\infty}^{x} f(t)\mathrm{d}t$，则称 $f(x)$ 为 X 的分布密度函数，简称为密度函数。一个函数 $f(x)$ 能作为某个随机变量 X 的密度函数的重要条件如下：

(1) $f(x) \geqslant 0$，对一切实数 x；

(2) $\int_{-\infty}^{+\infty} f(x)\mathrm{d}x=1$。

定义 2.2　设 $\boldsymbol{X}=(X_1,X_2,\cdots,X_p)'$ 是 p 维随机向量，它的多元分布函数定义为

$$F(\boldsymbol{x}) \stackrel{\text{def}}{=} F(X_1,X_2,\cdots,X_p)=P(X_1 \leqslant x_1,X_2 \leqslant x_2,\cdots,X_p \leqslant x_p) \tag{2.2}$$

记为 $\boldsymbol{X} \sim F(\boldsymbol{x})$，其中 $\boldsymbol{x}=(x_1,x_2,\cdots,x_p)' \in \mathbf{R}^p$，$\mathbf{R}^p$ 表示 p 维欧几里得空间。

多维随机向量的统计特性可用它的分布函数来完整地描述。

定义 2.3　设 $\boldsymbol{X}=(X_1,X_2,\cdots,X_p)'$ 是 p 维随机向量，若存在有限个或可列个 p 维数向量 $\boldsymbol{x}_1,\boldsymbol{x}_2,\cdots$，记 $P(\boldsymbol{X}=\boldsymbol{x}_k)=p_k\ (k=1,2,\cdots)$ 且满足 $p_1+p_2+\cdots=1$，则称 $\boldsymbol{X}$ 为离散型随机向量，称 $P(\boldsymbol{X}=\boldsymbol{x}_k)=p_k\ (k=1,2,\cdots)$ 为 $\boldsymbol{X}$ 的概率分布。

设 $\boldsymbol{X} \sim F(\boldsymbol{x}) \stackrel{\text{def}}{=} F(x_1,x_2,\cdots,x_p)$，若存在一个非负函数 $f(x_1,x_2,\cdots,x_p)$，使得对一切 $\boldsymbol{x}=(x_1,x_2,\cdots,x_p)' \in \mathbf{R}^p$，有

$$F(\boldsymbol{x}) \stackrel{\text{def}}{=} F(x_1,x_2,\cdots,x_p)=\int_{-\infty}^{x_1}\cdots\int_{-\infty}^{x_p} f(t_1,t_2,\cdots,t_p)\mathrm{d}t_1\cdots\mathrm{d}t_p \tag{2.3}$$

则称 $\boldsymbol{X}$ 为连续型随机变量，称 $f(x_1,x_2,\cdots,x_p)$ 为分布密度函数，简称为密度函数或分布密度。

一个 p 元函数 $f(x_1,x_2,\cdots,x_p)$ 能作为 $\mathbf{R}^p$ 中某个随机向量的密度函数的主要条件如下：

(1) $f(x_1,x_2,\cdots,x_p) \geqslant 0, \forall (x_1,x_2,\cdots,x_p)' \in \mathbf{R}^p$；

(2) $\int_{-\infty}^{+\infty}\cdots\int_{-\infty}^{+\infty} f(x_1,x_2,\cdots,x_p)\mathrm{d}x_1\cdots\mathrm{d}x_p=1$。

离散型随机向量的统计性质可由它的概率分布完全确定，连续型随机向量的统计性质可由它的分布密度完全确定。

例 2.1　试证函数

$$f(x_1,x_2)=\begin{cases} \mathrm{e}^{-(x_1+x_2)}, & x_1 \geqslant 0, x_2 \geqslant 0 \\ 0, & \text{其他} \end{cases}$$

为随机向量 $\boldsymbol{X}=(X_1,X_2)'$ 的密度函数。

证明　只要验证满足密度函数的两个条件即可：

(1) 显然，当 $x_1 \geqslant 0, x_2 \geqslant 0$ 时有 $f(x_1,x_2) \geqslant 0$；

(2) $\int_{-\infty}^{+\infty}\int_{-\infty}^{+\infty} \mathrm{e}^{-(x_1+x_2)}\mathrm{d}x_1\mathrm{d}x_2=\int_{0}^{+\infty}\int_{0}^{+\infty} \mathrm{e}^{-(x_1+x_2)}\mathrm{d}x_1\mathrm{d}x_2$

$$=\int_0^{+\infty}\left[\int_0^{+\infty}\mathrm{e}^{-(x_1+x_2)}\mathrm{d}x_1\right]\mathrm{d}x_2$$

$$=\int_0^{+\infty}\mathrm{e}^{-x_2}\mathrm{d}x_2$$

$$=-\mathrm{e}^{-x_2}\Big|_0^{+\infty}=1$$

定义 2.4 设 $\boldsymbol{X}=(X_1,X_2,\cdots,X_p)'$ 是 p 维随机向量，称由它的 $q(<p)$ 个分量组成的子向量 $\boldsymbol{X}^{(i)}=(X_{i_1},X_{i_2},\cdots,X_{i_q})'$ 的分布为 $\boldsymbol{X}$ 的边缘(或边际)分布，相对地把 $\boldsymbol{X}$ 的分布称为联合分布。通过变换 $\boldsymbol{X}$ 中各分量的次序，总可假定 $\boldsymbol{X}^{(1)}$ 正好是 $\boldsymbol{X}$ 的前 q 个分量，其余 $p-q$ 个分量为 $\boldsymbol{X}^{(2)}$，则 $\boldsymbol{X}=\begin{bmatrix}\boldsymbol{X}^{(1)}\\ \boldsymbol{X}^{(2)}\end{bmatrix}\begin{matrix}q\\ p-q\end{matrix}$，相应的取值也可分为两部分，即 $\boldsymbol{x}=\begin{bmatrix}\boldsymbol{x}^{(1)}\\ \boldsymbol{x}^{(2)}\end{bmatrix}$。

当 $\boldsymbol{X}$ 的分布函数是 $F(x_1,x_2,\cdots,x_q)$ 时，$\boldsymbol{X}^{(1)}$ 的分布函数即边缘分布函数为

$$\begin{aligned}F(x_1,x_2,\cdots,x_q)&=P(X_1\leqslant x_1,X_2\leqslant x_2,\cdots,X_q\leqslant x_q)\\&=P(X_1\leqslant x_1,X_2\leqslant x_2,\cdots,X_q\leqslant x_q,X_{q+1}\leqslant\infty,\cdots,X_p\leqslant\infty)\\&=F(x_1,x_2,\cdots,x_q,\infty,\cdots,\infty)\end{aligned}$$

当 $\boldsymbol{X}$ 有分布密度函数 $f(x_1,x_2,\cdots,x_p)$ (也称联合分布密度函数)时，则 $\boldsymbol{X}^{(1)}$ 也有分布密度函数，即边缘密度函数为

$$f_1(x_1,x_2,\cdots,x_p)=\int_{-\infty}^{+\infty}\cdots\int_{-\infty}^{+\infty}f(x_1,x_2,\cdots,x_p)\mathrm{d}x_{q+1}\mathrm{d}x_{q+2}\cdots\mathrm{d}x_p$$

例 2.2 对例 2.1 中的 $\boldsymbol{X}=(X_1,X_2)'$ 求边缘密度函数。

解
$$f_1(x_1)=\int_{-\infty}^{+\infty}f(x_1,x_2)\mathrm{d}x_2$$
$$=\begin{cases}\displaystyle\int_0^{+\infty}\mathrm{e}^{-(x_1+x_2)}\mathrm{d}x_2=\mathrm{e}^{-x_1}, & x_1\geqslant 0\\ 0, & \text{其他}\end{cases}$$

同理

$$f_2(x_2)=\begin{cases}\mathrm{e}^{-x_2}, & x_2\geqslant 0\\ 0, & \text{其他}\end{cases}$$

定义 2.5 若 p 个随机变量 $X_1,X_2,\cdots,X_p$ 的联合分布等于其各自的边缘分布的乘积，则称 $X_1,X_2,\cdots,X_p$ 是相互独立的。

例 2.3 例 2.2 中的 $\boldsymbol{X}_1$ 与 $\boldsymbol{X}_2$ 是否相互独立？

解
$$f(x_1,x_2)=\begin{cases}\mathrm{e}^{-(x_1,x_2)}, & x_1\geqslant 0,x_2\geqslant 0\\ 0, & \text{其他}\end{cases}$$

$$f_1(x_1)=\begin{cases}\mathrm{e}^{-x_1}, & x_1\geqslant 0\\ 0, & \text{其他}\end{cases}$$

$$f_2(x_2)=\begin{cases}\mathrm{e}^{-x_2}, & x_2\geqslant 0\\ 0, & \text{其他}\end{cases}$$

由于 $f(x_1,x_2)=f_1(x_1)\cdot f_2(x_2)$，故 $\boldsymbol{X}_1$ 与 $\boldsymbol{X}_2$ 相互独立。

这里应该注意，由 $X_1,X_2,\cdots,X_p$ 相互独立，可推知任何 X_i 与 X_j $(i\neq j)$ 相互独立，但反之不真。

三、随机向量的数字特征

定义2.6 设 $\boldsymbol{X}=(X_1,X_2,\cdots,X_p)'$，若 $E(X_i)$ $(i=1,2,\cdots,p)$ 存在且有限，则称 $E(\boldsymbol{X})=(E(X_1),E(X_2),\cdots,E(X_p))'$ 为 $\boldsymbol{X}$ 的均值(向量)或数学期望，有时也把 $E(\boldsymbol{X})$ 和 $E(X_i)$ 分别记为 $\boldsymbol{\mu}$ 和 μ_i，即 $\boldsymbol{\mu}=(\mu_1,\mu_2,\cdots,\mu_p)'$，容易推得均值(向量)具有以下性质：

(1) $E(\boldsymbol{AX})=\boldsymbol{A}E(\boldsymbol{X})$；

(2) $E(\boldsymbol{AXB})=\boldsymbol{A}E(\boldsymbol{X})\boldsymbol{B}$；

(3) $E(\boldsymbol{AX}+\boldsymbol{BY})=\boldsymbol{A}E(\boldsymbol{X})+\boldsymbol{B}E(\boldsymbol{Y})$。

其中，$\boldsymbol{X}$、$\boldsymbol{Y}$ 为随机向量，$\boldsymbol{A}$、$\boldsymbol{B}$ 为大小适合运算的常数矩阵。

定义 2.7 设 $\boldsymbol{X}=(X_1,X_2,\cdots,X_p)'$，$\boldsymbol{Y}=(Y_1,Y_2,\cdots,Y_p)'$，称

$$D(\boldsymbol{X})\overset{\text{def}}{=}E(\boldsymbol{X}-E(\boldsymbol{X}))(\boldsymbol{X}-E(\boldsymbol{X}))'=\begin{bmatrix}\operatorname{cov}(X_1,X_1) & \operatorname{cov}(X_1,X_2) & \cdots & \operatorname{cov}(X_1,X_p)\\ \operatorname{cov}(X_2,X_1) & \operatorname{cov}(X_2,X_2) & \cdots & \operatorname{cov}(X_2,X_p)\\ \vdots & \vdots & & \vdots\\ \operatorname{cov}(X_p,X_1) & \operatorname{cov}(X_p,X_2) & \cdots & \operatorname{cov}(X_p,X_p)\end{bmatrix}\tag{2.4}$$

为 $\boldsymbol{X}$ 的方差或协差阵，有时把 $D(\boldsymbol{X})$ 简记为 $\boldsymbol{\Sigma}$，$\operatorname{cov}(X_i,X_j)$ 简记为 σ_{ij}，从而有 $\boldsymbol{\Sigma}=(\sigma_{ij})_{p\times p}$；称随机向量 $\boldsymbol{X}$ 和 $\boldsymbol{Y}$ 的协差阵为

$$\operatorname{cov}(\boldsymbol{X},\boldsymbol{Y})\overset{\text{def}}{=}E(\boldsymbol{X}-E(\boldsymbol{X}))(\boldsymbol{Y}-E(\boldsymbol{Y}))'=\begin{bmatrix}\operatorname{cov}(X_1,Y_1) & \operatorname{cov}(X_1,Y_2) & \cdots & \operatorname{cov}(X_1,Y_p)\\ \operatorname{cov}(X_2,Y_1) & \operatorname{cov}(X_2,Y_2) & \cdots & \operatorname{cov}(X_2,Y_p)\\ \vdots & \vdots & & \vdots\\ \operatorname{cov}(X_p,Y_1) & \operatorname{cov}(X_p,Y_2) & \cdots & \operatorname{cov}(X_p,Y_p)\end{bmatrix}\tag{2.5}$$

当 $\boldsymbol{X}=\boldsymbol{Y}$ 时，就是 $D(\boldsymbol{X})$。

若 $\operatorname{cov}(\boldsymbol{X},\boldsymbol{Y})=\boldsymbol{0}$，则称 $\boldsymbol{X}$ 和 $\boldsymbol{Y}$ 不相关，由 $\boldsymbol{X}$ 和 $\boldsymbol{Y}$ 相互独立易推得 $\operatorname{cov}(\boldsymbol{X},\boldsymbol{Y})=\boldsymbol{0}$，即 $\boldsymbol{X}$ 和 $\boldsymbol{Y}$ 不相关；但反过来，当 $\boldsymbol{X}$ 和 $\boldsymbol{Y}$ 不相关时，一般不能推知它们独立。

当 $\boldsymbol{A}$、$\boldsymbol{B}$ 为常数矩阵时，由定义可以推出协差阵有如下性质：

(1) 对于常数向量 $\boldsymbol{a}$，有 $D(\boldsymbol{X}+\boldsymbol{a})=D(\boldsymbol{X})$；

(2) $D(\boldsymbol{AX})=\boldsymbol{A}D(\boldsymbol{X})\boldsymbol{A}'=\boldsymbol{A\Sigma A}'$；

(3) $\operatorname{cov}(\boldsymbol{AX},\boldsymbol{BY})=\boldsymbol{A}\operatorname{cov}(\boldsymbol{X},\boldsymbol{Y})\boldsymbol{B}'$；

(4) 设 $\boldsymbol{X}$ 为 n 维随机向量，期望和协方差存在，记 $\boldsymbol{\mu}=E(\boldsymbol{X})$，$\boldsymbol{\Sigma}=D(\boldsymbol{X})$，$\boldsymbol{A}$ 为 $n\times n$ 常数阵，则

$$E(\boldsymbol{X}'\boldsymbol{A}\boldsymbol{X})=\mathrm{tr}(\boldsymbol{A}\boldsymbol{\Sigma})+\boldsymbol{\mu}'\boldsymbol{A}\boldsymbol{\mu}$$

这里应该注意到，对任何随机向量 $\boldsymbol{X}=(X_1,X_2,\cdots,X_p)'$，其协差阵 $\boldsymbol{\Sigma}$ 都是对称阵，同时总是非负定(半正定)的，大多数情况是正定的。

若 $\boldsymbol{X}=(X_1,X_2,\cdots,X_p)'$ 的协差阵存在，且每个分量的方差大于零，则称随机向量 $\boldsymbol{X}$ 的相关阵为 $\boldsymbol{R}=\mathrm{corr}(\boldsymbol{X})=(\rho_{ij})_{p\times p}$，其中

$$\rho_{ij}=\frac{\mathrm{cov}(X_i,X_j)}{\sqrt{D(X_i)}\sqrt{D(X_j)}}=\frac{\sigma_{ij}}{\sqrt{\sigma_{ii}}\sqrt{\sigma_{jj}}},\quad i,j=1,2,\cdots,p \tag{2.6}$$

为 X_i 与 X_j 的相关系数。

在数据处理时，为了克服由指标的量纲不同对统计分析结果带来的影响，往往在使用各种统计分析之前，需要将每个指标“标准化”，即进行如下变换：

$$X_j^*=\frac{X_j-E(X_j)}{\sqrt{D(X_j)}},\quad j=1,2,\cdots,p \tag{2.7}$$

那么由式(2.7)构成的随机向量为 $\boldsymbol{X}^*=(X_1^*,X_2^*,\cdots,X_p^*)'$。令 $\boldsymbol{C}=\mathrm{diag}\left(\sqrt{\sigma_{11}},\sqrt{\sigma_{22}},\cdots,\sqrt{\sigma_{pp}}\right)$，则有

$$\boldsymbol{X}^*=\boldsymbol{C}^{-1}(\boldsymbol{X}-E(\boldsymbol{X}))$$

那么，标准化后的随机向量 $\boldsymbol{X}^*$ 均值和协差阵分别为

$$E(\boldsymbol{X}^*)=E[\boldsymbol{C}^{-1}(\boldsymbol{X}-E(\boldsymbol{X}))]=\boldsymbol{C}^{-1}E[(\boldsymbol{X}-E(\boldsymbol{X}))]=0$$

$$\begin{aligned}D(\boldsymbol{X}^*)&=D[\boldsymbol{C}^{-1}(\boldsymbol{X}-E(\boldsymbol{X}))]=\boldsymbol{C}^{-1}D[(\boldsymbol{X}-E(\boldsymbol{X}))]\boldsymbol{C}^{-1}\\&=\boldsymbol{C}^{-1}D(\boldsymbol{X})\boldsymbol{C}^{-1}=\boldsymbol{C}^{-1}\boldsymbol{\Sigma}\boldsymbol{C}^{-1}=\boldsymbol{R}\end{aligned}$$

即标准化数据的协差阵正好是原指标的相关阵。

第三节 多元正态分布

一、多元正态分布的定义

先来回顾一元正态分布的密度函数，即

$$f(x)=\frac{1}{\sqrt{2\pi}\sigma}\mathrm{e}^{-\frac{(x-\mu)^2}{2\sigma^2}},\quad \sigma>0$$

上式可以改写为

$$f(x)=\frac{1}{(2\pi)^{1/2}(\sigma^2)^{1/2}}\exp\left[-\frac{1}{2}(x-\mu)'(\sigma^2)^{-1}(x-\mu)\right] \tag{2.8}$$

由于式(2.8)中的 x、μ 均为一维的数字，可以用 $(x-\mu)'$ 代表 $(x-\mu)$ 的转置。根据上面的表述形式，可以将其推广，给出多元正态分布的定义。

定义 2.8 若 p 维随机向量 $\boldsymbol{X}=(X_1,X_2,\cdots,X_p)'$ 的密度函数为

$$f(x_1,x_2,\cdots,x_p)=\frac{1}{(2\pi)^{p/2}|\boldsymbol{\Sigma}|^{1/2}}\exp\left[-\frac{1}{2}(\boldsymbol{x}-\boldsymbol{\mu})'\boldsymbol{\Sigma}^{-1}(\boldsymbol{x}-\boldsymbol{\mu})\right] \tag{2.9}$$

其中，$\boldsymbol{x}=(x_1,x_2,\cdots,x_p)'$，$\boldsymbol{\mu}$是$p$维非随机向量，$\boldsymbol{\Sigma}$是$p$阶正定阵，则称$\boldsymbol{X}$服从$p$元正态分布，也称$\boldsymbol{X}$为$p$维正态随机向量，简记为$\boldsymbol{X}\sim N_p(\boldsymbol{\mu},\boldsymbol{\Sigma})$，显然当$p=1$时，其为一元正态分布密度函数。

可以证明$\boldsymbol{\mu}$为$\boldsymbol{X}$的均值(向量)，$\boldsymbol{\Sigma}$为$\boldsymbol{X}$的协差阵。

这里应该提及的是，当$|\boldsymbol{\Sigma}|=0$时，$\boldsymbol{\Sigma}^{-1}$不存在，$\boldsymbol{X}$也就不存在通常意义下的密度函数，但是可以形式地给出一个表达式，使得有些问题可以利用这一形式对$|\boldsymbol{\Sigma}|\neq 0$及$|\boldsymbol{\Sigma}|=0$的情况给出一个统一的处理。

当$p=2$时，设$\boldsymbol{X}=(X_1,X_2)'$服从二元正态分布，则

$$\boldsymbol{\Sigma}=\begin{bmatrix}\sigma_{11} & \sigma_{12}\\ \sigma_{21} & \sigma_{22}\end{bmatrix}=\begin{bmatrix}\sigma_1^2 & \sigma_1\sigma_2\rho\\ \sigma_2\sigma_1\rho & \sigma_2^2\end{bmatrix}$$

其中，σ_1^2、σ_2^2分别是X_1与X_2的方差，ρ是X_1与X_2的相关系数。即有

$$|\boldsymbol{\Sigma}|=\sigma_1^2\sigma_2^2(1-\rho^2)$$

$$\boldsymbol{\Sigma}^{-1}=\frac{1}{\sigma_1^2\sigma_2^2(1-\rho^2)}\begin{bmatrix}\sigma_2^2 & -\sigma_1\sigma_2\rho\\ -\sigma_2\sigma_1\rho & \sigma_1^2\end{bmatrix}$$

故X_1与X_2的密度函数为

$$f(x_1,x_2)=\frac{1}{2\pi\sigma_1\sigma_2(1-\rho^2)^{1/2}}\exp\left\{-\frac{1}{2(1-\rho^2)}\left[\frac{(x_1-\mu_1)^2}{\sigma_1^2}-2\rho\frac{(x_1-\mu_1)(x_2-\mu_2)}{\sigma_1\sigma_2}+\frac{(x_2-\mu_2)^2}{\sigma_2^2}\right]\right\}$$

若$\rho=0$，则X_1与X_2是相互独立的；若$\rho>0$，则X_1与X_2正相关；若$\rho<0$，则X_1与X_2负相关。

定理 2.1　设$\boldsymbol{X}\sim N_p(\boldsymbol{\mu},\boldsymbol{\Sigma})$，则有$E(\boldsymbol{X})=\boldsymbol{\mu}$，$D(\boldsymbol{X})=\boldsymbol{\Sigma}$。

关于这个定理的证明可以参考方开泰(1989)的文献，该定理将多元正态分布的参数$\boldsymbol{\mu}$和$\boldsymbol{\Sigma}$赋予了明确的统计意义。

这里需要明确的是，多元正态分布的定义不止一种，更广泛地，可以采用特征函数来定义，也可以用一切线性组合均为正态的性质来定义，有关这方面的知识请参考方开泰(1989)的文献。

二、多元正态分布的性质

在讨论多元统计分析的理论和方法时，经常用到多元正态变量的某些性质，利用这些性质可使得正态分布的处理变得容易一些。

(1)若$\boldsymbol{X}=(X_1,X_2,\cdots,X_p)'\sim N_p(\boldsymbol{\mu},\boldsymbol{\Sigma})$，$\boldsymbol{\Sigma}$是对角阵，则$X_1,X_2,\cdots,X_p$相互独立。

(2)若$\boldsymbol{X}\sim N_p(\boldsymbol{\mu},\boldsymbol{\Sigma})$，$\boldsymbol{A}$为$s\times p$阶常数阵，$\boldsymbol{d}$为$s$维常数向量，则

$$\boldsymbol{AX}+\boldsymbol{d}\sim N_s(\boldsymbol{A\mu}+\boldsymbol{d},\boldsymbol{A\Sigma A}')$$

即正态随机向量的线性函数还是正态的。

(3)若 $\boldsymbol{X}\sim N_p(\boldsymbol{\mu},\boldsymbol{\Sigma})$，将 $\boldsymbol{X}$、$\boldsymbol{\mu}$、$\boldsymbol{\Sigma}$ 作如下剖分

$$\boldsymbol{X}=\begin{bmatrix}\boldsymbol{X}^{(1)}\\\boldsymbol{X}^{(2)}\end{bmatrix}\begin{matrix}q\\p-q\end{matrix},\quad \boldsymbol{\mu}=\begin{bmatrix}\boldsymbol{\mu}^{(1)}\\\boldsymbol{\mu}^{(2)}\end{bmatrix}\begin{matrix}q\\p-q\end{matrix}$$

$$\boldsymbol{\Sigma}=\begin{bmatrix}\boldsymbol{\Sigma}_{11}&\boldsymbol{\Sigma}_{12}\\\boldsymbol{\Sigma}_{21}&\boldsymbol{\Sigma}_{22}\end{bmatrix}\begin{matrix}q\\p-q\end{matrix}$$

则 $\boldsymbol{X}^{(1)}\sim N_q(\boldsymbol{\mu}^{(1)},\boldsymbol{\Sigma}_{11})$， $\boldsymbol{X}^{(2)}\sim N_{p-q}(\boldsymbol{\mu}^{(2)},\boldsymbol{\Sigma}_{22})$。

这里需要指出的是：①多元正态分布的任何边缘分布为正态分布，但反之不真；②由于 $\boldsymbol{\Sigma}_{12}=\mathrm{cov}(\boldsymbol{X}^{(1)},\boldsymbol{X}^{(2)})$，故 $\boldsymbol{\Sigma}_{12}=\boldsymbol{0}$ 表示 $\boldsymbol{X}^{(1)}$ 和 $\boldsymbol{X}^{(2)}$ 不相关，由此可知，对多元正态变量， $\boldsymbol{X}^{(1)}$ 和 $\boldsymbol{X}^{(2)}$ 的不相关与独立是等价的。

例 2.4 若

$$\boldsymbol{X}=(X_1,X_2,X_3)'\sim N_3(\boldsymbol{\mu},\boldsymbol{\Sigma})$$

其中，

$$\boldsymbol{\mu}=\begin{bmatrix}\mu_1\\\mu_2\\\mu_3\end{bmatrix},\quad \boldsymbol{\Sigma}=\begin{bmatrix}\sigma_{11}&\sigma_{12}&\sigma_{13}\\\sigma_{21}&\sigma_{22}&\sigma_{23}\\\sigma_{31}&\sigma_{32}&\sigma_{33}\end{bmatrix}$$

设 $\boldsymbol{a}=(0,1,0)'$ ， $\boldsymbol{A}=\begin{bmatrix}1&0&0\\0&0&-1\end{bmatrix}$，则

(1)

$$\boldsymbol{a}'\boldsymbol{X}=(0,1,0)\begin{bmatrix}X_1\\X_2\\X_3\end{bmatrix}=X_2\sim N(\boldsymbol{a}'\boldsymbol{\mu},\boldsymbol{a}'\boldsymbol{\Sigma a})$$

其中，

$$\boldsymbol{a}'\boldsymbol{\mu}=(0,1,0)\begin{bmatrix}\mu_1\\\mu_2\\\mu_3\end{bmatrix}=\mu_2$$

$$\boldsymbol{a}'\boldsymbol{\Sigma a}=(0,1,0)\begin{bmatrix}\sigma_{11}&\sigma_{12}&\sigma_{13}\\\sigma_{21}&\sigma_{22}&\sigma_{23}\\\sigma_{31}&\sigma_{32}&\sigma_{33}\end{bmatrix}\begin{bmatrix}0\\1\\0\end{bmatrix}=\sigma_{22}$$

(2)

$$\boldsymbol{AX}=\begin{bmatrix}1&0&0\\0&0&-1\end{bmatrix}\begin{bmatrix}X_1\\X_2\\X_3\end{bmatrix}=\begin{bmatrix}X_1\\-X_3\end{bmatrix}\sim N(\boldsymbol{A\mu},\boldsymbol{A\Sigma A}')$$

其中，

$$\boldsymbol{A\mu}=\begin{bmatrix}1&0&0\\0&0&-1\end{bmatrix}\begin{bmatrix}\mu_1\\\mu_2\\\mu_3\end{bmatrix}=\begin{bmatrix}\mu_1\\-\mu_3\end{bmatrix}$$

$$\boldsymbol{A\Sigma A}'=\begin{bmatrix}1&0&0\\0&0&-1\end{bmatrix}\begin{bmatrix}\sigma_{11}&\sigma_{12}&\sigma_{13}\\\sigma_{21}&\sigma_{22}&\sigma_{23}\\\sigma_{31}&\sigma_{32}&\sigma_{33}\end{bmatrix}\begin{bmatrix}1&0\\0&0\\0&-1\end{bmatrix}=\begin{bmatrix}\sigma_{11}&-\sigma_{13}\\-\sigma_{31}&\sigma_{33}\end{bmatrix}$$

(3) 记

$$\boldsymbol{X}=\begin{bmatrix}X_1\\X_2\\\hdashline X_3\end{bmatrix}=\begin{bmatrix}\boldsymbol{X}^{(1)}\\\hdashline\boldsymbol{X}^{(2)}\end{bmatrix}\qquad\boldsymbol{\mu}=\begin{bmatrix}\mu_1\\\mu_2\\\hdashline\mu_3\end{bmatrix}=\begin{bmatrix}\boldsymbol{\mu}^{(1)}\\\hdashline\boldsymbol{\mu}^{(2)}\end{bmatrix}$$

$$\boldsymbol{\Sigma}=\begin{bmatrix}\sigma_{11}&\sigma_{12}&\sigma_{13}\\\sigma_{21}&\sigma_{22}&\sigma_{23}\\\sigma_{31}&\sigma_{32}&\sigma_{33}\end{bmatrix}=\begin{bmatrix}\boldsymbol{\Sigma}_{11}&\boldsymbol{\Sigma}_{12}\\\boldsymbol{\Sigma}_{21}&\boldsymbol{\Sigma}_{22}\end{bmatrix}$$

则

$$\boldsymbol{X}^{(1)}=\begin{bmatrix}X_1\\X_2\end{bmatrix}\sim N_2(\boldsymbol{\mu}^{(1)},\boldsymbol{\Sigma}_{11})$$

其中，

$$\boldsymbol{\mu}^{(1)}=\begin{bmatrix}\mu_1\\\mu_2\end{bmatrix},\quad\boldsymbol{\Sigma}_{11}=\begin{bmatrix}\sigma_{11}&\sigma_{12}\\\sigma_{21}&\sigma_{22}\end{bmatrix}$$

在此应该注意到，如果 $\boldsymbol{X}=(X_1,X_2,\cdots,X_p)'$ 服从 p 维正态分布，则它的每个分量必服从一元正态分布，因此把某个分量的 n 个样品值作成直方图，如果断定不呈正态分布，则就可以断定随机向量 $\boldsymbol{X}=(X_1,X_2,\cdots,X_p)'$ 也不可能服从 p 维正态分布。

第四节　参数估计的一般理论

一、多元样本的数字特征

设样本资料可用矩阵表示为

$$\boldsymbol{X}=\begin{bmatrix}X_{11}&X_{12}&\cdots&X_{1p}\\X_{21}&X_{22}&\cdots&X_{2p}\\\vdots&\vdots&&\vdots\\X_{n1}&X_{n2}&\cdots&X_{np}\end{bmatrix}=(\boldsymbol{X}_1,\boldsymbol{X}_2,\cdots,\boldsymbol{X}_p)=\begin{bmatrix}\boldsymbol{X}'_{(1)}\\\boldsymbol{X}'_{(2)}\\\vdots\\\boldsymbol{X}'_{(n)}\end{bmatrix}$$

在这里给出样本均值向量、样本离差阵、样本协差阵以及样本相关阵的定义。

定义 2.9　设 $\boldsymbol{X}_{(1)},\boldsymbol{X}_{(2)},\cdots,\boldsymbol{X}_{(n)}$ 为来自 p 维总体的样本，其中 $\boldsymbol{X}_{(a)}=(X_{a1},X_{a2},\cdots,X_{ap})'$，

$a=1,2,\cdots,n$。

(1)样本均值向量定义为

$$\hat{\boldsymbol{\mu}}=\bar{\boldsymbol{X}}=\frac{1}{n}\sum_{a=1}^{n}\boldsymbol{X}_{(a)}=\left(\bar{X}_1,\bar{X}_2,\cdots,\bar{X}_p\right)' \tag{2.10}$$

其中，

$$\frac{1}{n}\sum_{a=1}^{n}\boldsymbol{X}_{(a)}=\frac{1}{n}\left[\begin{bmatrix}X_{11}\\X_{12}\\\vdots\\X_{1p}\end{bmatrix}+\begin{bmatrix}X_{21}\\X_{22}\\\vdots\\X_{2p}\end{bmatrix}+\cdots+\begin{bmatrix}X_{n1}\\X_{n2}\\\vdots\\X_{np}\end{bmatrix}\right]$$
$$=\frac{1}{n}\begin{bmatrix}X_{11}+X_{21}+\cdots+X_{n1}\\X_{12}+X_{22}+\cdots+X_{n2}\\\vdots\\X_{1p}+X_{2p}+\cdots+X_{np}\end{bmatrix}$$
$$=\begin{bmatrix}\bar{X}_1\\\bar{X}_2\\\vdots\\\bar{X}_p\end{bmatrix}$$

(2)样本离差阵定义为

$$\boldsymbol{S}_{p\times p}=\sum_{a=1}^{n}\left(\boldsymbol{X}_{(a)}-\bar{\boldsymbol{X}}\right)\left(\boldsymbol{X}_{(a)}-\bar{\boldsymbol{X}}\right)'=(s_{ij})_{p\times p} \tag{2.11}$$

其中，

$$\sum_{a=1}^{n}\left(\boldsymbol{X}_{(a)}-\bar{\boldsymbol{X}}\right)\left(\boldsymbol{X}_{(a)}-\bar{\boldsymbol{X}}\right)'$$
$$=\sum_{a=1}^{n}\left[\begin{bmatrix}X_{a1}-\bar{X}_1\\X_{a2}-\bar{X}_2\\\vdots\\X_{ap}-\bar{X}_p\end{bmatrix}\left(X_{a1}-\bar{X}_1,X_{a2}-\bar{X}_2,\cdots,X_{ap}-\bar{X}_p\right)\right]$$
$$=\sum_{a=1}^{n}\begin{bmatrix}\left(X_{a1}-\bar{X}_1\right)^2 & \left(X_{a1}-\bar{X}_1\right)\left(X_{a2}-\bar{X}_2\right) & \cdots & \left(X_{a1}-\bar{X}_1\right)\left(X_{ap}-\bar{X}_p\right)\\\left(X_{a2}-\bar{X}_2\right)\left(X_{a1}-\bar{X}_1\right) & \left(X_{a2}-\bar{X}_2\right)^2 & \cdots & \left(X_{a2}-\bar{X}_2\right)\left(X_{ap}-\bar{X}_p\right)\\\vdots & \vdots & & \vdots\\\left(X_{ap}-\bar{X}_p\right)\left(X_{a1}-\bar{X}_1\right) & \left(X_{ap}-\bar{X}_p\right)\left(X_{a2}-\bar{X}_2\right) & \cdots & \left(X_{ap}-\bar{X}_p\right)^2\end{bmatrix}$$
$$=\begin{bmatrix}s_{11} & s_{12} & \cdots & s_{1p}\\s_{21} & s_{22} & \cdots & s_{2p}\\\vdots & \vdots & & \vdots\\s_{p1} & s_{p2} & \cdots & s_{pp}\end{bmatrix}=(s_{ij})_{p\times p}$$

(3) 样本协差阵定义为

$$\boldsymbol{V}_{p\times p}=\frac{1}{n}\boldsymbol{S}=\frac{1}{n}\sum_{a=1}^{n}\left(\boldsymbol{X}_{(a)}-\bar{\boldsymbol{X}}\right)\left(\boldsymbol{X}_{(a)}-\bar{\boldsymbol{X}}\right)'=(v_{ij})_{p\times p} \tag{2.12}$$

其中，

$$\frac{1}{n}\boldsymbol{S}=\frac{1}{n}\sum_{a=1}^{n}\left(\boldsymbol{X}_{(a)}-\bar{\boldsymbol{X}}\right)\left(\boldsymbol{X}_{(a)}-\bar{\boldsymbol{X}}\right)'$$

$$=\left[\frac{1}{n}\sum_{a=1}^{n}\left(X_{ai}-\bar{X}_i\right)\left(X_{aj}-\bar{X}_j\right)'\right]_{p\times p}$$

$$=\left(v_{ij}\right)_{p\times p}$$

(4) 样本相关阵定义为

$$\hat{\boldsymbol{R}}_{p\times p}=(r_{ij})_{p\times p} \tag{2.13}$$

其中，

$$r_{ij}=\frac{v_{ij}}{\sqrt{v_{ii}}\sqrt{v_{jj}}}=\frac{s_{ij}}{\sqrt{s_{ii}}\sqrt{s_{jj}}}$$

在此应该提及的是，样本均值向量和离差阵也可用样本资料阵 $\boldsymbol{X}$ 直接表示为

$$\bar{\boldsymbol{X}}_{p\times 1}=\frac{1}{n}\boldsymbol{X}'\boldsymbol{1}_n,\quad \boldsymbol{1}_n=(1,1,\cdots,1)'$$

由于

$$\bar{\boldsymbol{X}}_{p\times 1}=\frac{1}{n}\boldsymbol{X}'\boldsymbol{1}_n$$

$$=\frac{1}{n}\begin{bmatrix}X_{11} & X_{21} & \cdots & X_{n1}\\ X_{12} & X_{22} & \cdots & X_{n2}\\ \vdots & \vdots & & \vdots\\ X_{1p} & X_{2p} & \cdots & X_{np}\end{bmatrix}\begin{bmatrix}1\\1\\ \vdots\\1\end{bmatrix}$$

$$=\frac{1}{n}\begin{bmatrix}X_{11}+X_{21}+\cdots+X_{n1}\\ X_{12}+X_{22}+\cdots+X_{n2}\\ \vdots\\ X_{1p}+X_{2p}+\cdots+X_{np}\end{bmatrix}=\begin{bmatrix}\bar{X}_1\\ \bar{X}_2\\ \vdots\\ \bar{X}_p\end{bmatrix}$$

那么，式(2.11)可以表示为

$$\begin{aligned}\boldsymbol{S}&=\sum_{a=1}^{n}\left(\boldsymbol{X}_{(a)}-\overline{\boldsymbol{X}}\right)\left(\boldsymbol{X}_{(a)}-\overline{\boldsymbol{X}}\right)'\\&=\boldsymbol{X}'\boldsymbol{X}-n\overline{\boldsymbol{X}}\overline{\boldsymbol{X}}'\\&=\boldsymbol{X}'\boldsymbol{X}-\frac{1}{n}\boldsymbol{X}'\boldsymbol{1}_n\boldsymbol{1}_n'\boldsymbol{X}\\&=\boldsymbol{X}'\left(\boldsymbol{I}_n-\frac{1}{n}\boldsymbol{1}_n\boldsymbol{1}_n'\right)\boldsymbol{X}\end{aligned}\tag{2.14}$$

其中，

$$\boldsymbol{I}_n=\begin{bmatrix}1 & & 0\\ & \ddots & \\ 0 & & 1\end{bmatrix}$$

二、均值向量与协差阵的最大似然估计

多元正态分布有两组参数，即均值 $\boldsymbol{\mu}$ 和协差阵 $\boldsymbol{\Sigma}$，在许多问题中它们是未知的，需要通过样本来估计。那么，通过样本来估计总体的参数称为参数估计，参数估计的原则和方法有很多，这里用最常见的且具有很多优良性质的最大似然法给出 $\boldsymbol{\mu}$ 和 $\boldsymbol{\Sigma}$ 的估计量。

设 $\boldsymbol{X}_{(1)},\boldsymbol{X}_{(2)},\cdots,\boldsymbol{X}_{(n)}$ 是来自正态总体 $N_p(\boldsymbol{\mu},\boldsymbol{\Sigma})$ 容量为 n 的样本，每个样品 $\boldsymbol{X}_{(a)}=(X_{a1},X_{a2},\cdots,X_{ap})'$，$a=1,2,\cdots,n$，样本资料阵用式(2.1)表示，即

$$\boldsymbol{X}=\begin{bmatrix}X_{11} & X_{12} & \cdots & X_{1p}\\ X_{21} & X_{22} & \cdots & X_{2p}\\ \vdots & \vdots & & \vdots\\ X_{n1} & X_{n2} & \cdots & X_{np}\end{bmatrix}$$

则可由最大似然法求出 $\boldsymbol{\mu}$ 和 $\boldsymbol{\Sigma}$ 的估计量，即有

$$\hat{\boldsymbol{\mu}}=\overline{\boldsymbol{X}}，\quad \hat{\boldsymbol{\Sigma}}=\frac{1}{n}\boldsymbol{S}\tag{2.15}$$

实际上，最大似然法求估计量可以这样得到：针对 $\boldsymbol{X}_{(1)},\boldsymbol{X}_{(2)},\cdots,\boldsymbol{X}_{(n)}$ 来自正态总体 $N_p(\boldsymbol{\mu},\boldsymbol{\Sigma})$ 容量为 n 的样本，构造似然函数，即

$$\begin{aligned}L(\boldsymbol{\mu},\boldsymbol{\Sigma})&=\prod_{i=1}^{n}f(\boldsymbol{X}_i,\boldsymbol{\mu},\boldsymbol{\Sigma})\\&=\frac{1}{(2\pi)^{pn/2}\left|\boldsymbol{\Sigma}\right|^{n/2}}\exp\left\{-\frac{1}{2}\sum_{i=1}^{n}(\boldsymbol{X}_i-\boldsymbol{\mu})'\boldsymbol{\Sigma}^{-1}(\boldsymbol{X}_i-\boldsymbol{\mu})\right\}\end{aligned}\tag{2.16}$$

为了求出使式(2.16)取极值的 $\boldsymbol{\mu}$ 和 $\boldsymbol{\Sigma}$ 的值，将式(2.16)两边取对数，即

$$\begin{aligned}\ln L(\boldsymbol{\mu},\boldsymbol{\Sigma})=&-\frac{1}{2}pn\ln(2\pi)-\frac{n}{2}\ln\left|\boldsymbol{\Sigma}\right|\\&-\frac{1}{2}\sum_{i=1}^{n}(\boldsymbol{X}_i-\boldsymbol{\mu})'\boldsymbol{\Sigma}^{-1}(\boldsymbol{X}_i-\boldsymbol{\mu})\end{aligned}\tag{2.17}$$

因为对数函数是一个严格单调增函数，所以可以通过取 $\ln L(\boldsymbol{\mu},\boldsymbol{\Sigma})$ 的极大值而得到 $\boldsymbol{\mu}$ 和 $\boldsymbol{\Sigma}$ 的估计量。

这里应该注意到，根据矩阵代数理论，对于实对称矩阵 $\boldsymbol{A}$，有 $\dfrac{\partial(\boldsymbol{X}'\boldsymbol{A}\boldsymbol{X})}{\partial \boldsymbol{X}}=2\boldsymbol{A}\boldsymbol{X}$，$\dfrac{\partial(\boldsymbol{X}'\boldsymbol{A}\boldsymbol{X})}{\partial \boldsymbol{A}}=\boldsymbol{X}'\boldsymbol{X}$，$\dfrac{\partial \ln|\boldsymbol{A}|}{\partial \boldsymbol{A}}=\boldsymbol{A}^{-1}$。

那么，针对对数似然函数(2.17)，分别对 $\boldsymbol{\mu}$ 和 $\boldsymbol{\Sigma}$ 求偏导数，则有

$$\begin{cases}\dfrac{\partial \ln L(\boldsymbol{\mu},\boldsymbol{\Sigma})}{\partial \boldsymbol{\mu}}=\sum_{i=1}^{n}\boldsymbol{\Sigma}^{-1}(\boldsymbol{X}_i-\boldsymbol{\mu})=0\\ \dfrac{\partial \ln L(\boldsymbol{\mu},\boldsymbol{\Sigma})}{\partial \boldsymbol{\Sigma}}=-\dfrac{n}{2}\boldsymbol{\Sigma}^{-1}+\dfrac{1}{2}\sum_{i=1}^{n}(\boldsymbol{X}_i-\boldsymbol{\mu})(\boldsymbol{X}_i-\boldsymbol{\mu})'(\boldsymbol{\Sigma}^{-1})^2=0\end{cases}\tag{2.18}$$

由式(2.18)可以得到极大似然估计量分别为

$$\begin{cases}\hat{\boldsymbol{\mu}}=\dfrac{1}{n}\sum_{i=1}^{n}\boldsymbol{X}_i=\bar{\boldsymbol{X}}\\ \hat{\boldsymbol{\Sigma}}=\dfrac{1}{n}\sum_{i=1}^{n}\left(\boldsymbol{X}_i-\bar{\boldsymbol{X}}\right)\left(\boldsymbol{X}_i-\bar{\boldsymbol{X}}\right)'=\dfrac{1}{n}\boldsymbol{S}\end{cases}$$

由此可见，多元正态总体的均值向量 $\boldsymbol{\mu}$ 的最大似然估计量就是样本均值向量，其协差阵 $\boldsymbol{\Sigma}$ 的最大似然估计就是样本协差阵。

$\boldsymbol{\mu}$ 和 $\boldsymbol{\Sigma}$ 的估计量有如下基本性质：

(1) $E\left(\bar{\boldsymbol{X}}\right)=\boldsymbol{\mu}$，即 $\bar{\boldsymbol{X}}$ 是 $\boldsymbol{\mu}$ 的无偏估计；

$E\left(\dfrac{1}{n}\boldsymbol{S}\right)=\dfrac{n-1}{n}\boldsymbol{\Sigma}$，即 $\dfrac{1}{n}\boldsymbol{S}$ 不是 $\boldsymbol{\Sigma}$ 的无偏估计；

而 $E\left(\dfrac{1}{n-1}\boldsymbol{S}\right)=\boldsymbol{\Sigma}$，即 $\dfrac{1}{n-1}\boldsymbol{S}$ 是 $\boldsymbol{\Sigma}$ 的无偏估计。

(2) $\bar{\boldsymbol{X}}$、$\dfrac{1}{n-1}\boldsymbol{S}$ 分别是 $\boldsymbol{\mu}$、$\boldsymbol{\Sigma}$ 的有效估计。

(3) $\bar{\boldsymbol{X}}$、$\dfrac{1}{n}\boldsymbol{S}$ $\left(\text{或}\dfrac{1}{n-1}\boldsymbol{S}\right)$ 分别是 $\boldsymbol{\mu}$、$\boldsymbol{\Sigma}$ 的一致估计(相合估计)。

样本均值向量和样本离差阵在多元统计推断中具有十分重要的作用，并有如下结论。

定理 2.2　设 $\bar{\boldsymbol{X}}$ 和 $\boldsymbol{S}$ 分别是正态总体 $N_p(\boldsymbol{\mu},\boldsymbol{\Sigma})$ 的样本均值向量和离差阵，则

(1) $\bar{\boldsymbol{X}}\sim N_p\left(\boldsymbol{\mu},\dfrac{1}{n}\boldsymbol{\Sigma}\right)$；

(2) 离差阵 $\boldsymbol{S}$ 可以写为

$$\boldsymbol{S}=\sum_{a=1}^{n-1}\boldsymbol{Z}_a\boldsymbol{Z}_a'$$

其中，$\boldsymbol{Z}_1,\boldsymbol{Z}_2,\cdots,\boldsymbol{Z}_{n-1}$ 独立同分布于 $N_p(\boldsymbol{0},\boldsymbol{\Sigma})$；

(3) $\bar{\boldsymbol{X}}$ 和 $\boldsymbol{S}$ 相互独立；

(4) $\boldsymbol{S}$ 为正定阵的充要条件是 $n>p$ 。

关于这一定理的证明，感兴趣的读者可以参考王学仁和王松桂(1990)的文献。

三、威沙特分布

在实际应用中，常采用 $\bar{\boldsymbol{X}}$ 和 $\hat{\boldsymbol{\Sigma}}=\dfrac{1}{n-1}\boldsymbol{S}$ 来估计 $\boldsymbol{\mu}$ 和 $\boldsymbol{\Sigma}$ ，前面已指出，均值向量 $\bar{\boldsymbol{X}}$ 的分布仍为正态分布，而离差阵 $\boldsymbol{S}$ 的分布又是什么呢？为此给出威沙特(Wishart)分布，并指出它是一元 χ^2 分布的推广，也是构成其他重要分布的基础。

威沙特分布是威沙特在 1928 年推导出来的，而该分布的名称也即由此得来。

定义 2.10 设 $\boldsymbol{X}_{(a)}=(X_{a1},X_{a2},\cdots,X_{ap})'\sim N_p(\boldsymbol{\mu}_a,\boldsymbol{\Sigma})$ ， $a=1,2,\cdots,n$ 且相互独立，则由 $\boldsymbol{X}_{(a)}$ 组成的随机矩阵

$$\boldsymbol{W}_{p\times p}=\sum_{a=1}^{n}\boldsymbol{X}_{(a)}\boldsymbol{X}'_{(a)} \tag{2.19}$$

的分布称为非中心威沙特分布，记为 $W_p(n,\boldsymbol{\Sigma},\boldsymbol{Z})$ ，其中 $\boldsymbol{Z}=\sum\limits_{a=1}^{n}(\mu_{a1},\mu_{a2},\cdots,\mu_{ap})(\mu_{a1},\mu_{a2},\cdots,\mu_{ap})'=\sum\limits_{a=1}^{n}\boldsymbol{\mu}_a\boldsymbol{\mu}'_a$ ， $\boldsymbol{\mu}_a$ 称为非中心参数；当 $\boldsymbol{\mu}_a=0$ 时称为中心威沙特分布，记为 $W_p(n,\boldsymbol{\Sigma})$ ，当 $n\geqslant p$ 、 $\boldsymbol{\Sigma}>0$ 时 $W_p(n,\boldsymbol{\Sigma})$ 有密度函数存在，其表达式为

$$f(\boldsymbol{w})=\begin{cases}\dfrac{|\boldsymbol{w}|^{\frac{1}{2}(n-p-1)}\exp\left\{-\dfrac{1}{2}\mathrm{tr}\boldsymbol{\Sigma}^{-1}\boldsymbol{w}\right\}}{2^{np/2}\pi^{p(p-1)/4}|\boldsymbol{\Sigma}|^{n/2}\prod\limits_{i=1}^{p}\Gamma\left(\dfrac{n-i+1}{2}\right)}, & 当\boldsymbol{w}为正定阵时\\ 0, & 其他\end{cases} \tag{2.20}$$

显然，当 $p=1$ 、 $|\boldsymbol{\Sigma}|=\sigma^2$ 时， $f(\boldsymbol{w})$ 就是 $\sigma^2\chi^2(n)$ 的密度函数，此时式(2.19)为 $\boldsymbol{W}=\sum\limits_{a=1}^{n}\boldsymbol{X}_{(a)}\boldsymbol{X}'_{(a)}=\sum\limits_{a=1}^{n}\boldsymbol{X}^2_{(a)}$ ，有 $\dfrac{1}{\sigma^2}\sum\limits_{a=1}^{n}\boldsymbol{X}^2_{(a)}\sim\chi^2(n)$ 。因此，威沙特分布是 χ^2 分布在 p 维正态情况下的推广。

下面给出威沙特分布的基本性质：

(1) 若 $\boldsymbol{X}_{(a)}\sim N_p(\boldsymbol{\mu},\boldsymbol{\Sigma})$, $a=1,2,\cdots,n$ 且相互独立，则样本离差阵 $\boldsymbol{S}=\sum\limits_{a=1}^{n}\left(\boldsymbol{X}_{(a)}-\bar{\boldsymbol{X}}\right)\cdot\left(\boldsymbol{X}_{(a)}-\bar{\boldsymbol{X}}\right)'\sim W_p(n-1,\boldsymbol{\Sigma})$ ，其中 $\bar{\boldsymbol{X}}=\dfrac{1}{n}\sum\limits_{a=1}^{n}\boldsymbol{X}_{(a)}$ 。

(2) 若 $\boldsymbol{S}_i\sim W_p(n_i,\boldsymbol{\Sigma})$ ， $i=1,2,\cdots,k$ 且相互独立，则

$$\sum_{i=1}^{k}\boldsymbol{S}_i\sim W_p\left(\sum_{i=1}^{k}n_i,\boldsymbol{\Sigma}\right)$$

(3) 若 $\boldsymbol{X}_{p\times p} \sim W_p(n,\boldsymbol{\Sigma})$，$\boldsymbol{C}_{p\times p}$ 为非奇异阵，则

$$\boldsymbol{CXC}' \sim W_p(n,\boldsymbol{C\Sigma C}')$$

这里有必要说明一下什么是随机矩阵的分布。随机矩阵的分布有不同的定义，此处利用已知向量分布的定义给出矩阵分布的定义。

设随机矩阵为

$$\boldsymbol{X}=\begin{bmatrix} X_{11} & X_{12} & \cdots & X_{1p} \\ X_{21} & X_{22} & \cdots & X_{2p} \\ \vdots & \vdots & & \vdots \\ X_{n1} & X_{n2} & \cdots & X_{np} \end{bmatrix}$$

将该矩阵的列向量(或行向量)一个接一个地连接起来，组成一个长的向量，即拉直向量

$$(X_{11},X_{21},\cdots,X_{n1},X_{12},X_{22},\cdots,X_{n2},\cdots,X_{1p},X_{2p},\cdots,X_{np})$$

的分布定义为该阵的分布。若 $\boldsymbol{X}$ 为对称阵，由于 $X_{ij}=X_{ji}$，$p=n$，故只取其下三角部分组成的拉直向量，即 $(X_{11},X_{21},\cdots,X_{n1},X_{22},\cdots,X_{n2},\cdots,X_{np})$。

第五节　实例分析与计算机实现

通过前面的理论分析可知，多元正态总体均值向量和协差阵的最大似然估计分别是样本均值向量和样本协差阵。利用 R 语言可以迅速计算出多元分布的样本均值向量、样本离差阵和样本协差阵。下面通过一个实例来说明多元正态分布参数估计的 R 语言实现过程。这里以我国 31 个省(自治区、直辖市)为研究对象，选取主要经济指标进行均值向量和协差阵的估计，主要经济指标包括地区生产总值、全社会固定资产投资额、社会消费品零售总额、货物进出口总额及一般公共预算收入，如表 2.2 所示。数据来源于 2018 年《中国统计年鉴》。

表 2.2　我国各省(自治区、直辖市)主要经济指标　(单位：亿元)

地区	地区生产总值	全社会固定资产投资额	社会消费品零售总额	货物进出口总额	一般公共预算收入
北京市	28014.94	8370.4	11575.4	21943.7	5430.79
天津市	18549.19	11288.9	5729.7	7645.1	2310.36
河北省	34016.32	33406.8	15907.6	3378.8	3233.83
山西省	15528.42	6040.5	6918.1	1162.8	1867
内蒙古自治区	16096.21	14013.2	7160.2	940.9	1703.21
辽宁省	23409.24	6676.7	13807.2	6748.9	2392.77
吉林省	14944.53	13283.9	7855.8	1255	1210.91
黑龙江省	15902.68	11292	9099.2	1281.7	1243.31
上海市	30632.99	7246.6	11830.3	32242.9	6642.26
江苏省	85869.76	53277	31737.4	39997.5	8171.53
浙江省	51768.26	31696	24308.5	25605.1	5804.38

续表

地区	地区生产总值	全社会固定资产投资额	社会消费品零售总额	货物进出口总额	一般公共预算收入
安徽省	27018	29275.1	11192.6	3657.2	2812.45
福建省	32182.09	26416.3	13013	11590	2809.03
江西省	20006.31	22085.3	7448.1	3011.1	2247.06
山东省	72634.15	55202.7	33649	17923.4	6098.63
河南省	44552.83	44496.9	19666.8	5233.9	3407.22
湖北省	35478.09	32282.4	17394.1	3136.3	3248.32
湖南省	33902.96	31959.2	14854.9	2433.9	2757.82
广东省	89705.23	37761.7	38200.1	68168.8	11320.35
广西壮族自治区	18523.26	20499.1	7813	3912.4	1615.13
海南省	4462.54	4244.4	1618.8	702.8	674.11
重庆市	19424.73	17537	8067.7	4508.1	2252.38
四川省	36980.22	31902.1	17480.5	4604.9	3577.99
贵州省	13540.83	15503.9	4154	551.3	1613.84
云南省	16376.34	18936	6423.1	1582.5	1886.17
西藏自治区	1310.92	1975.6	523.3	58.7	185.83
陕西省	21898.81	23819.4	8236.4	2719.2	2006.69
甘肃省	7459.9	5827.8	3426.6	326.1	815.73
青海省	2624.83	3883.6	839	44.5	246.2
宁夏回族自治区	3443.56	3728.4	930.4	341.5	417.59
新疆维吾尔自治区	10881.96	12089.1	3044.6	1392.3	1466.52

(一)操作步骤及结果

(1)加载 R 包。

```
library(tidyverse)  #此包用于数据加载及预处理
```

(2)读取数据及预处理。

利用 read_csv 读取数据文件，其结果是 tibble(数据框的升级版本)。

```
#按照默认参数读取CSV数据文件，结果为tibble
d <- read_csv('c2_1.csv')
nms <- d[['地区']]    #保存地区名称列数据
d <- d[,-1]           #删除第一列(地区名称)
d[is.na(d)] <- 0      #将缺失值填补为0
d <- data.frame(d)   #将数据转换为数据框
options(digits=2)    #设置输出显示小数点后2位
```

(3)计算常见描述统计量。

```
summary(d)  #返回各列最小值、下四分位数、中位数、均值、上四分位数及最大值
##  地区生产总值.亿元. 全社会固定资产投资额.亿元. 社会消费品零售总额.亿元.
```

```
##  Min.     : 1311          Min.     : 1976          Min.     :  523
##  1st Qu. :15236          1st Qu. : 7808          1st Qu. : 6076
##  Median  :20006          Median  :17537          Median  : 8236
##  Mean    :27327          Mean    :20517          Mean    :11739
##  3rd Qu. :33960          3rd Qu. :31799          3rd Qu. :15381
##  Max.    :89705          Max.    :55203          Max.    :38200
##  货物进出口总额.亿元. 一般公共预算收入.亿元.
##  Min.     :   44          Min.     :  186
##  1st Qu. : 1209          1st Qu. : 1540
##  Median  : 3136          Median  : 2252
##  Mean    : 8971          Mean    : 2951
##  3rd Qu. : 7197          3rd Qu. : 3328
##  Max.    :68169          Max.    :11320
```

以地区生产总值为例，可以看出其最小值为1311亿元，下四分位数为15236亿元，中位数为20006亿元，均值为27327亿元，上四分位数为33960亿元，最大值为89705亿元。

(4) 计算均值向量。

利用sapply结合mean函数可以计算数据框各组件(列)的均值。

```
sapply(d,mean)
##      地区生产总值.亿元. 全社会固定资产投资额.亿元. 社会消费品零售总额.亿元.
##          27327                      20517                       11739
##      货物进出口总额.亿元.   一般公共预算收入.亿元.
##          8971                       2951
```

(5) 协方差与相关系数估计。

利用cov函数计算各组件(列)间的协差阵。

```
cov(d)
##                               地区生产总值.亿元. 全社会固定资产投资额.亿元.
## 地区生产总值.亿元.                  4.9e+08                   2.8e+08
## 全社会固定资产投资额.亿元.          2.8e+08                   2.1e+08
## 社会消费品零售总额.亿元.            2.1e+08                   1.2e+08
## 货物进出口总额.亿元.                2.7e+08                   9.5e+07
## 一般公共预算收入.亿元.              5.1e+07                   2.3e+07
##                               社会消费品零售总额.亿元. 货物进出口总额.亿元.
## 地区生产总值.亿元.                        2.1e+08              2.7e+08
## 全社会固定资产投资额.亿元.                1.2e+08              9.5e+07
## 社会消费品零售总额.亿元.                  9.2e+07              1.1e+08
## 货物进出口总额.亿元.                      1.1e+08              2.2e+08
## 一般公共预算收入.亿元.                    2.1e+07              3.5e+07
##                               一般公共预算收入.亿元.
## 地区生产总值.亿元.                      5.1e+07
## 全社会固定资产投资额.亿元.              2.3e+07
```

```
## 社会消费品零售总额.亿元.                2.1e+07
## 货物进出口总额.亿元.                    3.5e+07
## 一般公共预算收入.亿元.                  6.2e+06
```

利用 cor 函数计算各组件(列)间的相关阵。

```
cor(d)
##                              地区生产总值.亿元. 全社会固定资产投资额.亿元.
## 地区生产总值.亿元.                        1.00                       0.86
## 全社会固定资产投资额.亿元.                0.86                       1.00
## 社会消费品零售总额.亿元.                  0.98                       0.85
## 货物进出口总额.亿元.                      0.82                       0.43
## 一般公共预算收入.亿元.                    0.92                       0.63
##                              社会消费品零售总额.亿元. 货物进出口总额.亿元.
## 地区生产总值.亿元.                              0.98                 0.82
## 全社会固定资产投资额.亿元.                      0.85                 0.43
## 社会消费品零售总额.亿元.                        1.00                 0.77
## 货物进出口总额.亿元.                            0.77                 1.00
## 一般公共预算收入.亿元.                          0.89                 0.95
##                              一般公共预算收入.亿元.
## 地区生产总值.亿元.                            0.92
## 全社会固定资产投资额.亿元.                    0.63
## 社会消费品零售总额.亿元.                      0.89
## 货物进出口总额.亿元.                          0.95
## 一般公共预算收入.亿元.                        1.00
```

可以看出地区生产总值与社会消费品零售总额相关度最高，相关系数达到 0.98。

(二)小结

多元正态分布的参数估计主要涉及分位点、均值、协差阵和相关阵的计算，涉及的 R 函数见表 2.3。

表 2.3 多元正态分布的参数估计函数表

函数	功能
summary	计算最小值、下四分位数、中位数、均值、上四分位数及最大值
cov	计算协差阵
cor	计算相关阵

➢ 思考与练习

2.1 试述多元联合分布和边缘分布之间的关系。

2.2 设随机向量 $\boldsymbol{X}=(X_1,X_2)'$ 服从二元正态分布，写出其联合分布密度函数和 X_1、X_2 各自的边缘密度函数。

2.3 已知随机向量 $\boldsymbol{X}=(X_1,X_2)'$ 的联合分布密度函数为

$$f(x_1,x_2)=\frac{2\left[(d-c)(x_1-a)+(b-a)(x_2-c)-2(x_1-a)(x_2-c)\right]}{(b-a)^2(d-c)^2}$$

其中，$a\leqslant x_1\leqslant b$，$c\leqslant x_2\leqslant d$。求：

(1) 随机变量 X_1 和 X_2 各自的边缘密度函数、均值与方差。

(2) 随机变量 X_1 和 X_2 的协方差和相关系数。

(3) 判断 X_1 和 X_2 是否相互独立。

2.4 设随机向量 $\boldsymbol{X}=(X_1,X_2,\cdots,X_p)'$ 服从正态分布，已知其协差阵 $\boldsymbol{\Sigma}$ 为对角阵，证明 X 的分量是相互独立的随机变量。

2.5 从某企业全部职工中随机抽取一个容量为 6 的样本，该样本中各职工的目前工资、受教育年限、初始工资和工作经验资料见表 2.4。

表 2.4 职工情况表

职工编号	目前工资/美元	受教育年限/年	初始工资/美元	工作经验/月
1	57000	15	27000	144
2	40200	16	18750	36
3	21450	12	12000	381
4	21900	8	13200	190
5	45000	15	21000	138
6	28350	8	12000	26

设职工总体的以上变量服从多元正态分布，根据样本资料求出均值向量和协差阵的最大似然估计。

2.6 多元正态总体的均值向量和协差阵的最大似然估计量具有哪些优良性质？

2.7 试证多元正态总体 $N_p(\boldsymbol{\mu},\boldsymbol{\Sigma})$ 的样本均值向量 $\bar{\boldsymbol{X}}\sim N_p\left(\boldsymbol{\mu},\frac{1}{n}\boldsymbol{\Sigma}\right)$。

2.8 设 $X_{(1)},X_{(2)},\cdots,X_{(n)}$ 是从多元正态总体 $N_p(\boldsymbol{\mu},\boldsymbol{\Sigma})$ 中独立抽取的一个随机样本，试求样本协差阵 $\frac{1}{n-1}\boldsymbol{S}$ 的分布。

2.9 设 $\boldsymbol{X}_i(n_i\times p)$ 是来自 $N_p(\boldsymbol{\mu}_i,\boldsymbol{\Sigma}_i)$ 的数据阵，$i=1,2,\cdots,k$。

(1) 已知 $\boldsymbol{\mu}_1=\boldsymbol{\mu}_2=\cdots=\boldsymbol{\mu}_k=\boldsymbol{\mu}$ 且 $\boldsymbol{\Sigma}_1=\boldsymbol{\Sigma}_2=\cdots=\boldsymbol{\Sigma}_k=\boldsymbol{\Sigma}$，求 $\boldsymbol{\mu}$ 和 $\boldsymbol{\Sigma}$ 的估计。

(2) 已知 $\boldsymbol{\Sigma}_1=\boldsymbol{\Sigma}_2=\cdots=\boldsymbol{\Sigma}_k=\boldsymbol{\Sigma}$，求 $\boldsymbol{\mu}_1,\boldsymbol{\mu}_2,\cdots,\boldsymbol{\mu}_k$ 和 $\boldsymbol{\Sigma}$ 的估计。

第三章

多元正态分布均值向量和协差阵的检验

第一节　引言

在单一变量的统计分析中，已经给出了正态总体$N(\mu,\sigma^2)$的均值μ和方差σ^2的各种检验。对于多变量的正态总体$N_p(\boldsymbol{\mu},\boldsymbol{\Sigma})$，各种实际问题同样要求对$\boldsymbol{\mu}$和$\boldsymbol{\Sigma}$进行统计推断。例如，要考察全国各省、自治区和直辖市的社会经济发展状况、与全国平均水平相比较有无显著性差异等，就涉及多元正态总体均值向量的检验问题等。

本章类似单一变量统计分析中的各种均值和方差的检验，相应地给出多元统计分析中的各种均值向量和协差阵的检验。其基本思想和步骤均可归纳为：①提出待检验的假设H_0和H_1；②给出检验的统计量及其服从的分布；③给定检验水平α，查统计量的分布表，确定相应的临界值，从而得到否定域；④根据样本观测值计算出统计量的值，看是否落入否定域中，以便对待判假设做出决策(拒绝或接受)。在检验的过程中，关键在于对不同的检验给出不同的统计量，而有关统计量大多用似然比方法得到。由于多变量问题的复杂性，本章只侧重于解释选取统计量的合理性，而不给出推导过程，最后给出几个实例。

为了更好地说明检验过程中统计量的分布，本章还介绍霍特林(Hotelling)T^2分布和威尔克斯(Wilks)分布的定义。

第二节　均值向量的检验

为了对多元正态总体均值向量做检验，首先需要给出霍特林T^2分布的定义。

一、单一变量检验的回顾及霍特林T^2分布

在单一变量的检验问题中，设$X_1,X_2,\cdots,X_n$为来自总体$N(\mu,\sigma^2)$的样本，要检验假设

$$H_0:\mu=\mu_0;\quad H_1:\mu\neq\mu_0$$

当σ^2已知时，需要用到统计量

$$z=\frac{\bar{X}-\mu_0}{\sigma}\sqrt{n} \tag{3.1}$$

其中，$\bar{X}=\frac{1}{n}\sum_{i=1}^{n}X_i$ 为样本均值。当假设成立时，统计量 z 服从正态分布 $z \sim N(0,1)$，从而否定域为 $|z|>z_{\alpha/2}$，$z_{\alpha/2}$ 为 $N(0,1)$ 上的 $\alpha/2$ 分位点。

当 σ^2 未知时，用

$$S^2=\frac{1}{n-1}\sum_{i=1}^{n}\left(X_i-\bar{X}\right)^2 \tag{3.2}$$

作为 σ^2 的估计量，用统计量

$$t=\frac{\bar{X}-\mu_0}{S}\sqrt{n} \tag{3.3}$$

来做检验。当假设成立时，统计量 t 服从自由度为 $n-1$ 的 t 分布，从而否定域为 $|t|>t_{\alpha/2}(n-1)$，$t_{\alpha/2}(n-1)$ 为自由度为 $n-1$ 的 t 分布上的 $\alpha/2$ 分位点。

这里应该注意到，式(3.3)可以表示为

$$t^2=\frac{n\left(\bar{X}-\mu\right)^2}{S^2}=n\left(\bar{X}-\mu\right)'(S^2)^{-1}\left(\bar{X}-\mu\right) \tag{3.4}$$

对多元变量而言，可以将 t 分布推广为下面将要介绍的霍特林 T^2 分布。

定义 3.1　设 $\boldsymbol{X}\sim N_p(\boldsymbol{\mu},\boldsymbol{\Sigma})$，$\boldsymbol{S}\sim W_p(n,\boldsymbol{\Sigma})$ 且 $\boldsymbol{X}$ 与 $\boldsymbol{S}$ 相互独立，$n\geqslant p$，则称统计量 $T^2=n\boldsymbol{X}'\boldsymbol{S}^{-1}\boldsymbol{X}$ 的分布为非中心霍特林 T^2 分布，记为 $T^2\sim T^2(p,n,\boldsymbol{\mu})$。当 $\boldsymbol{\mu}=\boldsymbol{0}$ 时，称 T^2 服从(中心)霍特林 T^2 分布，记为 $T^2(p,n)$。

由于这一统计量的分布首先由霍特林提出，故称为霍特林 T^2 分布，值得指出的是，我国著名统计学家许宝騄先生在 1938 年用不同方法也推导出 T^2 分布的密度函数，因表达式很复杂，故这里略去。

在单一变量统计分析中，若统计量 t 服从 $t(n-1)$ 分布，则 t^2 服从 $F(1,n-1)$ 分布，即把 t 分布的统计量转化为 F 统计量来处理，在多元统计分析中 T^2 统计量也具有类似的性质。

定理 3.1　若 $\boldsymbol{X}\sim N_p(\boldsymbol{0},\boldsymbol{\Sigma})$，$\boldsymbol{S}\sim W_p(n,\boldsymbol{\Sigma})$ 且 $\boldsymbol{X}$ 与 $\boldsymbol{S}$ 相互独立，令 $T^2=n\boldsymbol{X}'\boldsymbol{S}^{-1}\boldsymbol{X}$，则

$$\frac{n-p+1}{np}T^2\sim F(p,n-p+1) \tag{3.5}$$

在后面将要介绍的检验问题中，经常会用到这一性质。

二、一个正态总体均值向量的检验

设 $\boldsymbol{X}_{(1)},\boldsymbol{X}_{(2)},\cdots,\boldsymbol{X}_{(n)}$ 是来自 p 维正态总体 $N_p(\boldsymbol{\mu},\boldsymbol{\Sigma})$ 的样本，且 $\bar{\boldsymbol{X}}=\frac{1}{n}\sum_{a=1}^{n}\boldsymbol{X}_{(a)}$，$\boldsymbol{S}=\sum_{a=1}^{n}\left(\boldsymbol{X}_{(a)}-\bar{\boldsymbol{X}}\right)\left(\boldsymbol{X}_{(a)}-\bar{\boldsymbol{X}}\right)'$。

(一) 协差阵 $\boldsymbol{\Sigma}$ 已知时均值向量的检验

$$H_0:\ \boldsymbol{\mu}=\boldsymbol{\mu}_0\ (\boldsymbol{\mu}_0\text{ 为已知向量})；\quad H_1:\ \boldsymbol{\mu}\neq\boldsymbol{\mu}_0$$

假设 H_0 成立，检验统计量为

$$T_0^2 = n\left(\bar{\boldsymbol{X}} - \boldsymbol{\mu}_0\right)' \boldsymbol{\Sigma}^{-1}\left(\bar{\boldsymbol{X}} - \boldsymbol{\mu}_0\right) \sim \chi^2(p) \tag{3.6}$$

给定检验水平 α，查 χ^2 分布表使 $P\{T_0^2 > \chi_\alpha^2\} = \alpha$，可确定出临界值 χ_α^2，再用样本值计算出 T_0^2，若 $T_0^2 > \chi_\alpha^2$，则拒绝 H_0，否则不能拒绝 H_0。

这里要对统计量的选取做一些解释，为什么该统计量服从 $\chi^2(p)$ 分布。根据二次型分布定理可知，若 $\boldsymbol{X} \sim N_p(\boldsymbol{0}, \boldsymbol{\Sigma})$，则 $\boldsymbol{X}'\boldsymbol{\Sigma}^{-1}\boldsymbol{X} \sim \chi^2(p)$。显然：

$$T_0^2 = n\left(\bar{\boldsymbol{X}} - \boldsymbol{\mu}_0\right)' \boldsymbol{\Sigma}^{-1}\left(\bar{\boldsymbol{X}} - \boldsymbol{\mu}_0\right) = \sqrt{n}\left(\bar{\boldsymbol{X}} - \boldsymbol{\mu}_0\right)' \boldsymbol{\Sigma}^{-1}\sqrt{n}\left(\bar{\boldsymbol{X}} - \boldsymbol{\mu}_0\right) \overset{\text{def}}{=} \boldsymbol{Y}'\boldsymbol{\Sigma}^{-1}\boldsymbol{Y}$$

其中，$\boldsymbol{Y} = \sqrt{n}(\bar{\boldsymbol{X}} - \boldsymbol{\mu}_0) \sim N_p(\boldsymbol{0}, \boldsymbol{\Sigma})$，因此有

$$T_0^2 = n\left(\bar{\boldsymbol{X}} - \boldsymbol{\mu}_0\right)' \boldsymbol{\Sigma}^{-1}\left(\bar{\boldsymbol{X}} - \boldsymbol{\mu}_0\right) \sim \chi^2(p)$$

(二) 协差阵 $\boldsymbol{\Sigma}$ 未知时均值向量的检验

$$H_0\colon \boldsymbol{\mu} = \boldsymbol{\mu}_0 \text{（}\boldsymbol{\mu}_0\text{ 为已知向量）；}\ H_1\colon \boldsymbol{\mu} \neq \boldsymbol{\mu}_0$$

假设 H_0 成立，检验统计量为

$$\frac{(n-1)-p+1}{(n-1)p} T^2 \sim F(p, n-p) \tag{3.7}$$

其中，$T^2 = (n-1)\left[\sqrt{n}\left(\bar{\boldsymbol{X}} - \boldsymbol{\mu}_0\right)' \boldsymbol{S}^{-1}\sqrt{n}\left(\bar{\boldsymbol{X}} - \boldsymbol{\mu}_0\right)\right]$。

给定检验水平 α，查 F 分布表，使 $P\left\{\dfrac{n-p}{(n-1)p}T^2 > F_\alpha\right\} = \alpha$，可确定出临界值 F_α，再用样本值计算出 T^2，若 $\dfrac{n-p}{(n-1)p}T^2 > F_\alpha$，则拒绝 H_0，否则不能拒绝 H_0。

这里需要解释的是，当 $\boldsymbol{\Sigma}$ 未知时，自然想到要用样本协差阵 $\dfrac{1}{n-1}\boldsymbol{S}$ 取代 $\boldsymbol{\Sigma}$，因 $(n-1)\boldsymbol{S}^{-1}$ 是 $\boldsymbol{\Sigma}^{-1}$ 的无偏估计量，故样本离差阵

$$\boldsymbol{S} = \sum_{a=1}^{n}\left(\boldsymbol{X}_{(a)} - \bar{\boldsymbol{X}}\right)\left(\boldsymbol{X}_{(a)} - \bar{\boldsymbol{X}}\right)' \sim W_p(n-1, \boldsymbol{\Sigma})$$

$$\sqrt{n}\left(\bar{\boldsymbol{X}} - \boldsymbol{\mu}_0\right) \sim N_p(\boldsymbol{0}, \boldsymbol{\Sigma})$$

由定义 3.1 可知

$$T^2 = (n-1)\left[\sqrt{n}\left(\bar{\boldsymbol{X}} - \boldsymbol{\mu}_0\right)' \boldsymbol{S}^{-1}\sqrt{n}\left(\bar{\boldsymbol{X}} - \boldsymbol{\mu}_0\right)\right] \sim T^2(p, n-1)$$

再根据霍特林 T^2 分布的性质，有

$$\frac{(n-1)-p+1}{(n-1)p} T^2 \sim F(p, n-p)$$

在处理实际问题时，单一变量的检验和多变量检验可以联合使用，多元的检验具有

概括和全面考察的特点，而一元的检验容易发现各变量之间的关系和差异，能给人们提供更多的统计分析信息。

三、两个正态总体均值向量的检验

(一) 当协差阵相等时，两个正态总体均值向量的检验

设 $\boldsymbol{X}_{(a)}=(X_{a1},X_{a2},\cdots,X_{ap})'$ $(a=1,2,\cdots,n)$ 为来自 p 维正态总体 $N_p(\boldsymbol{\mu}_1,\boldsymbol{\Sigma})$ 的容量为 n 的样本，$\boldsymbol{Y}_{(a)}=(Y_{a1},Y_{a2},\cdots,Y_{ap})'$ $(a=1,2,\cdots,m)$ 为来自 p 维正态总体 $N_p(\boldsymbol{\mu}_2,\boldsymbol{\Sigma})$ 的容量为 m 的样本。当两组样本相互独立、$n>p$、$m>p$ 且 $\bar{\boldsymbol{X}}=\frac{1}{n}\sum_{i=1}^{n}\boldsymbol{X}_{(i)}$ 时，$\bar{\boldsymbol{Y}}=\frac{1}{m}\sum_{i=1}^{m}\boldsymbol{Y}_{(i)}$。

(1) 针对有共同已知协差阵的情形。

对假设

$$H_0\text{:}\ \boldsymbol{\mu}_1=\boldsymbol{\mu}_2\text{；}\quad H_1\text{:}\ \boldsymbol{\mu}_1\neq\boldsymbol{\mu}_2$$

进行检验。

对此问题，当假设 H_0 成立时，所构造的检验统计量为

$$T_0^2=\frac{n\cdot m}{n+m}\left(\bar{\boldsymbol{X}}-\bar{\boldsymbol{Y}}\right)'\boldsymbol{\Sigma}^{-1}\left(\bar{\boldsymbol{X}}-\bar{\boldsymbol{Y}}\right)\sim\chi^2(p) \tag{3.8}$$

给出检验水平 α，查 $\chi^2(p)$ 分布表使 $P\left\{T_0^2>\chi_\alpha^2\right\}=\alpha$，可确定出临界值 χ_α^2，再用样本值计算出 T_0^2，若 $T_0^2>\chi_\alpha^2$，则拒绝 H_0，否则不能拒绝 H_0。

这里应该注意到，在单一变量统计中进行均值相等检验所给出的统计量为

$$z=\frac{\bar{X}-\bar{Y}}{\sqrt{\dfrac{\sigma^2}{n}+\dfrac{\sigma^2}{m}}}\sim N(0,1)$$

显然

$$\begin{aligned}z^2&=\frac{\left(\bar{X}-\bar{Y}\right)^2}{\dfrac{\sigma^2}{n}+\dfrac{\sigma^2}{m}}=\frac{n\cdot m}{(n+m)\sigma^2}\left(\bar{X}-\bar{Y}\right)^2\\&=\frac{n\cdot m}{n+m}\left(\bar{X}-\bar{Y}\right)'(\sigma^2)^{-1}\left(\bar{X}-\bar{Y}\right)\sim\chi^2(1)\end{aligned}$$

此式恰为式(3.8)表示的统计量，在 $p=1$ 的情况，不难看出这里给出的检验统计量是单一变量检验情况的推广。

(2) 针对有共同的未知协差阵的情形。

对假设

$$H_0\text{:}\ \boldsymbol{\mu}_1=\boldsymbol{\mu}_2\text{；}\quad H_1\text{:}\ \boldsymbol{\mu}_1\neq\boldsymbol{\mu}_2$$

进行检验。

对此问题，假设当 H_0 成立时所构造的检验统计量为

$$F=\frac{(n+m-2)-p+1}{(n+m-2)p}T^2\sim F(p,n+m-p-1) \tag{3.9}$$

其中，

$$T^2=(n+m-2)\left[\sqrt{\frac{n\cdot m}{n+m}}\left(\bar{\boldsymbol{X}}-\bar{\boldsymbol{Y}}\right)\right]'\boldsymbol{S}^{-1}\left[\sqrt{\frac{n\cdot m}{n+m}}\left(\bar{\boldsymbol{X}}-\bar{\boldsymbol{Y}}\right)\right]$$

$$\boldsymbol{S}=\boldsymbol{S}_x+\boldsymbol{S}_y$$

$$\boldsymbol{S}_x=\sum_{a=1}^{n}\left(\boldsymbol{X}_{(a)}-\bar{\boldsymbol{X}}\right)\left(\boldsymbol{X}_{(a)}-\bar{\boldsymbol{X}}\right)',\quad \bar{\boldsymbol{X}}=\left(\bar{X}_1,\bar{X}_2,\cdots,\bar{X}_p\right)'$$

$$\boldsymbol{S}_y=\sum_{a=1}^{n}\left(\boldsymbol{Y}_{(a)}-\bar{\boldsymbol{Y}}\right)\left(\boldsymbol{Y}_{(a)}-\bar{\boldsymbol{Y}}\right)',\quad \bar{\boldsymbol{Y}}=\left(\bar{Y}_1,\bar{Y}_2,\cdots,\bar{Y}_p\right)'$$

给定检验水平α，查F分布表，使$p\{F>F_\alpha\}=\alpha$，可确定出临界值F_α，再用样本值计算出F，若$F>F_\alpha$，则拒绝H_0，否则不能拒绝H_0。

这里需要解释的是：当两个总体的协差阵未知时，自然想到用每个总体的样本协差阵$\frac{1}{n-1}\boldsymbol{S}_x$和$\frac{1}{m-1}\boldsymbol{S}_y$去代替，而

$$\boldsymbol{S}_x=\sum_{a=1}^{n}\left(\boldsymbol{X}_{(a)}-\bar{\boldsymbol{X}}\right)\left(\boldsymbol{X}_{(a)}-\bar{\boldsymbol{X}}\right)'\sim W_p(n-1,\boldsymbol{\Sigma})$$

$$\boldsymbol{S}_y=\sum_{a=1}^{m}\left(\boldsymbol{Y}_{(a)}-\bar{\boldsymbol{Y}}\right)\left(\boldsymbol{Y}_{(a)}-\bar{\boldsymbol{Y}}\right)'\sim W_p(m-1,\boldsymbol{\Sigma})$$

从而$\boldsymbol{S}=\boldsymbol{S}_x+\boldsymbol{S}_y\sim W_p(n+m-2,\boldsymbol{\Sigma})$。又由于

$$\sqrt{\frac{n\cdot m}{n+m}}(\bar{\boldsymbol{X}}-\bar{\boldsymbol{Y}})\sim N_p(\boldsymbol{0},\boldsymbol{\Sigma})$$

所以

$$\frac{(n+m-2)-p+1}{(n+m-2)p}T^2\sim F(p,n+m-p-1)$$

下述假设检验统计量的选取和前面统计量的选取思路是一样的，以下只提出待检验的假设，然后给出统计量及其分布，为节省篇幅，不做重复的解释。

（二）当协差阵不等时，两个正态总体均值向量的检验

设从两个总体$N_p(\boldsymbol{\mu}_1,\boldsymbol{\Sigma}_1)$和$N_p(\boldsymbol{\mu}_2,\boldsymbol{\Sigma}_2)$中分别抽取两个样本，即$\boldsymbol{X}_{(a)}=(\boldsymbol{X}_{a1},\boldsymbol{X}_{a2},\cdots,\boldsymbol{X}_{ap})'$，$a=1,2,\cdots,n$；$\boldsymbol{Y}_{(a)}=(\boldsymbol{Y}_{a1},\boldsymbol{Y}_{a2},\cdots,\boldsymbol{Y}_{ap})'$，$a=1,2,\cdots,m$，其容量分别为$n$和$m$，且两组样本相互独立，$n>p$，$m>p$，$\boldsymbol{\Sigma}_1>0$，$\boldsymbol{\Sigma}_2>0$。对假设

$$H_0:\ \boldsymbol{\mu}_1=\boldsymbol{\mu}_2;\quad H_1:\ \boldsymbol{\mu}_1\neq\boldsymbol{\mu}_2$$

进行检验。

(1) 针对$n=m$的情形。

令

$$\boldsymbol{Z}_{(i)}=\boldsymbol{X}_{(i)}-\boldsymbol{Y}_{(i)},\quad i=1,2,\cdots,n$$

$$\bar{\boldsymbol{Z}}=\frac{1}{n}\sum_{i=1}^{n}\boldsymbol{Z}_{(i)}=\bar{\boldsymbol{X}}-\bar{\boldsymbol{Y}}$$

$$\begin{aligned}\boldsymbol{S}&=\sum_{i=1}^{n}\left(\boldsymbol{Z}_{(i)}-\bar{\boldsymbol{Z}}\right)\left(\boldsymbol{Z}_{(i)}-\bar{\boldsymbol{Z}}\right)'\\&=\sum_{i=1}^{n}\left(\boldsymbol{X}_{(i)}-\boldsymbol{Y}_{(i)}-\bar{\boldsymbol{X}}+\bar{\boldsymbol{Y}}\right)\left(\boldsymbol{X}_{(i)}-\boldsymbol{Y}_{(i)}-\bar{\boldsymbol{X}}+\bar{\boldsymbol{Y}}\right)'\end{aligned}$$

假设当 H_0 成立时构造检验统计量为

$$F=\frac{(n-p)n}{p}\bar{\boldsymbol{Z}}'\boldsymbol{S}^{-1}\bar{\boldsymbol{Z}}\sim F(p,n-p) \tag{3.10}$$

(2) 针对 $n\neq m$ 的情形。

在此，不妨假设 $n<m$，令

$$\boldsymbol{Z}_{(i)}=\boldsymbol{X}_{(i)}-\sqrt{\frac{n}{m}}\boldsymbol{Y}_{(i)}+\frac{1}{\sqrt{n\cdot m}}\sum_{j=1}^{n}\boldsymbol{Y}_{(j)}-\frac{1}{m}\sum_{j=1}^{n}\boldsymbol{Y}_{(j)},\quad i=1,2,\cdots,n$$

$$\bar{\boldsymbol{Z}}=\frac{1}{n}\sum_{i=1}^{n}\boldsymbol{Z}_{(i)}=\bar{\boldsymbol{X}}-\bar{\boldsymbol{Y}}$$

$$\begin{aligned}\boldsymbol{S}&=\sum_{i=1}^{n}\left(\boldsymbol{Z}_{(i)}-\bar{\boldsymbol{Z}}\right)\left(\boldsymbol{Z}_{(i)}-\bar{\boldsymbol{Z}}\right)'\\&=\sum_{i=1}^{n}\left[\left(\boldsymbol{X}_{(i)}-\bar{\boldsymbol{X}}\right)-\sqrt{\frac{n}{m}}\left(\boldsymbol{Y}_{(i)}-\frac{1}{n}\sum_{j=1}^{n}\boldsymbol{Y}_{(j)}\right)\right]\\&\quad\cdot\left[\left(\boldsymbol{X}_{(i)}-\bar{\boldsymbol{X}}\right)-\sqrt{\frac{n}{m}}\left(\boldsymbol{Y}_{(i)}-\frac{1}{n}\sum_{j=1}^{n}\boldsymbol{Y}_{(j)}\right)\right]'\end{aligned}$$

假设当 H_0 成立时构造检验统计量为

$$F=\frac{(n-p)n}{p}\bar{\boldsymbol{Z}}'\boldsymbol{S}^{-1}\bar{\boldsymbol{Z}}\sim F(p,n-p) \tag{3.11}$$

四、多个正态总体均值向量的检验

解决多个正态总体均值向量的检验问题时，实际上应用到的是多元方差分析的知识。多元方差分析是单因素方差分析的直接推广。为了容易理解多元方差分析方法，有必要先回顾单因素方差分析方法。

(一) 单因素方差分析的基本思想及威尔克斯分布

设 k 个正态总体分别为 $N(\mu_1,\sigma^2),N(\mu_2,\sigma^2),\cdots,N(\mu_k,\sigma^2)$，从 k 个总体中取 n_i 个独立样本如下：

$$X_1^{(1)},X_2^{(1)},\cdots,X_{n_1}^{(1)}$$

$$\vdots$$

$$X_1^{(k)}, X_2^{(k)}, \cdots, X_{n_k}^{(k)}$$

$$H_0\text{：} \mu_1 = \mu_2 = \cdots = \mu_k \quad H_1\text{：至少存在} i \neq j\text{，使} \mu_i \neq \mu_j$$

假设当 H_0 成立时构造检验统计量为

$$F = \frac{\mathrm{SSA}/(k-1)}{\mathrm{SSE}/(n-k)} \sim F(k-1, n-k) \tag{3.12}$$

其中，$\mathrm{SSA} = \sum_{i=1}^{k} n_i \left(\bar{X}_i - \bar{X}\right)^2$ 称为组间平方和；$\mathrm{SSE} = \sum_{i=1}^{k}\sum_{j=1}^{n_i}\left(X_j^{(i)} - \bar{X}_i\right)^2$ 称为组内平方和；$\mathrm{SST} = \sum_{i=1}^{k}\sum_{j=1}^{n_i}\left(X_j^{(i)} - \bar{X}\right)^2$ 称为总平方和，有 $\mathrm{SST} = \mathrm{SSA} + \mathrm{SSE}$。其中

$$\bar{X}_i = \frac{1}{n_i}\sum_{j=1}^{n} X_j^{(i)}$$

$$\bar{X} = \frac{1}{n}\sum_{i=1}^{k}\sum_{j=1}^{n_i} X_j^{(i)}, \quad n = n_1 + n_2 + \cdots + n_k$$

给定检验水平 α，查 F 分布表，使 $P\{F > F_\alpha\} = \alpha$，可确定出临界值 F_α，再用样本值计算出 F 值，若 $F > F_\alpha$，则拒绝 H_0，否则不能拒绝 H_0。

定义 3.2 若 $\boldsymbol{X} \sim N_p(\boldsymbol{0}, \boldsymbol{\Sigma})$，则称协差阵的行列式 $|\boldsymbol{\Sigma}|$ 为 $\boldsymbol{X}$ 的广义方差，称 $\left|\frac{1}{n}\boldsymbol{S}\right|$ 为样本广义方差，其中 $\boldsymbol{S} = \sum_{a=1}^{n}\left(\boldsymbol{X}_{(a)} - \bar{\boldsymbol{X}}\right)\left(\boldsymbol{X}_{(a)} - \bar{\boldsymbol{X}}\right)'$。

定义 3.3 若 $\boldsymbol{A}_1 \sim W_p(n_1, \boldsymbol{\Sigma}),\ n_1 \geqslant p$，$\boldsymbol{A}_2 \sim W_p(n_2, \boldsymbol{\Sigma}),\ \boldsymbol{\Sigma} > \boldsymbol{0}$，且 $\boldsymbol{A}_1$ 和 $\boldsymbol{A}_2$ 相互独立，则称

$$\Lambda = \frac{|\boldsymbol{A}_1|}{|\boldsymbol{A}_1 + \boldsymbol{A}_2|}$$

为威尔克斯统计量，Λ 的分布称为威尔克斯分布，简记为 $\Lambda \sim \Lambda(p, n_1, n_2)$，其中 n_1、n_2 为自由度。

这里需要说明的是，在实际应用中经常把 Λ 统计量化为 T^2 统计量进而化为 F 统计量，利用 F 统计量来解决多元统计分析中有关检验问题。表 3.1 列举了常见的一些情形。

表 3.1 Λ 与 F 统计量的关系

p	n_1	n_2	F 统计量及分布
任意	任意	1	$\frac{n_1 - p + 1}{p} \cdot \frac{1 - \Lambda(p, n_1, 1)}{\Lambda(p, n_1, 1)} \sim F(p, n_1 - p + 1)$
任意	任意	2	$\frac{n_1 - p}{p} \cdot \frac{1 - \sqrt{\Lambda(p, n_1, 2)}}{\sqrt{\Lambda(p, n_1, 2)}} \sim F(2p, 2(n_1 - p))$
1	任意	任意	$\frac{n_1}{n_2} \cdot \frac{1 - \Lambda(1, n_1, n_2)}{\Lambda(1, n_1, n_2)} \sim F(n_2, n_1)$

续表

p	n_1	n_2	F 统计量及分布
2	任意	任意	$\dfrac{n_1-1}{n_2}\cdot\dfrac{1-\sqrt{\Lambda(2,n_1,n_2)}}{\sqrt{\Lambda(2,n_1,n_2)}}\sim F(2n_2,2(n_1-1))$

以上几个关系式说明对一些特殊的Λ统计量可以化为F统计量，而当$n_2>2$、$p>2$时，可用χ^2统计量或F统计量来近似表示，后面给出。

(二)多元方差分析法

设有k个p维正态总体$N_p(\boldsymbol{\mu}_1,\boldsymbol{\Sigma}),N_p(\boldsymbol{\mu}_2,\boldsymbol{\Sigma}),\cdots,N_p(\boldsymbol{\mu}_k,\boldsymbol{\Sigma})$，从每个总体抽取独立样本，个数分别为$n_1,n_2,\cdots,n_k$，$n_1+n_2+\cdots+n_k=n$，每个样品观测$p$个指标得观测数据如下。

第一个总体：

$$\boldsymbol{X}_{(i)}^{(1)}=\left(X_{i1}^{(1)},X_{i2}^{(1)},\cdots,X_{ip}^{(1)}\right),\quad i=1,2,\cdots,n_1$$

第二个总体：

$$\boldsymbol{X}_{(i)}^{(2)}=\left(X_{i1}^{(2)},X_{i2}^{(2)},\cdots,X_{ip}^{(2)}\right),\quad i=1,2,\cdots,n_2$$

第k个总体：

$$\boldsymbol{X}_{(i)}^{(k)}=\left(X_{i1}^{(k)},X_{i2}^{(k)},\cdots,X_{ip}^{(k)}\right),\quad i=1,2,\cdots,n_k$$

全部样品的总均值向量

$$\bar{\boldsymbol{X}}_{1\times p}=\frac{1}{n}\sum_{r=1}^{k}\sum_{i=1}^{n_r}\boldsymbol{X}_{(i)}^{(r)}=\left(\bar{X}_1,\bar{X}_2,\cdots,\bar{X}_p\right)'$$

各总体样品的均值向量

$$\bar{\boldsymbol{X}}_{1\times p}^{(r)}=\frac{1}{n}\sum_{i=1}^{n_r}\boldsymbol{X}_{(i)}^{(r)}\overset{\text{def}}{=}\left(\bar{X}_1^{(r)},\bar{X}_2^{(r)},\cdots,\bar{X}_p^{(r)}\right)',\quad r=1,2,\cdots,k$$

此处

$$\bar{X}_j^{(r)}=\frac{1}{n_r}\sum_{i=1}^{n_r}X_{ij}^{(r)},\qquad j=1,2,\cdots,p$$

类似一元方差分析方法，将各平方和变成了离差阵，即

$$\boldsymbol{A}=\sum_{r=1}^{k}n_r\left(\bar{\boldsymbol{X}}^{(r)}-\bar{\boldsymbol{X}}\right)\left(\bar{\boldsymbol{X}}^{(r)}-\bar{\boldsymbol{X}}\right)'$$

$$\boldsymbol{E}=\sum_{r=1}^{k}\sum_{i=1}^{n_r}\left(\boldsymbol{X}_{(i)}^{(r)}-\bar{\boldsymbol{X}}^{(r)}\right)\left(\boldsymbol{X}_{(i)}^{(r)}-\bar{\boldsymbol{X}}^{(r)}\right)'$$

$$\boldsymbol{T}=\sum_{r=1}^{k}\sum_{i=1}^{n_r}\left(\boldsymbol{X}_{(i)}^{(r)}-\bar{\boldsymbol{X}}\right)\left(\boldsymbol{X}_{(i)}^{(r)}-\bar{\boldsymbol{X}}\right)'$$

其中，$\boldsymbol{A}$为组间离差阵；$\boldsymbol{E}$为组内离差阵；$\boldsymbol{T}$为总离差阵。显然有$\boldsymbol{T}=\boldsymbol{A}+\boldsymbol{E}$。

我们的问题是检验假设：

$$H_0:\ \boldsymbol{\mu}_1=\boldsymbol{\mu}_2=\cdots=\boldsymbol{\mu}_k\ ;\quad H_1:\ 至少存在i\neq j，使\boldsymbol{\mu}_i\neq\boldsymbol{\mu}_j$$

用似然比原则构成的检验统计量为

$$\Lambda=\frac{|\boldsymbol{E}|}{|\boldsymbol{T}|}=\frac{|\boldsymbol{E}|}{|\boldsymbol{A}+\boldsymbol{E}|}\sim\Lambda(p,n-k,k-1) \tag{3.13}$$

给定检验水平α，查威尔克斯分布表，确定临界值，然后做出统计判断。在这里特别要注意，威尔克斯分布表可用χ^2分布或F分布来近似。

巴特莱特(Bartlett)提出了用χ^2分布来近似。设$\Lambda\sim\Lambda(p,n,m)$，令

$$V=-[n+m-(p+m+1)/2]\ln\Lambda=\ln\Lambda^{-t} \tag{3.14}$$

则V近似服从$\chi^2(pm)$分布。其中，$t=n+m-(p+m+1)/2$。

Rao 后来又研究用F分布来近似。设$\Lambda\sim\Lambda(p,n,m)$，令

$$R=\frac{1-\Lambda^{1/L}}{\Lambda^{1/L}}\cdot\frac{tL-2\lambda}{pm} \tag{3.15}$$

则R近似服从$F(pm,tL-2\lambda)$分布，这里$tL-2\lambda$不一定为整数，可用与它最近的整数来作为F的自由度，且$\min(p,m)>2$。其中

$$t=n+m-(p+m+1)/2$$

$$L=\left(\frac{p^2m^2-4}{p^2+m^2-5}\right)^{1/2}$$

$$\lambda=\frac{pm-2}{4}$$

第三节 协差阵的检验

一、一个正态总体协差阵的检验

设$\boldsymbol{X}_{(a)}=(X_{a1},X_{a2},\cdots,X_{ap})'$ $(a=1,2,\cdots,n)$为来自p维正态总体$N_p(\boldsymbol{\mu},\boldsymbol{\Sigma})$的样本，$\boldsymbol{\Sigma}$未知，且$\boldsymbol{\Sigma}>0$。

首先，考虑检验假设

$$H_0\text{: }\boldsymbol{\Sigma}=\boldsymbol{I}_p\text{; }\quad H_1\text{: }\boldsymbol{\Sigma}\neq\boldsymbol{I}_p$$

所构造的检验统计量为

$$\lambda=\exp\left\{-\frac{1}{2}\mathrm{tr}\boldsymbol{S}\right\}|\boldsymbol{S}|^{n/2}\left(\frac{\mathrm{e}}{n}\right)^{np/2} \tag{3.16}$$

其中，

$$\boldsymbol{S}=\sum_{a=1}^{n}\left(\boldsymbol{X}_{(a)}-\overline{\boldsymbol{X}}\right)\left(\boldsymbol{X}_{(a)}-\overline{\boldsymbol{X}}\right)'$$

然后，考虑检验假设

$$H_0\text{: }\boldsymbol{\Sigma}=\boldsymbol{\Sigma}_0\neq\boldsymbol{I}_p\text{; }\quad H_1\text{: }\boldsymbol{\Sigma}\neq\boldsymbol{\Sigma}_0\neq\boldsymbol{I}_p$$

因为$\boldsymbol{\Sigma}_0>0$，所以存在$\boldsymbol{D}$ $\left(|\boldsymbol{D}|\neq0\right)$，使得$\boldsymbol{D}\boldsymbol{\Sigma}_0\boldsymbol{D}'=\boldsymbol{I}_p$。

令

$$Y_{(a)} = DX_{(a)}, \quad a = 1, 2, \cdots, n$$

则

$$Y_{(a)} \sim N_p(D\mu, D\Sigma D') = N_p(\mu^*, \Sigma^*)$$

因此，检验 $\Sigma = \Sigma_0$ 等价于检验 $\Sigma^* = I_p$。

此时构造检验统计量为

$$\lambda = \exp\left\{-\frac{1}{2}\mathrm{tr}S^*\right\}\left|S^*\right|^{n/2}\left(\frac{\mathrm{e}}{n}\right)^{np/2} \tag{3.17}$$

其中，

$$S^* = \sum_{a=1}^{n}\left(Y_{(a)} - \bar{Y}\right)\left(Y_{(a)} - \bar{Y}\right)'$$

给定检验水平 α，因为直接由 λ 分布计算临界值 λ_0 很困难，所以通常采用 λ 的近似分布。

在 H_0 成立时，$-2\ln\lambda$ 极限分布是 $\chi^2_{p(p+1)/2}$ 分布。因此当 $n \gg p$ 时，由样本值计算出 λ 值，若 $-2\ln\lambda > \chi^2_\alpha$ 即 $\lambda < \mathrm{e}^{-\chi^2_\alpha/2}$，则拒绝 H_0，否则不能拒绝 H_0。

二、多个协差阵相等检验

设有 k 个正态总体分别为 $N_p(\mu_1, \Sigma_1), N_p(\mu_2, \Sigma_2), \cdots, N_p(\mu_k, \Sigma_k)$，$\Sigma_i > 0$ 且未知，$i = 1, 2, \cdots, k$。从 k 个总体分别取 n_i 个样本

$$X_{(a)}^{(i)} = \left(X_{a1}^{(i)}, X_{a2}^{(i)}, \cdots, X_{ap}^{(i)}\right)', \quad i = 1, 2, \cdots, k;\ a = 1, 2, \cdots, n_i$$

其中，$\sum_{i=1}^{k} n_i = n$ 为总样本容量。

考虑检验假设

$$H_0\text{: } \Sigma_1 = \Sigma_2 = \cdots = \Sigma_k\text{；}\quad H_1\text{: } \{\Sigma_i\}\text{不全相等}$$

构造检验统计量为

$$\lambda_k = n^{np/2}\prod_{i=1}^{k}\left|S_i\right|^{n_i/2} \Big/ \left|S\right|^{n/2}\prod_{i=1}^{k} n_i^{pn_i/2} \tag{3.18}$$

其中，

$$S = \sum_{i=1}^{k} S_i$$

$$S_i = \sum_{a=1}^{n_i}\left(X_{(a)}^{(i)} - \bar{X}^{(i)}\right)\left(X_{(a)}^{(i)} - \bar{X}^{(i)}\right)'$$

$$\bar{X}^{(i)} = \frac{1}{n_i}\sum_{a=1}^{n_i} X_{(a)}^{(i)}$$

巴特莱特建议，将 n_i 改为 n_i-1，从而 n 变为 $n-k$，变换以后的 λ_k 记为 λ_k'，称为修正的统计量，则 $-2\ln\lambda_k'$ 近似服从分布 $\chi_f^2/(1-D)$，其中

$$f=\frac{1}{2}p(p+1)(k-1)$$

$$D=\begin{cases}\dfrac{2p^2+3p-1}{6(p+1)(k-1)}\sum_{i=1}^{k}\left(\dfrac{1}{n_i-1}-\dfrac{1}{n-k}\right), & \text{至少有一对} n_i\neq n_j \\ \dfrac{(2p^2+3p-1)(k+1)}{6(p+1)(n-k)}, & n_1=n_2=\cdots=n_k\end{cases}$$

第四节 实例分析与计算机实现

为研究东、中、西部各省(自治区、直辖市)经济发展状况，这里拟通过多元正态分布均值向量和协差阵的检验来比较这三个总体的经济发展状况。这里在第二章选取的主要经济指标基础上添加地区类别变量，见表 3.2。数据来源于 2018 年《中国统计年鉴》。

表 3.2 我国各省(自治区、直辖市)主要经济指标及类别

地区	地区生产总值/亿元	全社会固定资产投资额/亿元	社会消费品零售总额/亿元	货物进出口总额/亿元	一般公共预算收入/亿元	类别
北京市	28014.94	8370.4	11575.4	21943.7	5430.79	1
天津市	18549.19	11288.9	5729.7	7645.1	2310.36	1
河北省	34016.32	33406.8	15907.6	3378.8	3233.83	1
山西省	15528.42	6040.5	6918.1	1162.8	1867	2
内蒙古自治区	16096.21	14013.2	7160.2	940.9	1703.21	3
辽宁省	23409.24	6676.7	13807.2	6748.9	2392.77	1
吉林省	14944.53	13283.9	7855.8	1255	1210.91	2
黑龙江省	15902.68	11292	9099.2	1281.7	1243.31	2
上海市	30632.99	7246.6	11830.3	32242.9	6642.26	1
江苏省	85869.76	53277	31737.4	39997.5	8171.53	1
浙江省	51768.26	31696	24308.5	25605.1	5804.38	1
安徽省	27018	29275.1	11192.6	3657.2	2812.45	2
福建省	32182.09	26416.3	13013	11590	2809.03	1
江西省	20006.31	22085.3	7448.1	3011.1	2247.06	2
山东省	72634.15	55202.7	33649	17923.4	6098.63	1
河南省	44552.83	44496.9	19666.8	5233.9	3407.22	2
湖北省	35478.09	32282.4	17394.1	3136.3	3248.32	2
湖南省	33902.96	31959.2	14854.9	2433.9	2757.82	2
广东省	89705.23	37761.7	38200.1	68168.8	11320.35	1
广西壮族自治区	18523.26	20499.1	7813	3912.4	1615.13	3

续表

地区	地区生产总值/亿元	全社会固定资产投资额/亿元	社会消费品零售总额/亿元	货物进出口总额/亿元	一般公共预算收入/亿元	类别
海南省	4462.54	4244.4	1618.8	702.8	674.11	1
重庆市	19424.73	17537	8067.7	4508.1	2252.38	3
四川省	36980.22	31902.1	17480.5	4604.9	3577.99	3
贵州省	13540.83	15503.9	4154	551.3	1613.84	3
云南省	16376.34	18936	6423.1	1582.5	1886.17	3
西藏自治区	1310.92	1975.6	523.3	58.7	185.83	3
陕西省	21898.81	23819.4	8236.4	2719.2	2006.69	3
甘肃省	7459.9	5827.8	3426.6	326.1	815.73	3
青海省	2624.83	3883.6	839	44.5	246.2	3
宁夏回族自治区	3443.56	3728.4	930.4	341.5	417.59	3
新疆维吾尔自治区	10881.96	12089.1	3044.6	1392.3	1466.52	3

(一) 操作步骤

(1) 加载 R 包。

```
library(tidyverse)          #用于数据加载及预处理
```

(2) 读取数据及预处理。

```
d <- read_csv('c3_1.csv')
nms <- d[['地区']]          #保存地区名称
d <- d[,-1]                 #去掉第一列（地区名称）
d[is.na(d)] <- 0            #将缺失值填补为0
d <- data.frame(d)          #将数据转换为数据框
options(digits=2)           #输出显示小数点后2位
```

(3) 变量服从正态分布的检验。

利用 shapiro.test 函数可以对变量的正态性进行检验，结合 sapply 函数可以逐一对各组件(列)进行检验。

```
sapply(d[,-1],shapiro.test)     #此处用d[,-1]忽略第一列(地区类别)
##           地区生产总值.亿元.                全社会固定资产投资额.亿元.
## statistic 0.84                          0.92
## p.value   0.00034                       0.025
## method    "Shapiro-Wilk normality test" "Shapiro-Wilk normality test"
## data.name "X[[i]]"                      "X[[i]]"
##           社会消费品零售总额.亿元.          货物进出口总额.亿元.
## statistic 0.88                          0.62
## p.value   0.0018                        9.2e-08
## method    "Shapiro-Wilk normality test" "Shapiro-Wilk normality test"
```

```
## data.name "X[[i]]"                        "X[[i]]"
##            一般公共预算收入.亿元.
## statistic 0.83
## p.value   0.00022
## method    "Shapiro-Wilk normality test"
## data.name "X[[i]]"
```

从检验结果可以看出，各组件(列)均不能认为是来自正态总体。这个结果有可能是由地区差异造成的，可以利用 tapply 函数分地区对每一变量进行检验：

```
tapply(d[,2],d[,1],shapiro.test)  #地区生产总值分地区正态性检验
## $`1`
##
##  Shapiro-Wilk normality test
##
## data:  X[[i]]
## W = 0.9, p-value = 0.2
##
##
## $`2`
##
##  Shapiro-Wilk normality test
##
## data:  X[[i]]
## W = 0.9, p-value = 0.2
##
##
## $`3`
##
##  Shapiro-Wilk normality test
##
## data:  X[[i]]
## W = 0.9, p-value = 0.4
tapply(d[,3],d[,1],shapiro.test)  #全社会固定资产投资额分地区正态性检验
## $`1`
##
##  Shapiro-Wilk normality test
##
## data:  X[[i]]
## W = 0.9, p-value = 0.1
##
##
```

```
## $`2`
##
##  Shapiro-Wilk normality test
##
## data:  X[[i]]
## W = 1, p-value = 0.8
##
##
## $`3`
##
##  Shapiro-Wilk normality test
##
## data:  X[[i]]
## W = 1, p-value = 0.7
tapply(d[,4],d[,1],shapiro.test)  #社会消费品零售总额分地区正态性检验
## $`1`
##
##  Shapiro-Wilk normality test
##
## data:  X[[i]]
## W = 0.9, p-value = 0.4
##
##
## $`2`
##
##  Shapiro-Wilk normality test
##
## data:  X[[i]]
## W = 0.9, p-value = 0.2
##
##
## $`3`
##
##  Shapiro-Wilk normality test
##
## data:  X[[i]]
## W = 0.9, p-value = 0.06
tapply(d[,5],d[,1],shapiro.test)  #货物进出口总额分地区正态性检验
## $`1`
##
##  Shapiro-Wilk normality test
```

```
##
## data:  X[[i]]
## W = 0.9, p-value = 0.1
##
##
## $`2`
##
##  Shapiro-Wilk normality test
##
## data:  X[[i]]
## W = 0.9, p-value = 0.3
##
##
## $`3`
##
##  Shapiro-Wilk normality test
##
## data:  X[[i]]
## W = 0.8, p-value = 0.03
tapply(d[,6],d[,1],shapiro.test)  #一般公共预算收入分地区正态性检验
## $`1`
##
##  Shapiro-Wilk normality test
##
## data:  X[[i]]
## W = 0.9, p-value = 0.6
##
##
## $`2`
##
##  Shapiro-Wilk normality test
##
## data:  X[[i]]
## W = 0.9, p-value = 0.4
##
##
## $`3`
##
##  Shapiro-Wilk normality test
##
## data:  X[[i]]
```

```
## W = 0.9, p-value = 0.3
```

可以看出，对样本单位分组后，除第四组的货物进出口总额，各变量均服从正态分布。

(4)多元正态分布均值向量的假设检验。

① 协差阵齐性检验。

利用 heplots 包中的 boxM 函数进行协差阵齐性检验，结果显示三个类别的协差阵差异显著。

```
library(heplots)
boxM(d[,-1],d[,1])      #此处用d[,-1]忽略第一列(地区类别)
##
## Box's M-test for Homogeneity of Covariance Matrices
##
## data:  d[, -1]
## Chi-Sq (approx.) = 113, df = 30, p-value = 1e-11
```

从输出结果可以看出 p 值为 $1\times10^{-11}<0.05$，故拒绝协差阵齐性的假设。

② 多变量检验。

利用 manova 函数研究类别对其他变量的影响。

```
cnm <- names(d)
names(d)<-c('y','x1','x2','x3','x4','x5')
d$y<-as.factor(d$y)
res <- manova( cbind(x1,x2,x3,x4,x5) ~ y, data = d)
summary(res)
##           Df Pillai approx F num Df den Df Pr(>F)
## y          2  0.633     2.31     10     50  0.025 *
## Residuals 28
## ---
## Signif. codes:  0 '***' 0.001 '**' 0.01 '*' 0.05 '.' 0.1 ' ' 1
```

这里“`cbind(x1,x2,x3,x4,x5) ~ y`”是 R 语言描述公式的一种形式，表示 y 对 x1～x5 的影响。

可以看出模型通过了显著性检验，就说明类别的不同取值对 5 个因变量的取值有显著影响，即反映出我国东部、中部、西部之间的经济发展状况不均衡。

利用 summary.aov 函数可以进一步获得类别变量对 5 个变量的单因素分析结果。

```
summary.aov(res)
##  Response x1 :
##             Df   Sum Sq  Mean Sq F value Pr(>F)
## y            2 4.78e+09 2.39e+09     6.7 0.0042 **
## Residuals   28 9.99e+09 3.57e+08
## ---
## Signif. codes:  0 '***' 0.001 '**' 0.01 '*' 0.05 '.' 0.1 ' ' 1
```

```
##
## Response x2 :
##              Df   Sum Sq  Mean Sq F value Pr(>F)
## y             2 8.02e+08 4.01e+08    1.99   0.16
## Residuals    28 5.64e+09 2.01e+08
##
## Response x3 :
##              Df   Sum Sq  Mean Sq F value Pr(>F)
## y             2 7.79e+08 3.90e+08    7.37 0.0027 **
## Residuals    28 1.48e+09 5.29e+07
## ---
## Signif. codes:  0 '***' 0.001 '**' 0.01 '*' 0.05 '.' 0.1 ' ' 1
##
## Response x4 :
##              Df   Sum Sq  Mean Sq F value  Pr(>F)
## y             2 2.66e+09 1.33e+09    9.35 0.00078 ***
## Residuals    28 3.98e+09 1.42e+08
## ---
## Signif. codes:  0 '***' 0.001 '**' 0.01 '*' 0.05 '.' 0.1 ' ' 1
##
## Response x5 :
##              Df   Sum Sq  Mean Sq F value  Pr(>F)
## y             2 7.45e+07 37253673    9.42 0.00075 ***
## Residuals    28 1.11e+08  3956090
## ---
## Signif. codes:  0 '***' 0.001 '**' 0.01 '*' 0.05 '.' 0.1 ' ' 1
```

可以看出除全社会固定资产投资额，其他变量在各个类别均有显著差异。

(二) 小结

多元正态分布均值向量和协差阵的检验主要涉及正态性检验、协差阵齐性检验和多变量方差分析，涉及的 R 函数见表 3.3。

表 3.3 多元正态分布均值向量和协差阵的检验函数

函数	功能
shapiro.test	正态分布检验
boxM	协差阵齐性检验
manova	多变量方差分析

➢ 思考与练习

3.1　试述多元统计分析中各种均值向量和协差阵检验的基本思想和步骤。

3.2　试述多元统计中霍特林 T^2 分布和威尔克斯 Λ 分布分别与一元统计中 t 分布和 F 分布的关系。

3.3　大学生的素质高低受各方面因素的影响，其中包括家庭环境与家庭教育（X_1）、学校生活环境（X_2）、学校周围环境（X_3）和个人向上发展的心理动机（X_4）等。从某大学在校学生中抽取了 20 人对以上因素在自己成长和发展过程中的影响程度给予评分(以 9 分制)，数据如表 3.4 所示。

表 3.4　大学生素质影响因素

学生	X_1	X_2	X_3	X_4
1	5	6	9	8
2	8	5	3	6
3	9	6	7	9
4	9	2	2	8
5	9	4	3	7
6	9	5	3	7
7	6	9	5	5
8	8	5	4	4
9	8	4	3	7
10	9	4	3	6
11	9	3	2	8
12	9	6	3	4
13	8	6	7	8
14	9	3	8	6
15	9	3	4	6
16	9	6	2	8
17	7	4	3	9
18	6	8	4	9
19	9	6	8	9
20	8	7	6	8

要求计算样本均值向量、样本离差阵、样本协差阵和样本相关阵。

3.4 根据习题 3.3 中的数据，假定 $\boldsymbol{X}=(X_1,X_2,X_3,X_4)'$ 服从四元正态分布，$\mu_0=(7,5,4,8)$。试检验

$$H_0:\mu=\mu_0;\quad H_1:\mu\neq\mu_0$$

$$\alpha=0.05$$

3.5 测量 30 名初生到 3 周岁婴幼儿的身高（X_1）和体重（X_2）数据如表 3.5 所示，其中男女各 15 名。假定这两组都服从正态总体分布且协差阵相等，试在显著性水平 $\alpha=0.05$ 下检验男女婴幼儿的这两项指标是否有差异。

表 3.5 30 名婴幼儿指标

编号	男		女	
	X_1	X_2	X_1	X_2
1	54	3	54	3
2	50.5	2.25	53	2.25
3	51	2.5	51.5	2.5
4	56.5	3.5	51	3
5	52	3	51	3
6	76	9.5	77	7.5
7	80	9	77	10
8	74	9.5	77	9.5
9	80	9	74	9
10	76	8	73	7.5
11	96	13.5	91	12
12	97	14	91	13
13	99	16	94	15
14	92	11	92	12
15	94	15	91	12.5

3.6 1992 年美国总统选举的三位候选人为布什、佩罗特和克林顿。从支持三位候选人的选民中分别抽取了 20 人，登记他们的年龄段（X_1）、受教育程度（X_2）和性别（X_3）资料如表 3.6 所示。

表 3.6　选民资料

投票人	X_1	X_2	X_3	投票人	X_1	X_2	X_3
候选人布什				候选人布什			
1	2	1	1	11	1	1	2
2	1	3	2	12	4	1	2
3	3	3	1	13	4	0	2
4	1	3	2	14	3	4	2
5	3	1	2	15	3	3	2
6	3	1	2	16	2	3	1
7	1	1	2	17	2	1	1
8	2	3	1	18	3	1	1
9	2	1	2	19	1	3	2
10	3	1	1	20	1	1	2
候选人佩罗特				候选人佩罗特			
1	2	1	1	11	2	1	1
2	1	2	1	12	1	3	2
3	1	0	2	13	2	1	1
4	1	3	2	14	1	1	2
5	3	1	2	15	2	1	1
6	2	4	1	16	3	1	1
7	1	1	1	17	1	1	2
8	1	3	2	18	3	1	1
9	4	1	2	19	4	3	1
10	3	3	2	20	2	1	1
候选人克林顿				候选人克林顿			
1	4	1	1	11	3	1	2
2	4	1	2	12	2	3	1
3	2	1	2	13	4	0	1
4	4	1	2	14	2	1	2
5	2	3	2	15	4	1	1
6	4	0	2	16	2	2	1
7	3	2	1	17	3	3	1
8	4	0	1	18	3	2	2
9	2	1	1	19	3	1	1
10	3	1	2	20	4	0	2

假定三组都服从多元正态分布，检验这三组的总体均值是否有显著性差异（$\alpha=0.05$）。

3.7 某医生观察了 16 名正常人的 24 小时动态心电图，分析出早晨 3 个小时各小时的低频心电频谱值(LF)、高频心电频谱值(HF)，资料见表 3.7。试分析这两个指标的各次重复测定均值向量是否有显著差异($\alpha=0.05$)。

表 3.7 16 名正常人心电图数据

1		2		3		1		2		3	
LF	HF	LF	HF	LF	HF	LF	HF	LF	HF	LF	HF
4.66	2.89	4.29	3.03	4.77	3.57	3.71	1.76	3.96	2.47	4.16	2.70
4.54	4.65	4.69	4.77	4.58	3.04	3.63	3.17	3.64	3.19	3.30	3.10
5.91	4.53	5.28	4.41	5.37	4.79	4.49	4.08	4.86	4.12	4.64	3.87
4.95	3.31	5.05	3.28	4.65	2.86	5.70	4.78	5.72	5.44	5.54	4.89
5.51	3.78	4.94	3.56	4.68	3.97	4.96	3.39	5.14	3.88	5.21	3.88
4.22	2.61	4.54	3.28	4.61	4.40	5.83	4.02	5.64	4.06	5.26	3.84
4.61	3.10	4.26	3.11	5.27	3.88	5.22	5.08	5.03	4.99	5.43	4.50
5.08	4.38	5.56	5.36	5.55	5.00	4.15	2.39	4.15	2.08	4.57	2.32

3.8 根据习题 3.5 中的数据，检验男性婴幼儿与女性婴幼儿的协差阵是否相等($\alpha=0.05$)。

3.9 根据习题 3.6 中的数据，检验三位候选人的协差阵是否相等($\alpha=0.05$)。

3.10 试对你感兴趣的某一实际现象进行总体均值向量的比较分析。

第四章

判别分析

第一节 引言

在我们的日常生活和工作实践中，常常会遇到判别分析问题，即根据历史上划分类别的有关资料和某种最优准则，确定一种判别方法，判定一个新的样本归属于哪一类。例如，某医院有部分患有肺炎、肝炎、冠心病、糖尿病等患者的资料，记录了每个患者若干项症状指标数据。现在想利用现有的这些资料找出一种方法，使得对于一个新的患者，当测得这些症状指标数据时，能够判定其患有哪种病。又如，在天气预报中，有一段较长时间关于某地区每天气象的记录资料(晴阴雨、气温、气压、湿度等)，现在想建立一种用连续五天的气象资料来预报第六天是什么天气的方法。这些问题都可以应用判别分析方法予以解决。

把这类问题用数学语言来表达，可以叙述如下：设有 n 个样本，对每个样本测得 p 项指标(变量)的数据，已知每个样本属于 k 个类别(或总体) $G_1,G_2,\cdots,G_k$ 中的某一类。希望利用这些数据，找出一种判别函数，使得这一函数具有某种最优性质，能把属于不同类别的样本点尽可能地区别开来，并且当给定一个新样本时，能判定这个样本归属于哪一类。

判别分析内容很丰富，方法很多。按判别的总体数来区分，判断分析包括单总体判别分析和多总体判别分析；按区分不同总体所用的数学模型来分，判别分析包括线性判别分析和非线性判别分析；按判别时所处理的变量方法不同，判别分析包括逐步判别分析和序贯判别分析等。判别分析可以从不同角度提出问题，因此有不同的判别准则，如马氏距离最小准则、费希尔准则、平均损失最小准则、最小平方准则、最大似然准则、最大概率准则等，按判别准则的不同又提出多种判别方法。本章仅介绍常用的几种判别分析方法：距离判别法、贝叶斯判别法、费希尔判别法。

第二节 距离判别法

一、马氏距离的概念

设 p 维欧几里得空间 $\mathbf{R}^p$ 中有两点 $\boldsymbol{X}=(X_1,X_2,\cdots,X_p)'$ 和 $\boldsymbol{Y}=(Y_1,Y_2,\cdots,Y_p)'$，通常所

说的两点之间的距离是指欧几里得距离，即

$$d^2(\boldsymbol{X},\boldsymbol{Y})=(X_1-Y_1)^2+(X_2-Y_2)^2+\cdots+(X_p-Y_p)^2 \tag{4.1}$$

在解决实际问题时，特别是针对多元数据的分析问题，欧几里得距离就显示出了它的薄弱环节。

第一，设有两个正态总体，$X\sim N(\mu_1,\sigma^2)$ 和 $Y\sim N(\mu_2,4\sigma^2)$，现有一个样品位于如图 4.1 所示的 A 点，距总体 X 的中心 2σ 远，距总体 Y 的中心 3σ 远，那么，A 点处的样品到底离哪一个总体近呢？若按欧几里得距离来量度，A 点离总体 X 要比离总体 Y “近一些”。但是，从概率的角度看，A 点位于 μ_1 右侧的 $2\sigma_x$ 处，而位于 μ_2 左侧 $1.5\sigma_y$ 处，应该认为 A 点离总体 Y “近一些”。显然，后一种量度更合理。

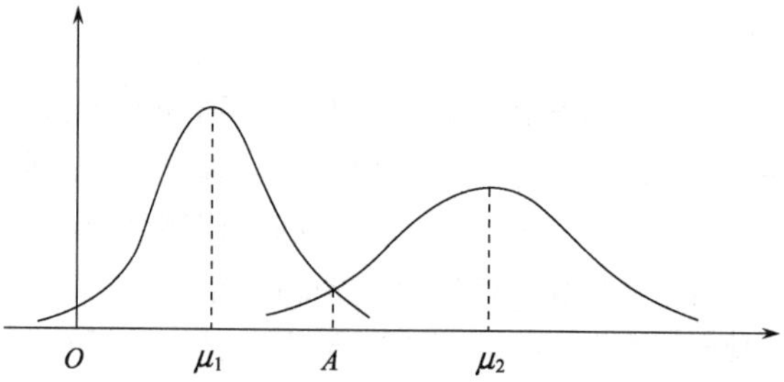

图 4.1　不同标准差的距离描述

第二，设有量度重量和长度的两个变量 X 与 Y，以单位分别为 kg 和 cm 得到样本 $A(0,5)$、$B(10,0)$、$C(1,0)$、$D(0,10)$。今按照欧几里得距离计算，有

$$AB=\sqrt{10^2+5^2}=\sqrt{125}\text{，}\quad CD=\sqrt{1^2+10^2}=\sqrt{101}$$

如果将长度单位变为 mm，那么，有

$$AB=\sqrt{10^2+50^2}=\sqrt{2600}\text{，}\quad CD=\sqrt{1^2+100^2}=\sqrt{10001}$$

量纲的变化，将影响欧几里得距离计算的结果。

为此，引入一种由印度著名统计学家马哈拉诺比斯(Mahalanobis, 1936)提出的“马氏距离”的概念。

设 $\boldsymbol{X}$ 和 $\boldsymbol{Y}$ 是来自均值向量为 $\boldsymbol{\mu}$、协方差为 $\boldsymbol{\Sigma}(>\boldsymbol{0})$ 的总体 G 中的 p 维样本，则总体 G 内两点 $\boldsymbol{X}$ 与 $\boldsymbol{Y}$ 之间的马氏距离定义为

$$D^2(\boldsymbol{X},\boldsymbol{Y})=(\boldsymbol{X}-\boldsymbol{Y})'\boldsymbol{\Sigma}^{-1}(\boldsymbol{X}-\boldsymbol{Y}) \tag{4.2}$$

定义点 $\boldsymbol{X}$ 到总体 G 的马氏距离为

$$D^2(\boldsymbol{X},G)=(\boldsymbol{X}-\boldsymbol{\mu})'\boldsymbol{\Sigma}^{-1}(\boldsymbol{X}-\boldsymbol{\mu}) \tag{4.3}$$

这里应该注意到，当 $\boldsymbol{\Sigma}=\boldsymbol{I}$ (单位矩阵)时，就是欧几里得距离的情形。

二、距离判别的思想及方法

(一) 两个总体的距离判别问题

设有协差阵 $\boldsymbol{\Sigma}$ 相等的两个总体 G_1 和 G_2，其均值分别是 $\boldsymbol{\mu}_1$ 和 $\boldsymbol{\mu}_2$，对于一个新的样品 $\boldsymbol{X}$，要判断它来自哪个总体。

一般的想法是计算新样品 $\boldsymbol{X}$ 到两个总体的马氏距离 $D^2(\boldsymbol{X},G_1)$ 和 $D^2(\boldsymbol{X},G_2)$，并按照如下判别规则进行判断：

$$\begin{cases}\boldsymbol{X}\in G_1, & D^2(\boldsymbol{X},G_1)\leqslant D^2(\boldsymbol{X},G_2)\\ \boldsymbol{X}\in G_2, & D^2(\boldsymbol{X},G_1)> D^2(\boldsymbol{X},G_2)\end{cases} \tag{4.4}$$

这个判别规则的等价描述为：求新样品 $\boldsymbol{X}$ 到 G_1 的距离与到 G_2 的距离之差，如果其值为正，则 $\boldsymbol{X}$ 属于 G_2，否则 $\boldsymbol{X}$ 属于 G_1。考虑

$$\begin{aligned}
&D^2(\boldsymbol{X},G_1)-D^2(\boldsymbol{X},G_2)\\
&=(\boldsymbol{X}-\boldsymbol{\mu}_1)'\boldsymbol{\Sigma}^{-1}(\boldsymbol{X}-\boldsymbol{\mu}_1)-(\boldsymbol{X}-\boldsymbol{\mu}_2)'\boldsymbol{\Sigma}^{-1}(\boldsymbol{X}-\boldsymbol{\mu}_2)\\
&=\boldsymbol{X}'\boldsymbol{\Sigma}^{-1}\boldsymbol{X}-2\boldsymbol{X}'\boldsymbol{\Sigma}^{-1}\boldsymbol{\mu}_1+\boldsymbol{\mu}_1'\boldsymbol{\Sigma}^{-1}\boldsymbol{\mu}_1-(\boldsymbol{X}'\boldsymbol{\Sigma}^{-1}\boldsymbol{X}-2\boldsymbol{X}'\boldsymbol{\Sigma}^{-1}\boldsymbol{\mu}_2+\boldsymbol{\mu}_2'\boldsymbol{\Sigma}^{-1}\boldsymbol{\mu}_2)\\
&=2\boldsymbol{X}'\boldsymbol{\Sigma}^{-1}(\boldsymbol{\mu}_2-\boldsymbol{\mu}_1)+\boldsymbol{\mu}_1'\boldsymbol{\Sigma}^{-1}\boldsymbol{\mu}_1-\boldsymbol{\mu}_2'\boldsymbol{\Sigma}^{-1}\boldsymbol{\mu}_2\\
&=2\boldsymbol{X}'\boldsymbol{\Sigma}^{-1}(\boldsymbol{\mu}_2-\boldsymbol{\mu}_1)+(\boldsymbol{\mu}_1+\boldsymbol{\mu}_2)'\boldsymbol{\Sigma}^{-1}(\boldsymbol{\mu}_1-\boldsymbol{\mu}_2)\\
&=-2\left(\boldsymbol{X}-\frac{\boldsymbol{\mu}_1+\boldsymbol{\mu}_2}{2}\right)'\boldsymbol{\Sigma}^{-1}(\boldsymbol{\mu}_1-\boldsymbol{\mu}_2)\\
&=-2(\boldsymbol{X}-\bar{\boldsymbol{\mu}})'\boldsymbol{\alpha}=-2\boldsymbol{\alpha}'(\boldsymbol{X}-\bar{\boldsymbol{\mu}})
\end{aligned}$$

其中，$\bar{\boldsymbol{\mu}}=\frac{1}{2}(\boldsymbol{\mu}_1+\boldsymbol{\mu}_2)$ 是两个总体均值的平均值，$\boldsymbol{\alpha}=\boldsymbol{\Sigma}^{-1}(\boldsymbol{\mu}_1-\boldsymbol{\mu}_2)$，记

$$W(\boldsymbol{X})=\boldsymbol{\alpha}'(\boldsymbol{X}-\bar{\boldsymbol{\mu}}) \tag{4.5}$$

则判别规则式(4.4)可表示为

$$\begin{cases}\boldsymbol{X}\in G_1, & W(\boldsymbol{X})\geqslant 0\\ \boldsymbol{X}\in G_2, & W(\boldsymbol{X})<0\end{cases} \tag{4.6}$$

这里称 $W(\boldsymbol{X})$ 为两总体距离判别的判别函数，由于它是 $\boldsymbol{X}$ 的线性函数，故又称为线性判别函数，$\boldsymbol{\alpha}$ 称为判别系数。

在实际应用中，总体的均值和协差阵一般是未知的，可由样本均值和样本协差阵分别进行估计。设 $\boldsymbol{X}_1^{(1)},\boldsymbol{X}_2^{(1)},\cdots,\boldsymbol{X}_{n_1}^{(1)}$ 为来自总体 G_1 的样本，$\boldsymbol{X}_1^{(2)},\boldsymbol{X}_2^{(2)},\cdots,\boldsymbol{X}_{n_2}^{(2)}$ 是来自总体 G_2 的样本，$\boldsymbol{\mu}_1$ 和 $\boldsymbol{\mu}_2$ 的一个无偏估计分别为

$$\bar{\boldsymbol{X}}^{(1)}=\frac{1}{n_1}\sum_{i=1}^{n_1}\boldsymbol{X}_i^{(1)},\quad \bar{\boldsymbol{X}}^{(2)}=\frac{1}{n_2}\sum_{i=1}^{n_2}\boldsymbol{X}_i^{(2)}$$

$\boldsymbol{\Sigma}$ 的一个联合无偏估计为

$$\hat{\boldsymbol{\Sigma}}=\frac{1}{n_1+n_2-2}(\boldsymbol{S}_1+\boldsymbol{S}_2)$$

其中，

$$\boldsymbol{S}_\alpha=\sum_{i=1}^{n_\alpha}\left(\boldsymbol{X}_i^{(\alpha)}-\bar{\boldsymbol{X}}^{(\alpha)}\right)\left(\boldsymbol{X}_i^{(\alpha)}-\bar{\boldsymbol{X}}^{(\alpha)}\right)',\quad \alpha=1,2$$

此时，两总体距离判别的判别函数为

$$\hat{W}(\boldsymbol{X})=\hat{\boldsymbol{\alpha}}'\left(\boldsymbol{X}-\bar{\boldsymbol{X}}\right)$$

其中，$\bar{\boldsymbol{X}}=\frac{1}{2}\left(\bar{\boldsymbol{X}}^{(1)}+\bar{\boldsymbol{X}}^{(2)}\right)$，$\hat{\boldsymbol{\alpha}}=\hat{\boldsymbol{\Sigma}}^{-1}\left(\bar{\boldsymbol{X}}^{(1)}-\bar{\boldsymbol{X}}^{(2)}\right)$。这样，判别规则为

$$\begin{cases}\boldsymbol{X}\in G_1, & \hat{W}(\boldsymbol{X})\geqslant 0\\ \boldsymbol{X}\in G_2, & \hat{W}(\boldsymbol{X})<0\end{cases}\tag{4.7}$$

这里应该注意到：

(1) 当 $p=1$，G_1 和 G_2 的分布分别为 $N(\mu_1,\sigma^2)$ 和 $N(\mu_2,\sigma^2)$ 时，μ_1、μ_2、σ^2 均为已知，且 $\mu_1<\mu_2$，则判别系数为 $\alpha=\dfrac{\mu_1-\mu_2}{\sigma^2}<0$，判别函数为

$$W(x)=\alpha(x-\bar{\mu})$$

判别规则为

$$\begin{cases}x\in G_1, & x\leqslant\bar{\mu}\\ x\in G_2, & x>\bar{\mu}\end{cases}$$

(2) 当 $\boldsymbol{\mu}_1\neq\boldsymbol{\mu}_2$，$\boldsymbol{\Sigma}_1\neq\boldsymbol{\Sigma}_2$ 时，采用式 (4.4) 作为判别规则的形式。选择判别函数为

$$\begin{aligned}W^*(\boldsymbol{X})&=D^2(\boldsymbol{X},G_1)-D^2(\boldsymbol{X},G_2)\\&=(\boldsymbol{X}-\boldsymbol{\mu}_1)'\boldsymbol{\Sigma}_1^{-1}(\boldsymbol{X}-\boldsymbol{\mu}_1)-(\boldsymbol{X}-\boldsymbol{\mu}_2)'\boldsymbol{\Sigma}_2^{-1}(\boldsymbol{X}-\boldsymbol{\mu}_2)\end{aligned}$$

它是 $\boldsymbol{X}$ 的二次函数，相应的判别规则为

$$\begin{cases}\boldsymbol{X}\in G_1, & W^*(\boldsymbol{X})\leqslant 0\\ \boldsymbol{X}\in G_2, & W^*(\boldsymbol{X})>0\end{cases}$$

(二) 多个总体的距离判别问题

设有 k 个总体 $G_1,G_2,\cdots,G_k$，其均值和协差阵分别是 $\boldsymbol{\mu}_1,\boldsymbol{\mu}_2,\cdots,\boldsymbol{\mu}_k$ 和 $\boldsymbol{\Sigma}_1,\boldsymbol{\Sigma}_2,\cdots,\boldsymbol{\Sigma}_k$，而且 $\boldsymbol{\Sigma}_1=\boldsymbol{\Sigma}_2=\cdots=\boldsymbol{\Sigma}_k=\boldsymbol{\Sigma}$。对于一个新的样品 $\boldsymbol{X}$，要判断它来自哪个总体。

该问题与两个总体的距离判别问题的解决思路一样。计算新样品 $\boldsymbol{X}$ 到每一个总体的距离，即

$$\begin{aligned}D^2(\boldsymbol{X},G_\alpha)&=(\boldsymbol{X}-\boldsymbol{\mu}_\alpha)'\boldsymbol{\Sigma}^{-1}(\boldsymbol{X}-\boldsymbol{\mu}_\alpha)\\&=\boldsymbol{X}'\boldsymbol{\Sigma}^{-1}\boldsymbol{X}-2\boldsymbol{\mu}_\alpha'\boldsymbol{\Sigma}^{-1}\boldsymbol{X}+\boldsymbol{\mu}_\alpha'\boldsymbol{\Sigma}^{-1}\boldsymbol{\mu}_\alpha\\&=\boldsymbol{X}'\boldsymbol{\Sigma}^{-1}\boldsymbol{X}-2(\boldsymbol{I}_\alpha'\boldsymbol{X}+\boldsymbol{C}_\alpha)\end{aligned}\tag{4.8}$$

其中，$\boldsymbol{I}_\alpha=\boldsymbol{\Sigma}^{-1}\boldsymbol{\mu}_\alpha$，$\boldsymbol{C}_\alpha=-\frac{1}{2}\boldsymbol{\mu}_\alpha'\boldsymbol{\Sigma}^{-1}\boldsymbol{\mu}_\alpha$，$\alpha=1,2,\cdots,k$。由式 (4.8)，可以取线性判别函数为

$$W_\alpha(\boldsymbol{X})=\boldsymbol{I}'_\alpha\boldsymbol{X}+\boldsymbol{C}_\alpha\,,\quad \alpha=1,2,\cdots,k$$

相应的判别规则为

$$\boldsymbol{X}\in G_i\,,\quad W_i(\boldsymbol{X})=\max_{1\leqslant\alpha\leqslant k}(\boldsymbol{I}'_\alpha\boldsymbol{X}+\boldsymbol{C}_\alpha) \tag{4.9}$$

针对实际问题，当 $\boldsymbol{\mu}_1$，$\boldsymbol{\mu}_2,\cdots$，$\boldsymbol{\mu}_k$ 和 $\boldsymbol{\Sigma}$ 均未知时，可以通过相应的样本值来替代。设 $\boldsymbol{X}_1^{(\alpha)},\boldsymbol{X}_2^{(\alpha)},\cdots,\boldsymbol{X}_{n_\alpha}^{(\alpha)}$ 是来自总体 G_α 中的样本，$\alpha=1,2,\cdots,k$，则 $\boldsymbol{\mu}_\alpha$（$\alpha=1,2,\cdots,k$）和 $\boldsymbol{\Sigma}$ 可估计为

$$\bar{\boldsymbol{X}}^{(\alpha)}=\frac{1}{n_\alpha}\sum_{i=1}^{n_\alpha}\boldsymbol{X}_i^{(\alpha)}\,,\quad \alpha=1,2,\cdots,k$$

和

$$\hat{\boldsymbol{\Sigma}}=\frac{1}{n-k}\sum_{\alpha=1}^{k}\boldsymbol{S}_\alpha$$

其中，

$$n=n_1+n_2+\cdots+n_k$$

$$\boldsymbol{S}_\alpha=\sum_{i=1}^{n_\alpha}(\boldsymbol{X}_i^{(\alpha)}-\bar{\boldsymbol{X}}^{(\alpha)})(\boldsymbol{X}_i^{(\alpha)}-\bar{\boldsymbol{X}}^{(\alpha)})'\,,\quad \alpha=1,2,\cdots,k$$

同样，我们注意到，如果总体 $G_1,G_2,\cdots,G_k$ 的协差阵分别是 $\boldsymbol{\Sigma}_1,\boldsymbol{\Sigma}_2,\cdots,\boldsymbol{\Sigma}_k$，而且它们不全相等，则计算 $\boldsymbol{X}$ 到各总体的马氏距离，即

$$D^2(\boldsymbol{X},G_\alpha)=(\boldsymbol{X}-\boldsymbol{\mu}_\alpha)'\boldsymbol{\Sigma}_\alpha^{-1}(\boldsymbol{X}-\boldsymbol{\mu}_\alpha)\,,\quad \alpha=1,2,\cdots,k$$

则判别规则为

$$\boldsymbol{X}\in G_i\,,\quad D^2(\boldsymbol{X},G_i)=\min_{1\leqslant\alpha\leqslant k}D^2(\boldsymbol{X},G_\alpha) \tag{4.10}$$

当 $\boldsymbol{\mu}_1,\boldsymbol{\mu}_2,\cdots,\boldsymbol{\mu}_k$ 和 $\boldsymbol{\Sigma}_1,\boldsymbol{\Sigma}_2,\cdots,\boldsymbol{\Sigma}_k$ 均未知时，$\boldsymbol{\mu}_\alpha$（$\alpha=1,2,\cdots,k$）的估计同前，$\boldsymbol{\Sigma}_\alpha$（$\alpha=1,2,\cdots,k$）的估计为

$$\hat{\boldsymbol{\Sigma}}_\alpha=\frac{1}{n_\alpha-1}\boldsymbol{S}_\alpha\,,\quad \alpha=1,2,\cdots,k$$

三、判别分析的实质

我们知道，判别分析就是希望利用已经测得的变量数据，找出一种判别函数，使得这一函数具有某种最优性质，能把属于不同类别的样本点尽可能地区别开来。为了更清楚地认识判别分析的实质，以便能灵活地应用判别分析方法解决实际问题，有必要了解“划分”的概念。

设 $R_1,R_2,\cdots,R_k$ 是 p 维空间 $\mathbf{R}^p$ 的 k 个子集，如果它们互不相交，且它们的和集为 $\mathbf{R}^p$，则称 $R_1,R_2,\cdots,R_k$ 为 $\mathbf{R}^p$ 的一个划分。

在两个总体的距离判别问题中，利用 $W(\boldsymbol{X})=\boldsymbol{\alpha}'(\boldsymbol{X}-\bar{\boldsymbol{\mu}})$ 可以得到空间 $\mathbf{R}^p$ 的一个划分

$$\begin{cases} R_1 = \{\boldsymbol{X} : W(\boldsymbol{X}) \geqslant 0\} \\ R_2 = \{\boldsymbol{X} : W(\boldsymbol{X}) < 0\} \end{cases} \tag{4.11}$$

新的样品 $\boldsymbol{X}$ 落入 R_1 推断 $\boldsymbol{X} \in G_1$，落入 R_2 推断 $\boldsymbol{X} \in G_2$。

这样将会发现，判别分析问题实质上就是在某种意义上，以最优的性质对 p 维空间 $\mathbf{R}^p$ 构造一个“划分”，这个“划分”就构成了一个判别规则。这一思想将在后面的各节中体现得更加清楚。

第三节　贝叶斯判别法

由第二节可知，距离判别法虽然简单，便于使用，但是该方法也有明显的不足之处：第一，判别方法与总体各自出现的概率的大小无关；第二，判别方法与错判之后所造成的损失无关。贝叶斯判别法就是为了解决这些问题而提出的一种判别方法。

一、贝叶斯判别的基本思想

设有 k 个总体 $G_1, G_2, \cdots, G_k$，其各自的分布密度函数 $f_1(\boldsymbol{X}), f_2(\boldsymbol{X}), \cdots, f_k(\boldsymbol{X})$ 互不相同，假设 k 个总体各自出现的概率分别为 $q_1, q_2, \cdots, q_k$（先验概率），$q_i \geqslant 0$，$\sum_{i=1}^{k} q_i = 1$。假设已知若将本来属于 G_i 总体的样品错判到总体 G_j 时造成的损失为 $C(j \mid i)$，$i, j = 1, 2, \cdots, k$。在这样的情形下，对于新的样品 $\boldsymbol{X}$ 判断其来自哪个总体。

下面对这一问题进行分析。首先应该清楚 $C(i \mid i) = 0$，$C(j \mid i) \geqslant 0$，对于任意的 $i, j = 1, 2, \cdots, k$ 成立。设 k 个总体 $G_1, G_2, \cdots, G_k$ 相应的 p 维样本空间为 $R_1, R_2, \cdots, R_k$，为一个划分，故可以简记一个判别规则为 $R = (R_1, R_2, \cdots, R_k)$。从描述平均损失的角度出发，如果原来属于总体 G_i 且分布密度为 $f_i(\boldsymbol{X})$ 的样品正好取值落入了 R_j，那么就会错判为属于 G_j。故在规则 R 下，将属于 G_i 的样品错判为 G_j 的概率为

$$P(j \mid i, R) = \int_{R_j} f_i(\boldsymbol{X}) \mathrm{d}\boldsymbol{X}, \quad i, j = 1, 2, \cdots, k;\ i \neq j$$

如果实属 G_i 的样品错判到其他总体 $G_1, \cdots, G_{i-1}, G_{i+1}, \cdots, G_k$ 所造成的损失为 $C(1 \mid i), \cdots, C(i-1 \mid i), C(i \mid i), C(i+1 \mid i), \cdots, C(k \mid i)$，则这种判别规则 R 对总体 G_i 而言，样品错判后所造成的平均损失为

$$r(i \mid R) = \sum_{j=1}^{k} [C(j \mid i) P(j \mid i, R)], \qquad i = 1, 2, \cdots, k$$

其中，$C(i \mid i) = 0$。

由于 k 个总体 $G_1, G_2, \cdots, G_k$ 出现的先验概率分别为 $q_1, q_2, \cdots, q_k$，则用规则 R 进行判别所造成的总平均损失为

$$g(R) = \sum_{i=1}^{k} q_i r(i, R)$$

$$=\sum_{i=1}^{k}q_i\sum_{j=1}^{k}C(j|i)P(j|i,R) \tag{4.12}$$

贝叶斯判别法则，就是要选择 $R_1,R_2,\cdots,R_k$，使得式(4.12)表示的总平均损失 $g(R)$ 达到极小。

二、贝叶斯判别的基本方法

设每一个总体 G_i 的分布密度为 $f_i(\boldsymbol{X})$，$i=1,2,\cdots,k$，来自总体 G_i 的样品 $\boldsymbol{X}$ 被错判为来自总体 G_j（$i,j=1,2,\cdots,k$）时所造成的损失记为 $C(j|i)$，并且 $C(i|i)=0$。那么，对于判别规则 $R=(R_1,R_2,\cdots,R_k)$ 产生的误判概率记为 $P(j|i,R)$，有

$$P(j|i,R)=\int_{R_j}f_i(\boldsymbol{X})\mathrm{d}\boldsymbol{X}$$

如果已知样品 $\boldsymbol{X}$ 来自总体 G_i 的先验概率为 q_i，$i=1,2,\cdots,k$，则在规则 R 下，由式(4.12)知，误判的总平均损失为

$$\begin{aligned}g(R)&=\sum_{i=1}^{k}q_i\sum_{j=1}^{k}C(j|i)P(j|i,R)\\&=\sum_{i=1}^{k}q_i\sum_{j=1}^{k}C(j|i)\int_{R_j}f_i(\boldsymbol{X})\mathrm{d}\boldsymbol{X}\\&=\sum_{j=1}^{k}\int_{R_j}\left(\sum_{i=1}^{k}q_iC(j|i)f_i(\boldsymbol{X})\right)\mathrm{d}\boldsymbol{X}\end{aligned} \tag{4.13}$$

令 $\sum_{i=1}^{k}q_iC(j|i)f_i(\boldsymbol{X})=h_j(\boldsymbol{X})$，那么，式(4.13)为

$$g(R)=\sum_{j=1}^{k}\int_{R_j}h_j(\boldsymbol{X})\mathrm{d}\boldsymbol{X}$$

如果空间 $\mathbf{R}^p$ 有另一种划分 $R^*=(R_1^*,R_2^*,\cdots,R_k^*)$，则它的总平均损失为

$$g(R^*)=\sum_{j=1}^{k}\int_{R_j^*}h_j(\boldsymbol{X})\mathrm{d}\boldsymbol{X}$$

那么，在两种划分下的总平均损失之差为

$$g(R)-g(R^*)=\sum_{i=1}^{k}\sum_{j=1}^{k}\int_{R_i\cap R_j^*}[h_i(\boldsymbol{X})-h_j(\boldsymbol{X})]\mathrm{d}\boldsymbol{X} \tag{4.14}$$

由 R_i 的定义，在 R_i 上 $h_i(\boldsymbol{X})\leqslant h_j(\boldsymbol{X})$ 对一切 j 成立，故式(4.14)小于或等于零，这说明 $R_1,R_2,\cdots,R_k$ 的确能使总平均损失达到极小，它是贝叶斯判别的解。

这样，以贝叶斯判别的思想得到的划分 $R=(R_1,R_2,\cdots,R_k)$ 为

$$R_i=\{\boldsymbol{X}\,|\,h_i(\boldsymbol{X})=\min_{1\leqslant j\leqslant k}h_j(\boldsymbol{X})\},\quad i=1,2,\cdots,k \tag{4.15}$$

具体来说，当抽取了一个未知总体的样本值 $\boldsymbol{X}$ 时，要判断它属于哪个总体，只要先计算出 k 个按先验分布加权的误判平均损失

$$h_j(\boldsymbol{X})=\sum_{i=1}^{k}q_iC(j\,|\,i)f_i(\boldsymbol{X}),\qquad j=1,2,\cdots,k \tag{4.16}$$

再比较这 k 个误判平均损失 $h_1(\boldsymbol{X}),h_2(\boldsymbol{X}),\cdots,h_k(\boldsymbol{X})$ 的大小，选取其中最小的，则判定样品 $\boldsymbol{X}$ 来自该总体。

这里看一个特殊情形，即当 $k=2$ 时，由式(4.16)得

$$h_1(\boldsymbol{X})=q_2C(1\,|\,2)f_2(\boldsymbol{X})$$
$$h_2(\boldsymbol{X})=q_1C(2\,|\,1)f_1(\boldsymbol{X})$$

从而

$$R_1=\{\boldsymbol{X}\,|\,q_2C(1\,|\,2)f_2(\boldsymbol{X})\leqslant q_1C(2\,|\,1)f_1(\boldsymbol{X})\}$$
$$R_2=\{\boldsymbol{X}\,|\,q_2C(1\,|\,2)f_2(\boldsymbol{X})> q_1C(2\,|\,1)f_1(\boldsymbol{X})\}$$

若令

$$V(\boldsymbol{X})=\frac{f_1(\boldsymbol{X})}{f_2(\boldsymbol{X})},\quad d=\frac{q_2C(1\,|\,2)}{q_1C(2\,|\,1)}$$

则判别规则可表示为

$$\begin{cases}\boldsymbol{X}\in G_1, & V(\boldsymbol{X})\geqslant d\\ \boldsymbol{X}\in G_2, & V(\boldsymbol{X})<d\end{cases} \tag{4.17}$$

如果在此 $f_1(\boldsymbol{X})$ 与 $f_2(\boldsymbol{X})$ 分别为 $N(\boldsymbol{\mu}_1,\boldsymbol{\Sigma})$ 和 $N(\boldsymbol{\mu}_2,\boldsymbol{\Sigma})$，那么

$$\begin{aligned}V(\boldsymbol{X})&=\frac{f_1(\boldsymbol{X})}{f_2(\boldsymbol{X})}\\&=\exp\left\{-\frac{1}{2}(\boldsymbol{X}-\boldsymbol{\mu}_1)'\boldsymbol{\Sigma}^{-1}(\boldsymbol{X}-\boldsymbol{\mu}_1)+\frac{1}{2}(\boldsymbol{X}-\boldsymbol{\mu}_2)'\boldsymbol{\Sigma}^{-1}(\boldsymbol{X}-\boldsymbol{\mu}_2)\right\}\\&=\exp\left\{\left[\boldsymbol{X}-\frac{\boldsymbol{\mu}_1+\boldsymbol{\mu}_2}{2}\right]'\boldsymbol{\Sigma}^{-1}(\boldsymbol{\mu}_1-\boldsymbol{\mu}_2)\right\}\\&=\exp W(\boldsymbol{X})\end{aligned}$$

其中，$W(\boldsymbol{X})$ 由式(4.5)定义。于是，判定样品 $\boldsymbol{X}$ 来自该总体时，判别规则(4.17)成为

$$\begin{cases}\boldsymbol{X}\in G_1, & W(\boldsymbol{X})\geqslant \ln d\\ \boldsymbol{X}\in G_2, & W(\boldsymbol{X})<\ln d\end{cases} \tag{4.18}$$

对比判别规则(4.6)，唯一的差别仅在于阈值点，式(4.6)用 0 作为阈值点，而这里用 $\ln d$ 。当 $q_1=q_2$，$C(1\,|\,2)=C(2\,|\,1)$ 时，$d=1$，$\ln d=0$，则式(4.6)与式(4.18)完全一致。这样，从某种意义上讲，距离判别是贝叶斯判别的特殊情形。

第四节　费希尔判别法

费希尔判别法是 1936 年提出来的，该方法的主要思想是通过将多维数据投影到某个方向上，投影的原则是将总体与总体之间尽可能放开，再选择合适的判别规则，将新的

样品进行分类判别。

一、费希尔判别的基本思想

从k个总体中抽取具有p个指标的样品观测数据，借助方差分析的思想构造一个线性判别函数

$$U(\boldsymbol{X})=u_1X_1+u_2X_2+\cdots+u_pX_p=\boldsymbol{u}'\boldsymbol{X} \tag{4.19}$$

其中，系数$\boldsymbol{u}=(u_1,u_2,\cdots,u_p)'$确定的原则是使得总体之间区别最大，而使每个总体内部的离差最小。有了线性判别函数后，对于一个新的样品，将它的p个指标值代入线性判别函数式(4.19)中求出$U(\boldsymbol{X})$值，然后根据一定的判别规则，就可以判别新的样品属于哪个总体。

二、费希尔判别函数的构造

(一)针对两个总体的情形

假设有两个总体G_1和G_2，其均值分别为$\boldsymbol{\mu}_1$和$\boldsymbol{\mu}_2$，协差阵为$\boldsymbol{\Sigma}_1$和$\boldsymbol{\Sigma}_2$。当$\boldsymbol{X}\in G_i$时，可以求出$\boldsymbol{u}'\boldsymbol{X}$的均值和方差，即

$$E(\boldsymbol{u}'\boldsymbol{X})=E(\boldsymbol{u}'\boldsymbol{X}\mid G_i)=\boldsymbol{u}'E(\boldsymbol{X}\mid G_i)=\boldsymbol{u}'\boldsymbol{\mu}_i\overset{\text{def}}{=}\overline{\mu}_i,\quad i=1,2$$

$$D(\boldsymbol{u}'\boldsymbol{X})=D(\boldsymbol{u}'\boldsymbol{X}\mid G_i)=\boldsymbol{u}'D(\boldsymbol{X}\mid G_i)\boldsymbol{u}=\boldsymbol{u}'\boldsymbol{\Sigma}_i\boldsymbol{u}\overset{\text{def}}{=}\sigma_i^2,\quad i=1,2$$

在求线性判别函数时，尽量使得总体之间差异大，也就是要求$\boldsymbol{u}'\boldsymbol{\mu}_1-\boldsymbol{u}'\boldsymbol{\mu}_2$尽可能大，即$\overline{\mu}_1-\overline{\mu}_2$变大；同时要求每一个总体内的离差平方和最小，即$\sigma_1^2+\sigma_2^2$最小，则可以建立一个目标函数

$$\varPhi(\boldsymbol{u})=\frac{(\overline{\mu}_1-\overline{\mu}_2)^2}{\sigma_1^2+\sigma_2^2} \tag{4.20}$$

这样，就将问题转化为寻找$\boldsymbol{u}$使得目标函数$\varPhi(\boldsymbol{u})$达到最大，从而可以构造出所要求的线性判别函数。

(二)针对多个总体的情形

假设有k个总体$G_1,G_2,\cdots,G_k$，其均值和协差阵分别为$\boldsymbol{\mu}_i$和$\boldsymbol{\Sigma}_i\ (>\boldsymbol{0})$（$i=1,2,\cdots,k$）。同样，考虑线性判别函数$\boldsymbol{u}'\boldsymbol{X}$，在$\boldsymbol{X}$来自总体$G_i$的条件下，有

$$E(\boldsymbol{u}'\boldsymbol{X})=E(\boldsymbol{u}'\boldsymbol{X}\mid G_i)=\boldsymbol{u}'E(\boldsymbol{X}\mid G_i)=\boldsymbol{u}'\boldsymbol{\mu}_i,\quad i=1,2,\cdots,k$$

$$D(\boldsymbol{u}'\boldsymbol{X})=D(\boldsymbol{u}'\boldsymbol{X}\mid G_i)=\boldsymbol{u}'D(\boldsymbol{X}\mid G_i)\boldsymbol{u}=\boldsymbol{u}'\boldsymbol{\Sigma}_i\boldsymbol{u},\quad i=1,2,\cdots,k$$

令

$$b=\sum_{i=1}^{k}(\boldsymbol{u}'\boldsymbol{\mu}_i-\boldsymbol{u}'\overline{\boldsymbol{\mu}})^2$$

$$e=\sum_{i=1}^{k}\boldsymbol{u}'\boldsymbol{\Sigma}_i\boldsymbol{u}=\boldsymbol{u}'\left(\sum_{i=1}^{k}\boldsymbol{\Sigma}_i\right)\boldsymbol{u}=\boldsymbol{u}'\boldsymbol{E}\boldsymbol{u}$$

其中，$\bar{\boldsymbol{\mu}}=\frac{1}{k}\sum_{i=1}^{k}\boldsymbol{\mu}_i$，$\boldsymbol{E}=\sum_{i=1}^{k}\boldsymbol{\Sigma}_i$。这里$b$相当于一元方差分析中的组间差，$e$相当于组内差，应用方差分析的思想，选择$\boldsymbol{u}$使得目标函数

$$\Phi(\boldsymbol{u})=\frac{b}{e} \tag{4.21}$$

达到极大。

这里应该说明的是，如果得到线性判别函数$\boldsymbol{u}'\boldsymbol{X}$，对于一个新的样品$\boldsymbol{X}$可以这样构造一个判别规则，如果

$$|\boldsymbol{u}'\boldsymbol{X}-\boldsymbol{u}'\boldsymbol{\mu}_j|=\min_{1\leqslant i\leqslant k}|\boldsymbol{u}'\boldsymbol{X}-\boldsymbol{u}'\boldsymbol{\mu}_i| \tag{4.22}$$

则判定$\boldsymbol{X}$来自总体G_j。

三、线性判别函数的求法

针对多个总体的情形，这里讨论使目标函数(4.21)达到极大的求法。设$\boldsymbol{X}$为p维空间的样品，那么

$$\bar{\boldsymbol{\mu}}=\frac{1}{k}\sum_{i=1}^{k}\boldsymbol{\mu}_i=\frac{1}{k}\boldsymbol{M}'\boldsymbol{1}$$

其中，

$$\boldsymbol{M}=\begin{bmatrix}\mu_{11} & \mu_{21} & \cdots & \mu_{p1}\\ \mu_{12} & \mu_{22} & \cdots & \mu_{p2}\\ \vdots & \vdots & & \vdots\\ \mu_{1k} & \mu_{2k} & \cdots & \mu_{pk}\end{bmatrix}=\begin{bmatrix}\boldsymbol{\mu}_1'\\ \boldsymbol{\mu}_2'\\ \vdots\\ \boldsymbol{\mu}_k'\end{bmatrix},\quad \boldsymbol{1}=\begin{bmatrix}1\\1\\ \vdots\\1\end{bmatrix}$$

注意到

$$\boldsymbol{M}'\boldsymbol{M}=(\boldsymbol{\mu}_1,\boldsymbol{\mu}_2,\cdots,\boldsymbol{\mu}_k)\begin{bmatrix}\boldsymbol{\mu}_1'\\ \boldsymbol{\mu}_2'\\ \vdots\\ \boldsymbol{\mu}_k'\end{bmatrix}=\sum_{i=1}^{k}\boldsymbol{\mu}_i\boldsymbol{\mu}_i'$$

从而

$$\begin{aligned}b&=\sum_{i=1}^{k}(\boldsymbol{u}'\boldsymbol{\mu}_i-\boldsymbol{u}'\bar{\boldsymbol{\mu}})^2\\ &=\boldsymbol{u}'\sum_{i=1}^{k}(\boldsymbol{\mu}_i-\bar{\boldsymbol{\mu}})(\boldsymbol{\mu}_i-\bar{\boldsymbol{\mu}})'\boldsymbol{u}\\ &=\boldsymbol{u}'\left(\sum_{i=1}^{k}\boldsymbol{\mu}_i\boldsymbol{\mu}_i'-k\bar{\boldsymbol{\mu}}\,\bar{\boldsymbol{\mu}}'\right)\boldsymbol{u}\\ &=\boldsymbol{u}'\left(\boldsymbol{M}'\boldsymbol{M}-\frac{1}{k}\boldsymbol{M}'\boldsymbol{1}\boldsymbol{1}'\boldsymbol{M}\right)\boldsymbol{u}\end{aligned}$$

$$=\boldsymbol{u}'\boldsymbol{M}'\left(\boldsymbol{I}-\frac{1}{k}\boldsymbol{J}\right)\boldsymbol{M}\boldsymbol{u}$$
$$=\boldsymbol{u}'\boldsymbol{B}\boldsymbol{u}$$

其中，$\boldsymbol{B}=\boldsymbol{M}'\left(\boldsymbol{I}-\frac{1}{k}\boldsymbol{J}\right)\boldsymbol{M}$，$\boldsymbol{I}_{k\times k}$ 为 $k\times k$ 的单位阵，$\boldsymbol{J}=\begin{bmatrix}1 & \cdots & 1\\ \vdots & & \vdots\\ 1 & \cdots & 1\end{bmatrix}$。

即有

$$\Phi(\boldsymbol{u})=\frac{\boldsymbol{u}'\boldsymbol{B}\boldsymbol{u}}{\boldsymbol{u}'\boldsymbol{E}\boldsymbol{u}} \tag{4.23}$$

求使得式(4.23)达到极大的 $\boldsymbol{u}$。

为了确保解的唯一性，不妨设 $\boldsymbol{u}'\boldsymbol{E}\boldsymbol{u}=1$，这样问题转化为在 $\boldsymbol{u}'\boldsymbol{E}\boldsymbol{u}=1$ 的条件下，求 $\boldsymbol{u}$ 使得 $\boldsymbol{u}'\boldsymbol{B}\boldsymbol{u}$ 达到极大。

考虑目标函数

$$\varphi(\boldsymbol{u})=\boldsymbol{u}'\boldsymbol{B}\boldsymbol{u}-\lambda(\boldsymbol{u}'\boldsymbol{E}\boldsymbol{u}-1) \tag{4.24}$$

对式(4.24)求导，有

$$\frac{\partial\varphi}{\partial\boldsymbol{u}}=2(\boldsymbol{B}-\lambda\boldsymbol{E})\boldsymbol{u}=0 \tag{4.25}$$

$$\frac{\partial\varphi}{\partial\lambda}=\boldsymbol{u}'\boldsymbol{E}\boldsymbol{u}-1=0 \tag{4.26}$$

对式(4.25)两边同乘 $\boldsymbol{u}'$，有

$$\boldsymbol{u}'\boldsymbol{B}\boldsymbol{u}=\lambda\boldsymbol{u}'\boldsymbol{E}\boldsymbol{u}=\lambda$$

从而 $\boldsymbol{u}'\boldsymbol{B}\boldsymbol{u}$ 的极大值为 λ。再用 $\boldsymbol{E}^{-1}$ 左乘式(4.25)，有

$$(\boldsymbol{E}^{-1}\boldsymbol{B}-\lambda\boldsymbol{I})\boldsymbol{u}=0 \tag{4.27}$$

式(4.27)说明 λ 为 $\boldsymbol{E}^{-1}\boldsymbol{B}$ 的特征值，$\boldsymbol{u}$ 为 $\boldsymbol{E}^{-1}\boldsymbol{B}$ 的特征向量。在此，最大特征值所对应的特征向量 $\boldsymbol{u}=(u_1,u_2,\cdots,u_p)'$ 为所求的结果。

这里值得注意的是，本书有几处利用极值原理求极值时，只给出了必要条件的数学推导，而有关充分条件的论证省略了，因为在实际问题中，往往根据问题本身的性质就能肯定有最大值(或最小值)，如果所求的驻点只有一个，这时就不需要根据极值存在的充分条件判定它是极大还是极小而就能肯定这唯一的驻点就是所求的最大值(或最小值)。为了避免使用较多的数学知识或数学上的推导，这里不追求数学上的完整性。

在解决实际问题过程中，当总体参数未知、需要通过样本来估计时，仅对 $k=2$ 的情形加以说明。设样本分别为 $\boldsymbol{X}_1^{(1)},\boldsymbol{X}_2^{(1)},\cdots,\boldsymbol{X}_{n_1}^{(1)}$ 和 $\boldsymbol{X}_1^{(2)},\boldsymbol{X}_2^{(2)},\cdots,\boldsymbol{X}_{n_2}^{(2)}$，则

$$\bar{\boldsymbol{X}}=\frac{n_1\bar{\boldsymbol{X}}^{(1)}+n_2\bar{\boldsymbol{X}}^{(2)}}{n_1+n_2}$$

$$\bar{\boldsymbol{X}}^{(1)}-\bar{\boldsymbol{X}}=\frac{n_2}{n_1+n_2}(\bar{\boldsymbol{X}}^{(1)}-\bar{\boldsymbol{X}}^{(2)})$$

$$\bar{\boldsymbol{X}}^{(2)}-\bar{\boldsymbol{X}}=\frac{n_1}{n_1+n_2}(\bar{\boldsymbol{X}}^{(2)}-\bar{\boldsymbol{X}}^{(1)})$$

那么

$$\begin{aligned}\hat{\boldsymbol{B}}&=n_1\left(\bar{\boldsymbol{X}}^{(1)}-\bar{\boldsymbol{X}}\right)\left(\bar{\boldsymbol{X}}^{(1)}-\bar{\boldsymbol{X}}\right)'+n_2\left(\bar{\boldsymbol{X}}^{(2)}-\bar{\boldsymbol{X}}\right)\left(\bar{\boldsymbol{X}}^{(2)}-\bar{\boldsymbol{X}}\right)'\\&=\frac{n_1n_2}{n_1+n_2}\left(\bar{\boldsymbol{X}}^{(1)}-\bar{\boldsymbol{X}}^{(2)}\right)\left(\bar{\boldsymbol{X}}^{(1)}-\bar{\boldsymbol{X}}^{(2)}\right)'\end{aligned}$$

当 $\boldsymbol{\mu}_1,\boldsymbol{\mu}_2,\cdots,\boldsymbol{\mu}_k$ 和 $\boldsymbol{\Sigma}_1,\boldsymbol{\Sigma}_2,\cdots,\boldsymbol{\Sigma}_k$ 均未知时，$\boldsymbol{\mu}_\alpha$（$\alpha=1,2,\cdots,k$）的估计同前，$\boldsymbol{\Sigma}_\alpha$（$\alpha=1,2,\cdots,k$）的估计为

$$\hat{\boldsymbol{\Sigma}}_\alpha=\frac{1}{n_\alpha-1}\boldsymbol{S}_\alpha,\quad \alpha=1,2,\cdots,k$$

第五节 实例分析与计算机实现

一、判别分析实例 1

人类发展指数(human development index，HDI)是由联合国开发计划署在《2018 人类发展报告》中提出的，用以衡量世界各国或地区经济社会发展水平。其指标构成如下：出生时平均预期寿命、预期受教育年限、平均受教育年限以及人均国民总收入等 4 个指标，见表 4.1。数据来源于 http://hdr.undp.org/sites/default/files/ 2018_human_development_statistical_update.pdf。

表 4.1 人类发展指数相关指标(部分国家(地区))

国家(地区)	出生时平均预期寿命/年	预期受教育年限/年	平均受教育年限/年	人均国民总收入/美元	类别
挪威	82.3	17.9	12.6	68012	1
瑞士	83.5	16.2	13.4	57625	1
澳大利亚	83.1	22.9	12.9	43560	1
爱尔兰	81.6	19.6	12.5	53754	1
德国	81.2	17	14.1	46136	1
冰岛	82.9	19.3	12.4	45810	1
中国香港	84.1	16.3	12	58420	1
瑞典	82.6	17.6	12.4	47766	1
新加坡	83.2	16.2	11.5	82503	1
荷兰	82	18	12.2	47900	1
丹麦	80.9	19.1	12.6	47918	1
加拿大	82.5	16.4	13.3	43433	1
美国	79.5	16.5	13.4	54941	1
英国	81.7	17.4	12.9	39116	1

续表

国家(地区)	出生时平均预期寿命/年	预期受教育年限/年	平均受教育年限/年	人均国民总收入/美元	类别
芬兰	81.5	17.6	12.4	41002	1
新西兰	82	18.9	12.5	33970	1
比利时	81.3	19.8	11.8	42156	1
列支敦士登	80.4	14.7	12.5	97336	1
日本	83.9	15.2	12.8	38986	1
奥地利	81.8	16.1	12.1	45415	1

(一)操作步骤

(1)加载 R 包。

```
library(MASS)              #此包含判别分析算法函数
library(tidyverse)         #数据读取及整理
```

(2)读取数据及预处理。

利用 read_csv 读取数据文件，其结果是 tibble(数据框的升级版本)。将 rank 组件转为因子类型(分类变量)。进一步设置训练集和测试集。

```
d <- read_csv('c4_1.csv')         #读取数据
#更改各组件名称为英文
names(d) <- c('cty','life_exp', 'edu_exp', 'edu', 'gni', 'rank' )
d$rank<-as.factor(d$rank)         #将rank组件转因子
set.seed(123)              #设置随机数种子
n <- length(d[[1]])        # length取得数据集案例数(行数)
ids <- 1:n                 #用来生成公差为1的等差数列
id_tr <- sample(ids,100)    #随机取样100个案例作为训练集
id_te <- setdiff(ids,id_tr) #将数据集其余部分设置为测试集
d_tr <- as.data.frame(d[id_tr,-1]) #将训练集的2到6列转为数据框
d_te <- as.data.frame(d[id_te,-1]) #将测试集的2到6列转为数据框
```

(3)协差阵齐性检验。

利用 heplots 包的 boxM 函数进行协差阵齐性检验。

```
library(heplots)              #加载heplots包
#boxM函数做协差阵齐性检验，第一个参数为自变量，第二个参数为目标变量
boxM(d_tr[,1:4],d_tr[,5])
##
##  Box's M-test for Homogeneity of Covariance Matrices
##
## data:  d_tr[, 1:4]
## Chi-Sq (approx.) = 197.77, df = 30, p-value < 2.2e-16
```

检验结果拒绝原假设，说明协差阵不满足齐性假设，因此不能选用线性判别分析(也

称为费希尔判别分析)，应该转而使用二次判别分析。

(4) 二次判别分析。

```
model <- qda(rank~.,data=d_tr)
```

这里“rank~.”表示构建 rank 为目标变量、其他变量为自变量的线性判别模型，data 参数用来指定输入数据框。

(5) 线性判别分析(费希尔判别分析)。

为对比分析，利用 lda 函数构建线性判别分析模型。

```
model2 <- lda(rank~.,data=d_tr,prior=c(1,1,1,1)/4)
```

这里“rank~.”表示构建 rank 为目标变量、其他变量为自变量的线性判别模型，data 参数用来指定输入数据框，prior 用来指定各类先验概率。

(二) 输出结果

(1) 模型拟合效果。

可以利用 predict 函数获得模型的拟合结果，返回结果是数据框，其 class 组件为预测类别。接着利用 table 函数获得实际类别和预测类别的列联表。

```
#利用table函数获得实际类别(参数1)与预测类别(参数2)的列联表
table(d_tr$rank,predict(model)$class)
##
##      1  2  3  4
##   1 27  1  0  0
##   2  1 28  1  0
##   3  0  2 14  1
##   4  0  0  0 25
```

可以看出有 6 个国家(地区)预测类别与实际类别不符。

采用线性判别分析的结果如下：

```
table(d_tr$rank,predict(model2)$class)
##
##      1  2  3  4
##   1 24  4  0  0
##   2  0 29  1  0
##   3  0  3 11  3
##   4  0  0  2 23
```

可以看出有 13 个国家(地区)预测类别与实际类别不符(注意：虽然前面的协差阵齐性检验没有通过，但是模型拟合效果良好)。

(2) 模型预测效果。

将 predict 函数的 newdata 参数设置为测试数据集，重复上面的代码，可以得到模型的预测结果统计。

```
#构建测试集真实结果与模型预测结果的列联表
table(d_te$rank,predict(model,newdata = d_te)$class)
```

```
##
##      1  2  3  4
##   1 28  3  0  0
##   2  0 23  0  0
##   3  0  3 19  0
##   4  0  0  1 12
```

可以看出有 7 个国家的类别与真实类别不符。

(3) 线性判别分析拟合结果可视化。

可以对线性判别分析的结果进行可视化处理，这里采用 ggplot2 包进行图形绘制(关于此包的使用，请参见该包帮助文档)，结果如图 4.2 所示。

```
ld = predict(model2)$x       #获得模型2预测结果
#将预测结果附加到训练集的最后,注意有3列,分别是LD1,LD2,LD3,以LD1和LD2初始化ggplot
#图形对象
p= ggplot(cbind(d_tr,data.frame(ld)),aes(x=LD1,y=LD2))
#绘制散点图, 以形状对应类别
p+geom_point(aes(shape=rank),alpha =0.8,size=3)
```

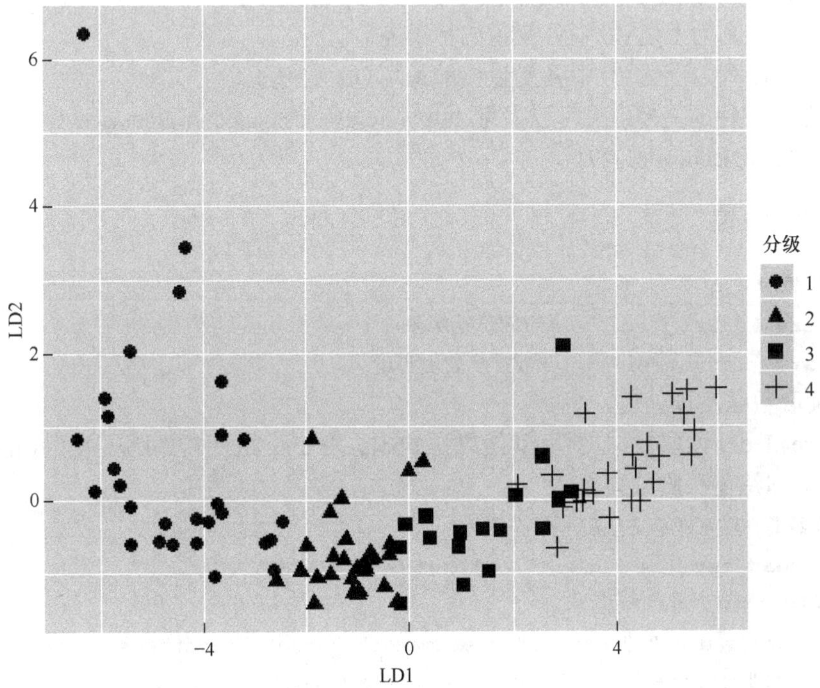

图 4.2 预测结果图形显示

从图 4.2 中可以看出，线性判别(费希尔判别)能够较好地区分四个分类的数据。

二、判别分析实例 2

UCI 数据集作为一个标准测试数据集，经常被用来训练机器学习的模型，广泛出现在机器学习的论文中。本实例引入 UCI 的乳腺癌诊断数据集进行判别分析。该数据集包含 569 位患者的 30 项检测数据，加上诊断结果以及患者编号共计 32 个变量。数据文件各列依次如下所示。

(1) 患者编号(id)。

(2) 诊断结果(diag)。

(3) 3～12 列分别如下：

① 半径(radius)；

② 纹理(texture)；

③ 周长(perimeter)；

④ 面积(area)；

⑤ 光滑度(smoothness)；

⑥ 紧实度(compactness)；

⑦ 凹度(concavity)；

⑧ 凹点(concave_pts)；

⑨ 对称性(symmetry)；

⑩ 分维(frac_dim)。

(4) 13～22 列为上述(3)中各变量的标准差。

(5) 23～32 列为上述(3)中各变量值的最坏(最大)值。

关于数据文件的更多信息可以参见 http://archive.ics.uci.edu/ml/datasets/Breast+Cancer+Wisconsin+%28Diagnostic%29。

(一) 操作步骤

(1) 加载 R 包。

```
library(MASS)              #判别分析算法
library(tidyverse)         #数据读取及整理
```

(2) 读取数据及预处理。

利用 read_csv 读取数据文件，其结果是 tibble。将 diag 组件转为因子类型(分类变量)，进一步设置训练集和测试集。

```
#读取数据，注意数据文件第一行非表头
d <- read_csv('c4_2.data',col_names = FALSE)
#创建10个基础变量的名称
nms <- c("radius","texture","perimeter","area","smoothness","compactness",
"concavity","concave_pts","symmetry","frac_dim")
nms<-c(nms,str_c(nms,'_sd'),str_c(nms,'_max'))  #创建30个变量的名称
names(d) <- c('id','diag',nms)                   #修改数据框d各列名称
print(dim(d))                                    #查看数据框维度
## [1] 569  32
d$diag<-as.factor(d$diag)                        #将rank组件转因子
set.seed(123)                         #设置随机数种子
```

```
ids <- 1:length(d[[1]])          #取得数据集案例数(行数)
id_tr <- sample(ids,400)         #随机取样400个案例作为训练集
id_te <- setdiff(ids,id_tr)          #将数据集其余部分设置为测试集
d_tr <- as.data.frame(d[id_tr,-1]) #将训练集(去除id)转为数据框
d_te <- as.data.frame(d[id_te,-1]  )#将测试集(去除id)转为数据框
```

(3) 协差阵齐性检验。利用 heplots 包的 boxM 函数进行协差阵齐性检验。

```
library(heplots)             #加载heplots包
boxM(d_tr[,-1],d_tr[,1])      #boxM函数做协差阵齐性检验
##
##  Box's M-test for Homogeneity of Covariance Matrices
##
## data:  d_tr[, -1]
## Chi-Sq (approx.) = 4586.8, df = 465, p-value < 2.2e-16
```

检验结果拒绝原假设，说明协差阵不满足齐性假设，因此不能选用线性判别分析，应该转而使用二次判别分析。

(4) 二次判别分析。

```
model <- qda(diag~.,data=d_tr)
```

这里“diag~.”表示构建以 diag 为目标变量、其他变量为自变量的线性判别模型，data 参数用来指定输入数据框。

(5) 线性判别分析。为对比分析，利用 lda 函数构建线性判别分析模型。

```
model2 <- lda(diag~.,data=d_tr,prior=c(1,1)/2)
```

这里“diag~.”表示构建以 diag 为目标变量、其他变量为自变量的线性判别模型，data 参数用来指定输入数据框，prior 用来指定各类先验概率。

(二) 输出结果

(1) 模型拟合效果。

利用 predict 函数获得模型的拟合结果，利用 table 函数获得实际类别和拟合类别的列联表。

```
#构建训练集真实结果与模型1预测结果的列联表
table(d_tr$diag,predict(model)$class)
##
##       B   M
##   B 257   4
##   M   5 134
```

可以看出，有 9 位患者的预测不正确，占训练集样本量的 2.25%。

采用线性判别分析(费希尔判别)的结果如下：

```
#构建训练集真实结果与模型2预测结果的列联表
table(d_tr$diag,predict(model2)$class)
##
```

```
##       B   M
##   B 260   1
##   M  11 128
```

可以看出，有 12 位患者的预测不正确,占训练集样本量的 3%。

(2)模型预测效果。

将 predict 函数的 newdata 参数设置为测试集，重复上面的代码，可以得到二次判别模型的预测结果。

```
#构建测试集真实结果与模型2预测结果的列联表
table(d_te$diag,predict(model,newdata = d_te)$class)
##
##      B  M
##   B 87  9
##   M  4 69
```

可以看出有 13 位患者的预测不正确，占测试集样本量的 7.69%。

三、小结

在进行判别分析时，首先应进行协差阵齐性检验，根据检验结果选择使用线性判别(费希尔判别)还是二次判别，分析过程中涉及的 R 函数见表 4.2。

表 4.2 判别分析常用函数表

函数	功能
boxM	协差阵齐性检验
lda	线性判别分析(费希尔判别)
qda	二次判别分析
predict	利用训练好的模型进行预测
table	生成列联表

➢ 思考与练习

4.1 简述欧几里得距离与马氏距离的区别和联系。

4.2 试述判别分析的实质。

4.3 简述距离判别法的基本思想和方法。

4.4 简述贝叶斯判别法的基本思想和方法。

4.5 简述费希尔判别法的基本思想和方法。

4.6 试析距离判别法、贝叶斯判别法和费希尔判别法的异同。

4.7 设有两个二元总体 G_1 和 G_2，从中分别抽取样本计算得到

$$\overline{\boldsymbol{X}}^{(1)}=\begin{bmatrix}5\\1\end{bmatrix},\quad \overline{\boldsymbol{X}}^{(2)}=\begin{bmatrix}3\\-2\end{bmatrix},\quad \boldsymbol{\Sigma}_p=\begin{bmatrix}5.8 & 2.1\\2.1 & 7.6\end{bmatrix}$$

假设 $\boldsymbol{\Sigma}_1=\boldsymbol{\Sigma}_2$，试用距离判别法建立判别函数和判别规则。样品 $\boldsymbol{X}=(6,0)'$ 应属于哪个总体？

4.8 某超市经销 10 种品牌的饮料，其中有 4 种畅销，3 种滞销，3 种平销。表 4.3 是这 10 种品牌饮料的销售价格(元)和顾客对各种饮料的口味评分、信任度评分的平均数。

表 4.3 10 种品牌饮料的销售价格(元)和顾客对各种饮料的口味评分、信任度评分的平均数

销售情况	产品序号	销售价格	口味评分	信任度评分
畅销	1	2.2	5	8
	2	2.5	6	7
	3	3.0	3	9
	4	3.2	8	6
平销	5	2.8	7	6
	6	3.5	8	7
	7	4.8	9	8
滞销	8	1.7	3	4
	9	2.2	4	2
	10	2.7	4	3

(1) 根据数据建立贝叶斯判别函数，并根据此判别函数对原样本进行回判。

(2) 现有一新品牌的饮料在该超市试销，其销售价格为 3.0 元，顾客对其口味的评分平均为 8，信任度评分平均为 5，试预测该饮料的销售情况。

4.9 银行的贷款部门需要判别每个客户的信用好坏(是否未履行还贷责任)，以决定是否给予贷款。可以根据贷款申请人的年龄(X_1)、受教育程度(X_2)、现在所从事工作的年数(X_3)、未变更住址的年数(X_4)、收入(X_5)、负债收入比例(X_6)、信用卡债务(X_7)、其他债务(X_8)等来判断其信用情况。表 4.4 是从某银行的客户资料中抽取的部分数据：①根据样本资料分别用距离判别法、贝叶斯判别法和费希尔判别法建立判别函数和判别规则；②某客户的如上情况资料为(53, 1, 9, 18, 50, 11.20, 2.02, 3.58)，对其进行信用好坏的判别。

表 4.4 某银行客户部分数据

目前信用好坏	客户序号	X_1	X_2	X_3	X_4	X_5	X_6	X_7	X_8
已履行还贷责任	1	23	1	7	2	31	6.60	0.34	1.71
	2	34	1	17	3	59	8.00	1.81	2.91
	3	42	2	7	23	41	4.60	0.94	0.94

续表

目前信用好坏	客户序号	X_1	X_2	X_3	X_4	X_5	X_6	X_7	X_8
已履行还贷责任	4	39	1	19	5	48	13.10	1.93	4.36
	5	35	1	9	1	34	5.00	0.40	1.30
未履行还贷责任	6	37	1	1	3	24	15.10	1.80	1.82
	7	29	1	13	1	42	7.40	1.46	1.65
	8	32	2	11	6	75	23.30	7.76	9.72
	9	28	2	2	3	23	6.40	0.19	1.29
	10	26	1	4	3	27	10.50	2.47	0.36

4.10 从胃癌患者、萎缩性胃炎患者和非胃炎患者中分别抽取五个患者进行四项生化指标的化验：血清铜蓝蛋白(X_1)、蓝色反应(X_2)、尿吲哚乙酸(X_3)和中性硫化物(X_4)，数据见表 4.5。试用距离判别法建立判别函数，并根据此判别函数对原样本进行回判。

表 4.5 患者四项生化指标

类别	患者序号	X_1	X_2	X_3	X_4
胃癌患者	1	228	134	20	11
	2	245	134	10	40
	3	200	167	12	27
	4	170	150	7	8
	5	100	167	20	14
萎缩性胃炎患者	6	225	125	7	14
	7	130	100	6	12
	8	150	117	7	6
	9	120	133	10	26
	10	160	100	5	10
非胃炎患者	11	185	115	5	19
	12	170	125	6	4
	13	165	142	5	3
	14	135	108	2	12
	15	100	117	7	2

第五章

聚 类 分 析

第一节　引言

“物以类聚，人以群分”。对事物进行分类，是人们认识事物的出发点，也是人们认识世界的一种重要方法。因此，分类学已成为人们认识世界的一门基础科学。

在生物、经济、社会、人口等领域的研究中，存在着大量量化分类研究。例如，在生物学中，为了研究生物的演变，生物学家需要根据各种生物不同的特征对生物进行分类。在经济研究中，为了研究不同地区城镇居民生活中的收入和消费情况，往往需要划分不同的类型去研究。在地质学中，为了研究矿物勘探，需要根据各种矿石的化学和物理性质以及所含化学成分把它们归于不同的矿石类。在人口学研究中，需要构造人口生育分类模式、人口死亡分类状况，以此来研究人口的生育和死亡规律。但历史上这些分类方法多半是人们主要依靠经验作定性分类，致使许多分类带有主观性和任意性，不能很好地揭示客观事物内在的本质差别与联系；特别是对于多因素、多指标的分类问题，定性分类的准确性不好把握。为了克服定性分类存在的不足，人们把数学方法引入分类中，形成了数值分类学。后来随着多元统计分析的发展，从数值分类学中逐渐分离出了聚类分析方法。随着计算机技术的不断发展，利用数学方法研究分类不仅非常必要而且完全可能，因此近年来，聚类分析的理论和应用得到了迅速的发展。

聚类分析就是分析如何对样品(或变量)进行量化分类的问题。通常聚类分析分为Q型聚类分析和R型聚类分析。Q型聚类分析是对样品进行分类处理，R型聚类分析是对变量进行分类处理。

第二节　相似性的量度

一、样品相似性的度量

在聚类之前，要首先分析样品间的相似性。Q型聚类分析常用距离来测度样品之间的相似程度。每个样品有p个指标(变量)从不同方面描述其性质，形成一个p维的向量。如果把n个样品看成p维空间中的n个点，则两个样品间相似程度就可用p维空间中的两点距离公式来度量。两点距离公式可以从不同角度进行定义，令d_{ij}表示样品$\boldsymbol{X}_i$与$\boldsymbol{X}_j$

的距离，存在以下距离公式。

(一)闵可夫斯基距离

闵可夫斯基(Minkowski)距离公式为

$$d_{ij}(q)=\left(\sum_{k=1}^{p}\left|X_{ik}-X_{jk}\right|^{q}\right)^{1/q} \tag{5.1}$$

闵可夫斯基距离简称闵氏距离，按 q 的取值不同又可分成：

(1)绝对距离($q=1$)

$$d_{ij}(1)=\sum_{k=1}^{p}\left|X_{ik}-X_{jk}\right| \tag{5.2}$$

(2)欧几里得距离($q=2$)

$$d_{ij}(2)=\left(\sum_{k=1}^{p}\left|X_{ik}-X_{jk}\right|^{2}\right)^{1/2} \tag{5.3}$$

(3)切比雪夫距离($q=\infty$)

$$d_{ij}(\infty)=\max_{1\leqslant k\leqslant p}\left|X_{ik}-X_{jk}\right| \tag{5.4}$$

欧几里得距离是常用的距离，大家都比较熟悉，但是前面已经提到，在解决多元数据的分析问题时，欧几里得距离就显示出了它的不足之处：一是它没有考虑到总体的变异对“距离”远近的影响，显然一个变异程度大的总体可能与更多样品近些，即使它们的欧几里得距离不一定最近；二是欧几里得距离受变量的量纲影响，这对多元数据的处理是不利的。为了克服这方面的不足，可用“马氏距离”的概念。

(二)马氏距离

设 $\boldsymbol{X}_i$ 与 $\boldsymbol{X}_j$ 是来自均值向量为 $\boldsymbol{\mu}$、协方差为 $\boldsymbol{\Sigma}(>\mathbf{0})$ 的总体 G 中的 p 维样品，则两个样品间的马氏距离为

$$d_{ij}^{2}(M)=(\boldsymbol{X}_i-\boldsymbol{X}_j)'\boldsymbol{\Sigma}^{-1}(\boldsymbol{X}_i-\boldsymbol{X}_j) \tag{5.5}$$

马氏距离又称为广义欧几里得距离。显然，马氏距离与上述各种距离的主要不同就是它考虑了观测变量之间的相关性。如果各变量之间相互独立，即观测变量的协差阵是对角矩阵，则马氏距离就退化为用各个观测指标的标准差的倒数作为权数的加权欧几里得距离。马氏距离还考虑了观测变量之间的变异性，不再受各指标量纲的影响。将原始数据作线性变换后，马氏距离不变。

(三)兰氏距离

$$d_{ij}(L)=\frac{1}{p}\sum_{k=1}^{p}\frac{\left|X_{ik}-X_{jk}\right|}{X_{ik}+X_{jk}} \tag{5.6}$$

它仅适用于一切 $X_{ij}>0$ 的情况，这个距离也可以克服各个指标之间量纲的影响。这

是一个自身标准化的量，由于它对大的奇异值不敏感，特别适合于高度偏倚的数据。虽然这个距离有助于克服闵可夫斯基距离的第一个缺点，但它也没有考虑指标之间的相关性。

(四)距离选择的原则

一般来说，同一批数据采用不同的距离公式，会得到不同的分类结果。产生不同结果的原因，主要是不同的距离公式的侧重点和实际意义都不同，因此在进行聚类分析时，应注意距离公式的选择。通常选择距离公式应遵循以下基本原则：

(1) 要考虑所选择的距离公式在实际应用中有明确的意义，如欧几里得距离就有非常明确的空间距离概念、马氏距离有消除量纲影响的作用。

(2) 要综合考虑对样本观测数据的预处理和将要采用的聚类分析方法，如在进行聚类分析之前已经对变量作了标准化处理，则通常就可采用欧几里得距离。

(3) 要考虑研究对象的特点和计算量的大小。样品间距离公式的选择是一个比较复杂且带有一定主观性的问题，应根据研究对象的特点不同进行具体分析。实际中，聚类分析前不妨试探性地多选择几个距离公式分别进行聚类，然后对聚类分析的结果进行对比分析，以确定最合适的距离测度方法。

二、变量相似性的度量

多元数据中的变量表现为向量形式，在几何上可用多维空间中的一个有向线段表示。在对多元数据进行分析时，相对于数据的大小，人们更多地对变量的变化趋势或方向感兴趣。因此，变量间的相似性，可以从它们的方向趋同性或“相关性”进行考察，从而得到夹角余弦和相关系数两种度量方法。

(一)夹角余弦

两变量 $\boldsymbol{X}_i$ 与 $\boldsymbol{X}_j$ 可以看成 p 维空间的两个向量，这两个向量间的夹角余弦可用式(5.7)进行计算

$$\cos\theta_{ij}=\frac{\sum_{k=1}^{n}X_{ik}X_{jk}}{\sqrt{\left(\sum_{k=1}^{n}X_{ik}^2\right)\left(\sum_{k=1}^{n}X_{jk}^2\right)}} \tag{5.7}$$

显然，$|\cos\theta_{ij}|\leqslant 1$。

(二)相关系数

相关系数经常用来度量变量间的相似性。变量 $\boldsymbol{X}_i$ 与 $\boldsymbol{X}_j$ 的相关系数定义为

$$r_{ij}=\frac{\sum_{k=1}^{n}\left(X_{ik}-\bar{X}_i\right)\left(X_{jk}-\bar{X}_j\right)}{\sqrt{\sum_{k=1}^{n}\left(X_{ik}-\bar{X}_i\right)^2\sum_{k=1}^{n}\left(X_{jk}-\bar{X}_j\right)^2}} \tag{5.8}$$

显然也有$|r_{ij}|\leqslant 1$。

无论是夹角余弦还是相关系数，它们的绝对值都小于 1，作为变量近似性的度量工具，把它们统计为c_{ij}。当$|c_{ij}|=1$时，说明变量$\boldsymbol{X}_i$与$\boldsymbol{X}_j$完全相似；当$|c_{ij}|$近似于 1 时，说明变量$\boldsymbol{X}_i$与$\boldsymbol{X}_j$非常密切；当$|c_{ij}|=0$时，说明变量$\boldsymbol{X}_i$与$\boldsymbol{X}_j$完全不一样；当$|c_{ij}|$近似于 0 时，说明变量$\boldsymbol{X}_i$与$\boldsymbol{X}_j$差别很大。据此，可以把比较相似的变量聚为一类，把不太相似的变量归到不同的类内。

在实际聚类过程中，为了计算方便，可以把变量间相似性的度量公式作一个变换为

$$d_{ij}=1-|c_{ij}| \tag{5.9}$$

或者

$$d_{ij}^2=1-c_{ij}^2 \tag{5.10}$$

用d_{ij}表示变量间的距离远近，d_{ij}小则$\boldsymbol{X}_i$与$\boldsymbol{X}_j$先聚成一类，这比较符合人们的一般思维习惯。

第三节　系统聚类分析法

一、系统聚类的基本思想

系统聚类的基本思想是：距离较近的样品(或变量)先聚成类，距离较远的后聚成类，过程一直进行下去，每个样品(或变量)总能聚到合适的类中。系统聚类过程是：假设总共有n个样品(或变量)，第一步是将每个样品(或变量)独自聚成一类，共有n类；第二步是根据所确定的样品(或变量)“距离”公式，把距离较近的两个样品(或变量)聚合为一类，其他样品(或变量)仍各自聚为一类，共聚成$n-1$类；第三步是将“距离”最近的两个类进一步聚成一类，共聚成$n-2$类，依此类推。以上步骤一直进行下去，最后将所有的样品(或变量)全聚成一类。为了直观地反映以上系统聚类过程，可以把整个分类系统画成一张谱系图，所以有时系统聚类也称为谱系分析。

二、类间距离与系统聚类法

在进行系统聚类之前，首先要定义类与类之间的距离，由类间距离定义的不同产生了不同的系统聚类法。常用的类间距离定义有 8 种之多，与之相应的系统聚类法也有 8 种，分别为最短距离法、最长距离法、中间距离法、重心法、类平均法、可变类平均法、可变法和离差平方和法。它们的归类步骤基本上是一致的，主要差异是类间距离的计算方法不同。下面用d_{ij}表示样品$\boldsymbol{X}_i$与$\boldsymbol{X}_j$之间的距离，用D_{ij}表示类G_i与G_j之间的距离。

(一)最短距离法

定义类G_i与G_j之间的距离为两类最近样品的距离，即

$$D_{ij}=\min_{\boldsymbol{X}_i\in G_i,\boldsymbol{X}_j\in G_j} d_{ij} \tag{5.11}$$

设类G_p与G_q合并成一个新类，记为G_r，则任一类G_k与G_r的距离为

$$D_{kr} = \min_{X_i \in G_k, X_j \in G_r} d_{ij} = \min\left\{ \min_{X_i \in G_k, X_j \in G_p} d_{ij}, \min_{X_i \in G_k, X_j \in G_q} d_{ij} \right\} = \min\{D_{kp}, D_{kq}\} \quad (5.12)$$

最短距离法进行聚类分析的步骤如下：

(1)定义样品之间的距离，计算样品的两两距离，得一距离阵记为 $D_{(0)}$，开始每个样品自成一类，显然这时 $G_{ij} = d_{ij}$。

(2)找出距离最小的元素，设为 D_{pq}，则将 G_p 和 G_q 合并成一个新类，记为 G_r，即 $G_r = \{G_p, G_q\}$。

(3)按式(5.12)计算新类与其他类的距离。

(4)重复(2)、(3)两步，直到所有元素并成一类，若某一步距离最小的元素不止一个，则对应这些最小元素的类可以同时合并。

例 5.1　设有六个样品，每个只测量一个指标，分别是 1、2、5、7、9、10，试用最短距离法将它们分类。

(1)样品采用绝对值距离，计算样品间的距离阵 $D_{(0)}$，见表 5.1。

表 5.1　$D_{(0)}$

	G_1	G_2	G_3	G_4	G_5	G_6
G_1	0					
G_2	1	0				
G_3	4	3	0			
G_4	6	5	2	0		
G_5	8	7	4	2	0	
G_6	9	8	5	3	1	0

(2) $D_{(0)}$ 中最小的元素是 $D_{12} = D_{56} = 1$，于是将 G_1 和 G_2 合并成 G_7，G_5 和 G_6 合并成 G_8，并利用式(5.12)计算新类与其他类的距离得到距离阵 $D_{(1)}$，见表 5.2。

表 5.2　$D_{(1)}$

	G_7	G_3	G_4	G_8
G_7	0			
G_3	3	0		
G_4	5	2	0	
G_8	7	4	2	0

(3)在 $D_{(1)}$ 中最小值是 $D_{34} = D_{48} = 2$，由于 G_4 与 G_3 合并，又与 G_8 合并，因此 G_3、G_4、G_8 合并成一个新类 G_9，其与其他类的距离得到距离阵 $D_{(2)}$，见表 5.3。

表 5.3 $D_{(2)}$

	G_7	G_9
G_7	0	
G_9	3	0

(4) 最后将 G_7 和 G_9 合并成 G_{10}，这时所有的六个样品聚为一类，过程终止。

上述聚类的可视化过程如图 5.1 所示，横坐标的刻度表示并类的距离。这里应该注意，聚类的个数要根据实际情况确定。

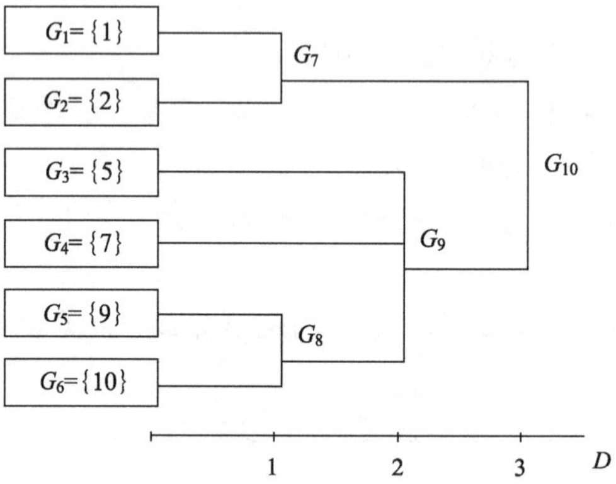

图 5.1 最短距离聚类法的过程

(二) 最长距离法

定义类 G_i 与 G_j 之间的距离为两类最远样品的距离，即

$$D_{pq} = \max_{X_i \in G_p, X_j \in G_q} d_{ij} \tag{5.13}$$

最长距离法与最短距离法的并类步骤完全一样，也是将各样品先自成一类，然后将距离最小的两类合并。将类 G_p 与 G_q 合并为 G_r，则任一类 G_k 与 G_r 的类间距离公式为

$$\begin{aligned} D_{kr} &= \max_{X_i \in G_k, X_j \in G_r} d_{ij} \\ &= \max\left\{ \max_{X_i \in G_k, X_j \in G_p} d_{ij}, \max_{X_i \in G_k, X_j \in G_q} d_{ij} \right\} \\ &= \max\{D_{kp}, D_{kq}\} \end{aligned} \tag{5.14}$$

再找距离最小的两类并类，直至所有的样品全归为一类。可以看出，最长距离法与最短距离法只有两点不同：一是类与类之间的距离定义不同；另一是计算新类与其他类的距离所用的公式不同。

(三) 中间距离法

最短、最长距离定义表示都是极端情况，定义类间距离可以既不采用两类之间最近的距离，也不采用两类之间最远的距离，而是采用介于两者之间的距离，称为中间距离法。

中间距离将类 G_p 与类 G_q 合并为类 G_r，则任意的类 G_k 和 G_r 的距离公式为

$$D_{kr}^2 = \frac{1}{2}D_{kp}^2 + \frac{1}{2}D_{kq}^2 + \beta D_{pq}^2, \quad -\frac{1}{4} \leqslant \beta \leqslant 0 \tag{5.15}$$

设 $D_{kq} > D_{kp}$，如果采用最短距离法，则 $D_{kr} = D_{kp}$，如果采用最长距离法，则 $D_{kr} = D_{kq}$。如图 5.2 所示，式(5.15)就是取它们(最长距离与最短距离)的中间一点作为计算 D_{kr} 的根据。特别当 $\beta = -1/4$ 时，表示取中间点算距离，公式为

$$D_{kr} = \sqrt{\frac{1}{2}D_{kp}^2 + \frac{1}{2}D_{kq}^2 - \frac{1}{4}D_{pq}^2} \tag{5.16}$$

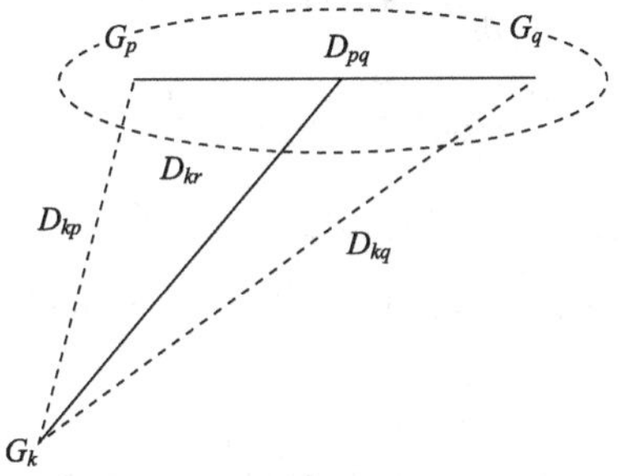

图 5.2　中间距离法示意图

(四) 重心法

重心法定义类间距离为两类重心(各类样品的均值)的距离。重心指标对类有很好的代表性，但利用各样本的信息不充分。

设 G_p 与 G_q 分别有样品 n_p、n_q 个，其重心分别为 $\bar{\boldsymbol{X}}_p$ 和 $\bar{\boldsymbol{X}}_q$，则 G_p 与 G_q 之间的距离定义为 $\bar{\boldsymbol{X}}_p$ 和 $\bar{\boldsymbol{X}}_q$ 之间的距离，这里用欧几里得距离来表示，即

$$D_{pq}^2 = \left(\bar{\boldsymbol{X}}_p - \bar{\boldsymbol{X}}_q\right)'\left(\bar{\boldsymbol{X}}_p - \bar{\boldsymbol{X}}_q\right) \tag{5.17}$$

设将 G_p 和 G_q 合并为 G_r，则 G_r 内样品个数为 $n_r = n_p + n_q$，它的重心是 $\bar{\boldsymbol{X}}_r = \frac{1}{n_r}\left(n_p\bar{\boldsymbol{X}}_p + n_q\bar{\boldsymbol{X}}_q\right)$，类 G_k 的重心是 $\bar{\boldsymbol{X}}_k$，那么依据式(5.17)，它与新类 G_r 的距离为

$$D_{kr}^2 = \frac{n_p}{n_r}D_{kp}^2 + \frac{n_q}{n_r}D_{kq}^2 - \frac{n_p n_q}{n_r^2}D_{pq}^2 \tag{5.18}$$

这里应该注意，实际式(5.18)表示的类 G_k 与新类 G_r 的距离为

$$\begin{aligned} D_{kr}^2 &= \left(\bar{\boldsymbol{X}}_k - \bar{\boldsymbol{X}}_r\right)'\left(\bar{\boldsymbol{X}}_k - \bar{\boldsymbol{X}}_r\right) \\ &= \left[\bar{\boldsymbol{X}}_k - \frac{1}{n_r}\left(n_p\bar{\boldsymbol{X}}_p + n_q\bar{\boldsymbol{X}}_q\right)\right]'\left[\bar{\boldsymbol{X}}_k - \frac{1}{n_r}\left(n_p\bar{\boldsymbol{X}}_p + n_q\bar{\boldsymbol{X}}_q\right)\right] \end{aligned}$$

$$=\bar{X}_k'\bar{X}_k-2\frac{n_p}{n_r}\bar{X}_k'\bar{X}_p-2\frac{n_q}{n_r}\bar{X}_k'\bar{X}_q$$
$$+\frac{1}{n_r^2}\left(n_p^2\bar{X}_p'\bar{X}_p+2n_pn_q\bar{X}_p\bar{X}_q+n_q^2\bar{X}_q'\bar{X}_q\right)$$

将 $\bar{X}_k'\bar{X}_k=\frac{1}{n_r}\left(n_p\bar{X}_k'\bar{X}_k+n_q\bar{X}_k'\bar{X}_k\right)$ 代入上式，有

$$\begin{aligned}D_{kr}^2&=\frac{n_p}{n_r}\left(\bar{X}_k'\bar{X}_k-2\bar{X}_k'\bar{X}_p+\bar{X}_p'\bar{X}_p\right)\\&+\frac{n_q}{n_r}\left(\bar{X}_k'\bar{X}_k-2\bar{X}_k'\bar{X}_q+\bar{X}_q'\bar{X}_q\right)\\&-\frac{n_pn_q}{n_r}\left(\bar{X}_p'\bar{X}_p-2\bar{X}_p'\bar{X}_q+\bar{X}_q'\bar{X}_q\right)\\&=\frac{n_p}{n_r}D_{kp}^2+\frac{n_q}{n_r}D_{kq}^2-\frac{n_pn_q}{n_r^2}D_{pq}^2\end{aligned}\tag{5.19}$$

例 5.2 针对例 5.1 的数据，试用重心法将它们聚类。

(1)样品采用欧几里得距离，计算样品间的平方距离阵 $D_{(0)}^2$，见表 5.4。

表 5.4 $D_{(0)}^2$

	G_1	G_2	G_3	G_4	G_5	G_6
G_1	0					
G_2	1	0				
G_3	16	9	0			
G_4	36	25	4	0		
G_5	64	49	16	4	0	
G_6	81	64	25	9	1	0

(2) $D_{(0)}^2$ 中最小的元素是 $D_{12}^2=D_{56}^2=1$，于是将 G_1 和 G_2 合并成 G_7，G_5 和 G_6 合并成 G_8，并利用式(5.18)计算新类与其他类的距离得到距离阵 $D_{(1)}^2$，见表 5.5。

表 5.5 $D_{(1)}^2$

	G_7	G_3	G_4	G_8
G_7	0			
G_3	12.25	0		
G_4	30.25	4	0	
G_8	64	20.25	6.25	0

其中，

$$D_{37}^2 = \frac{1}{2}D_{31}^2 + \frac{1}{2}D_{32}^2 - \frac{1}{2}\times\frac{1}{2}D_{12}^2$$

$$= \frac{1}{2}\times 16 + \frac{1}{2}\times 9 - \frac{1}{2}\times\frac{1}{2}\times 1 = 12.25$$

其他结果类似可以求得。

(3) 在 $D_{(1)}^2$ 中最小值是 $D_{34}^2 = 4$，那么 G_3 与 G_4 合并为一个新类 G_9，其与其他类的距离阵为 $D_{(2)}^2$，见表 5.6。

表 5.6 $D_{(2)}^2$

	G_7	G_9	G_8
G_7	0		
G_9	20.25	0	
G_8	64	12.5	0

(4) 在 $D_{(2)}^2$ 中最小值是 $D_{89}^2 = 12.5$，那么 G_8 与 G_9 合并为一个新类 G_{10}，其与其他类的距离阵见表 5.7。

表 5.7 $D_{(3)}^2$

	G_7	G_{10}
G_7	0	
G_{10}	39.0625	0

(5) 最后将 G_7 和 G_{10} 合并成 G_{11}，这时所有的六个样品聚为一类，其过程终止。

上述重心法聚类的可视化过程如图 5.3 所示，横坐标的刻度表示并类的距离。

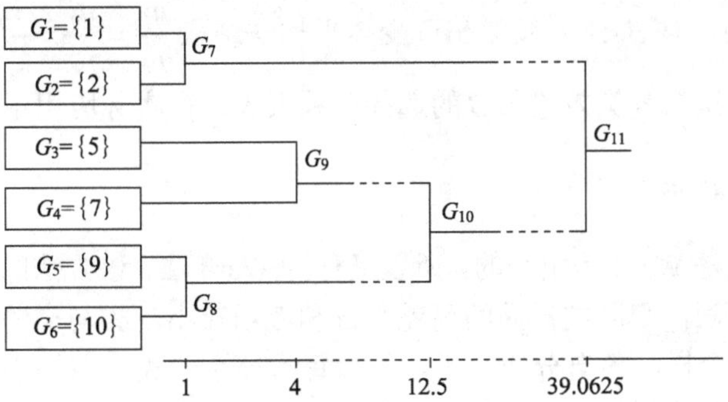

图 5.3 重心聚类法的聚类过程

（五）类平均法

类平均法定义类间距离平方为这两类元素两两之间距离平方的平均数，即

$$D_{pq}^2=\frac{1}{n_p n_q}\sum_{X_i\in G_p}\sum_{X_j\in G_j}d_{ij}^2 \tag{5.20}$$

设聚类的某一步将 G_p 和 G_q 合并为 G_r，则任一类 G_k 与 G_r 的距离为

$$\begin{aligned}D_{kr}^2&=\frac{1}{n_k n_r}\sum_{X_i\in G_k}\sum_{X_j\in G_r}d_{ij}^2\\&=\frac{1}{n_k n_r}\left(\sum_{X_i\in G_k}\sum_{X_j\in G_p}d_{ij}^2+\sum_{X_i\in G_k}\sum_{X_j\in G_q}d_{ij}^2\right)\\&=\frac{n_p}{n_r}D_{kp}^2+\frac{n_q}{n_r}D_{kq}^2\end{aligned} \tag{5.21}$$

类平均法的聚类过程与上述方法完全类似，这里不再详述。

（六）可变类平均法

由于类平均法中没有反映出 G_p 和 G_q 之间的距离 D_{pq} 的影响，所以将类平均法进一步推广，如果将 G_p 和 G_q 合并为新类 G_r，类 G_k 与新并类 G_r 的距离公式为

$$D_{kr}^2=(1-\beta)\left(\frac{n_p}{n_r}D_{kp}^2+\frac{n_q}{n_r}D_{kq}^2\right)+\beta D_{pq}^2 \tag{5.22}$$

其中，β 是可变的，且 $\beta<1$，称这种系统聚类法为可变类平均法。

（七）可变法

针对中间法，如果将中间法的前两项的系数也依赖于 β，那么如果将 G_p 和 G_q 合并为新类 G_r，则类 G_k 与新并类 G_r 的距离公式为

$$D_{kr}^2=\frac{1-\beta}{2}(D_{kp}^2+D_{kq}^2)+\beta D_{pq}^2 \tag{5.23}$$

其中，β 是可变的，且 $\beta<1$。显然在可变类平均法中取 $\frac{n_p}{n_r}=\frac{n_q}{n_r}=\frac{1}{2}$，就是可变法。可变类平均法与可变法的分类效果与 β 的选择关系很大，在实际应用中 β 常取负值。

（八）离差平方和法

离差平方和法是 Ward 提出来的，所以又称为 Ward 法。该方法的基本思想来自于方差分析，若分类正确，则同类样品的离差平方和应当较小，类与类的离差平方和较大。具体做法是先将 n 个样品各自分成一类，然后每次缩小一类，每缩小一类，离差平方和就要增大，选择使方差增加最小的两类合并，直到所有的样品归为一类。

设将 n 个样品分成 k 类 $G_1,G_2,\cdots,G_k$，用 X_{it} 表示 G_t 中的第 i 个样品，n_t 表示 G_t 中样

品的个数，$\bar{\boldsymbol{X}}_t$ 是 G_t 的重心，则 G_t 的样品离差平方和为

$$S_t = \sum_{t=1}^{n_t}\left(\boldsymbol{X}_{it} - \bar{\boldsymbol{X}}_t\right)'\left(\boldsymbol{X}_{it} - \bar{\boldsymbol{X}}_t\right) \tag{5.24}$$

若 G_p 和 G_q 合并为新类 G_r，则类内离差平方和分别为

$$S_p = \sum_{i=1}^{n_p}\left(\boldsymbol{X}_{ip} - \bar{\boldsymbol{X}}_p\right)'\left(\boldsymbol{X}_{ip} - \bar{\boldsymbol{X}}_p\right)$$

$$S_q = \sum_{i=1}^{n_q}\left(\boldsymbol{X}_{iq} - \bar{\boldsymbol{X}}_q\right)'\left(\boldsymbol{X}_{iq} - \bar{\boldsymbol{X}}_q\right)$$

$$S_r = \sum_{i=1}^{n_r}\left(\boldsymbol{X}_{ir} - \bar{\boldsymbol{X}}_r\right)'\left(\boldsymbol{X}_{ir} - \bar{\boldsymbol{X}}_r\right)$$

它们反映了各自类内样品的分散程度，如果 G_p 和 G_q 这两类相距较近，则合并后所增加的离散平方和 $S_r - S_p - S_q$ 应较小，否则应较大。于是定义 G_p 和 G_q 之间的平方距离为

$$D_{pq}^2 = S_r - S_p - S_q \tag{5.25}$$

其中，$G_r = G_p \cup G_q$，可以证明类间距离的递推公式为

$$D_{kr}^2 = \frac{n_k + n_p}{n_r + n_k} D_{kp}^2 + \frac{n_k + n_q}{n_r + n_k} D_{kq}^2 - \frac{n_k}{n_r + n_k} D_{pq}^2 \tag{5.26}$$

这种系统聚类法称为离差平方和法或 Ward 法。下面论证离差平方和法的距离递推公式，即式(5.26)。

由于

$$\begin{aligned}
S_r &= \sum_{i=1}^{n_r}\left(\boldsymbol{X}_{ir} - \bar{\boldsymbol{X}}_r\right)'\left(\boldsymbol{X}_{ir} - \bar{\boldsymbol{X}}_r\right) \\
&= \sum_{i=1}^{n_r}\left(\boldsymbol{X}_{ir} - \bar{\boldsymbol{X}}_p + \bar{\boldsymbol{X}}_p - \bar{\boldsymbol{X}}_r\right)'\left(\boldsymbol{X}_{ir} - \bar{\boldsymbol{X}}_p + \bar{\boldsymbol{X}}_p - \bar{\boldsymbol{X}}_r\right) \\
&= \sum_{i=1}^{n_r}\left(\boldsymbol{X}_{ir} - \bar{\boldsymbol{X}}_p\right)'\left(\bar{\boldsymbol{X}}_{ir} - \bar{\boldsymbol{X}}_p\right) + \sum_{i=1}^{n_r}\left(\boldsymbol{X}_{ir} - \bar{\boldsymbol{X}}_p\right)'\left(\bar{\boldsymbol{X}}_p - \bar{\boldsymbol{X}}_r\right) \\
&\quad + \sum_{i=1}^{n_r}\left(\bar{\boldsymbol{X}}_p - \bar{\boldsymbol{X}}_r\right)'\left(\boldsymbol{X}_{ir} - \bar{\boldsymbol{X}}_p\right) + \sum_{i=1}^{n_r}\left(\bar{\boldsymbol{X}}_p - \bar{\boldsymbol{X}}_r\right)'\left(\bar{\boldsymbol{X}}_p - \bar{\boldsymbol{X}}_r\right) \\
&= \sum_{i=1}^{n_p}\left(\boldsymbol{X}_{ip} - \bar{\boldsymbol{X}}_p\right)'\left(\boldsymbol{X}_{ip} - \bar{\boldsymbol{X}}_p\right) + \sum_{i=1}^{n_q}\left(\boldsymbol{X}_{iq} - \bar{\boldsymbol{X}}_p\right)'\left(\boldsymbol{X}_{iq} - \bar{\boldsymbol{X}}_p\right) \\
&\quad + 2\left(\bar{\boldsymbol{X}}_p - \bar{\boldsymbol{X}}_r\right)'\sum_{i=1}^{n_r}\left(\boldsymbol{X}_{ir} - \bar{\boldsymbol{X}}_p\right) + n_r\left(\bar{\boldsymbol{X}}_p - \bar{\boldsymbol{X}}_r\right)'\left(\bar{\boldsymbol{X}}_p - \bar{\boldsymbol{X}}_r\right) \\
&= S_p + \sum_{i=1}^{n_q}\left(\boldsymbol{X}_{iq} - \bar{\boldsymbol{X}}_q + \bar{\boldsymbol{X}}_q - \bar{\boldsymbol{X}}_p\right)'\left(\boldsymbol{X}_{iq} - \bar{\boldsymbol{X}}_q + \bar{\boldsymbol{X}}_q - \bar{\boldsymbol{X}}_p\right) \\
&\quad - n_r\left(\bar{\boldsymbol{X}}_p - \bar{\boldsymbol{X}}_r\right)'\left(\bar{\boldsymbol{X}}_p - \bar{\boldsymbol{X}}_r\right)
\end{aligned}$$

$$
\begin{aligned}
&= S_p + \sum_{i=1}^{n_q}\left(\boldsymbol{X}_{iq} - \bar{\boldsymbol{X}}_q\right)'\left(\boldsymbol{X}_{iq} - \bar{\boldsymbol{X}}_q\right) + n_q\left(\bar{\boldsymbol{X}}_p - \bar{\boldsymbol{X}}_q\right)'\left(\bar{\boldsymbol{X}}_p - \bar{\boldsymbol{X}}_q\right) \\
&\quad - n_r\left(\bar{\boldsymbol{X}}_p - \frac{n_p\bar{\boldsymbol{X}}_p + n_q\bar{\boldsymbol{X}}_q}{n_r}\right)'\left(\bar{\boldsymbol{X}}_p - \frac{n_p\bar{\boldsymbol{X}}_p + n_q\bar{\boldsymbol{X}}_q}{n_r}\right) \\
&= S_p + S_q + n_q\left(\bar{\boldsymbol{X}}_p - \bar{\boldsymbol{X}}_q\right)'\left(\bar{\boldsymbol{X}}_p - \bar{\boldsymbol{X}}_q\right) \\
&\quad - \frac{n_p^2}{n_r}\left(\bar{\boldsymbol{X}}_p - \bar{\boldsymbol{X}}_q\right)'\left(\bar{\boldsymbol{X}}_p - \bar{\boldsymbol{X}}_q\right) \\
&= S_p + S_q + \frac{n_q n_p}{n_r}\left(\bar{\boldsymbol{X}}_p - \bar{\boldsymbol{X}}_q\right)'\left(\bar{\boldsymbol{X}}_p - \bar{\boldsymbol{X}}_q\right)
\end{aligned}
$$

从而，由式(5.25)可知

$$
D_{pq}^2 = \frac{n_q n_p}{n_r}\left(\bar{\boldsymbol{X}}_p - \bar{\boldsymbol{X}}_q\right)'\left(\bar{\boldsymbol{X}}_p - \bar{\boldsymbol{X}}_q\right) \tag{5.27}
$$

那么，由式(5.27)和式(5.19)，可以得到离差平方和法的平方距离的递推公式为

$$
\begin{aligned}
D_{kr}^2 &= \frac{n_r n_k}{n_r + n_k}\left(\bar{\boldsymbol{X}}_r - \bar{\boldsymbol{X}}_k\right)'\left(\bar{\boldsymbol{X}}_r - \bar{\boldsymbol{X}}_k\right) \\
&= \frac{n_r n_k}{n_r + n_k}\left[\frac{n_p}{n_r}\left(\bar{\boldsymbol{X}}_k - \bar{\boldsymbol{X}}_p\right)'\left(\bar{\boldsymbol{X}}_k - \bar{\boldsymbol{X}}_p\right)\right. \\
&\quad \left. + \frac{n_q}{n_r}\left(\bar{\boldsymbol{X}}_k - \bar{\boldsymbol{X}}_q\right)'\left(\bar{\boldsymbol{X}}_k - \bar{\boldsymbol{X}}_q\right) - \frac{n_p n_q}{n_r^2}\left(\bar{\boldsymbol{X}}_p - \bar{\boldsymbol{X}}_q\right)'\left(\bar{\boldsymbol{X}}_p - \bar{\boldsymbol{X}}_q\right)\right] \\
&= \frac{n_k + n_p}{n_r + n_k}\cdot\frac{n_k n_p}{n_p + n_k}\left(\bar{\boldsymbol{X}}_k - \bar{\boldsymbol{X}}_p\right)'\left(\bar{\boldsymbol{X}}_k - \bar{\boldsymbol{X}}_p\right) \\
&\quad + \frac{n_k + n_q}{n_r + n_k}\cdot\frac{n_k n_q}{n_q + n_k}\left(\bar{\boldsymbol{X}}_k - \bar{\boldsymbol{X}}_q\right)'\left(\bar{\boldsymbol{X}}_k - \bar{\boldsymbol{X}}_q\right) \\
&\quad - \frac{n_k}{n_r + n_k}\cdot\frac{n_p n_q}{n_r}\left(\bar{\boldsymbol{X}}_p - \bar{\boldsymbol{X}}_q\right)'\left(\bar{\boldsymbol{X}}_p - \bar{\boldsymbol{X}}_q\right) \\
&= \frac{n_k + n_p}{n_r + n_k}D_{kp}^2 + \frac{n_k + n_q}{n_r + n_k}D_{kq}^2 - \frac{n_k}{n_r + n_k}D_{pq}^2
\end{aligned}
$$

三、类间距离的统一性

上述八种系统聚类法的步骤完全一样，只是距离的递推公式不同。兰斯(Lance)和威廉姆斯(Williams)于 1967 年给出了一个统一的公式：

$$
D_{kr}^2 = \alpha_p D_{kp}^2 + \alpha_q D_{kq}^2 + \beta D_{pq}^2 + \gamma\left|D_{kp}^2 - D_{kq}^2\right| \tag{5.28}
$$

其中，α_p、α_q、β、γ 是参数，不同的系统聚类法，它们取不同的数，详见表 5.8。

表 5.8 系统聚类法参数表

方法	α_p	α_q	β	γ
最短距离法	1/2	1/2	0	−1/2
最长距离法	1/2	1/2	0	1/2
中间距离法	1/2	1/2	−1/4	0
重心法	n_p/n_r	n_q/n_r	$-\alpha_p\alpha_q$	0
类平均法	n_p/n_r	n_q/n_r	0	0
可变类平均法	$(1-\beta)n_p/n_r$	$(1-\beta)n_q/n_r$	$\beta(<1)$	0
可变法	$(1-\beta)/2$	$(1-\beta)/2$	$\beta(<1)$	0
离差平方和法	$(n_p+n_k)/(n_r+n_k)$	$(n_q+n_k)/(n_r+n_k)$	$-n_k/(n_k+n_r)$	0

这里应该注意，不同的聚类方法结果不一定完全相同，一般只是大致相似。如果有很大的差异，则应该仔细考查，找到问题所在；另外，可将聚类结果与实际问题对照，看哪一个结果更符合经验。

第四节 K 均值聚类分析

系统聚类法需要计算出不同样品或变量的距离，还要在聚类的每一步计算“类间距离”，相应的计算量自然比较大；特别是当样本的容量很大时，需要占据非常大的计算机内存空间，这给应用带来一定的困难。而 K 均值法是一种快速聚类法，采用该方法得到的结果比较简单易懂，对计算机的性能要求不高，因此应用也比较广泛。

K 均值法是麦奎因(MacQueen, 1967)提出的，这种算法的基本思想是将每一个样品分配给最近中心(均值)的类中，具体的算法至少包括以下三个步骤：

(1) 将所有的样品分成 K 个初始类；

(2) 通过欧几里得距离将某个样品划入离中心最近的类中，并对获得样品与失去样品的类重新计算中心坐标；

(3) 重复步骤(2)，直到所有的样品都不能再分配。

K 均值法和系统聚类法一样，都是以距离的远近亲疏为标准进行聚类的，但是两者的不同之处也是明显的：系统聚类对不同的类数产生一系列的聚类结果，而 K 均值法只能产生指定类数的聚类结果。具体类数的确定，离不开实践经验的积累；有时也可以借助系统聚类法以一部分样品为对象进行聚类，其结果作为 K 均值法确定类数的参考。

下面通过一个具体问题说明 K 均值法的计算过程。

例 5.3 假定对 A、B、C、D 四个样品分别测量两个变量 X_1 和 X_2 得到的结果见表 5.9。

表 5.9 样品测量结果

样品	变量	
	X_1	X_2
A	5	3
B	−1	1
C	1	−2
D	−3	−2

试将以上的样品聚成两类。

第一步：按要求取 $K=2$，为了实施均值法聚类，将这些样品随意分成两类，如(A, B)和(C, D)，然后计算这两个聚类的中心坐标，见表 5.10。

表 5.10 中心坐标

聚类	中心坐标	
	$\bar{X}_1$	$\bar{X}_2$
(A, B)	2	2
(C, D)	−1	−2

表 5.10 中的中心坐标是通过原始数据计算得来的，如(A,B)类的 $\bar{X}_1=\dfrac{5+(-1)}{2}=2$ 等。

第二步：计算某个样品到各类中心的欧几里得平方距离，然后将该样品分配给最近的一类。对于样品有变动的类，重新计算它们的中心坐标，为下一步聚类做准备。先计算 A 到两个类的平方距离：

$$d^2(A,(A,B))=(5-2)^2+(3-2)^2=10$$
$$d^2(A,(C,D))=(5+1)^2+(3+2)^2=61$$

由于 A 到(A, B)的距离小于到(C, D)的距离，所以 A 不用重新分配。计算 B 到两类的平方距离：

$$d^2(B,(A,B))=(-1-2)^2+(1-2)^2=10$$
$$d^2(B,(C,D))=(-1+1)^2+(1+2)^2=9$$

由于 B 到(A, B)的距离大于到(C, D)的距离，所以 B 要分配给(C, D)类，得到新的聚类是(A)和(B, C, D)。更新后的中心坐标见表 5.11。

表 5.11 更新后的中心坐标

聚类	中心坐标	
	$\bar{X}_1$	$\bar{X}_2$
(A)	5	3
(B, C, D)	−1	−1

第三步：再次检查每个样品，以决定是否需要重新分类。计算各样品到各中心的距离平方，得结果见表 5.12。

表 5.12 样品聚类结果

聚类	样品到中心的距离平方			
	A	B	C	D
(A)	0	40	41	89
(B, C, D)	52	4	5	5

至此，每个样品都已经分配给距离中心最近的类，因此聚类过程到此结束。最终得到 K=2 的聚类结果是 A 独自成一类，B、C、D 聚成一类。

第五节 有序样品的聚类分析法

以上系统聚类和 K 均值聚类中，样品的地位是彼此独立的，没有考虑样品的次序。但在实际应用中，有时样品的次序是不能变动的，这就产生了有序样品的聚类分析问题。例如，对动植物按生长的年龄段进行分类，年龄的顺序是不能改变的，否则就没有实际意义了；又如，在地质勘探中，需要通过岩心了解地层结构，此时按深度顺序取样，样品的次序也不能打乱。如果用 $\boldsymbol{X}_{(1)},\boldsymbol{X}_{(2)},\cdots,\boldsymbol{X}_{(n)}$ 表示 n 个有序的样品，则每一类必须是这样的形式，即 $\boldsymbol{X}_{(i)},\boldsymbol{X}_{(i+1)},\cdots,\boldsymbol{X}_{(j)}$，其中 $1\leqslant i\leqslant n$ 且 $j\leqslant n$，简记为 $G_i=\{i,i+1,\cdots,j\}$。在同一类中的样品是次序相邻的。这类问题称为有序样品的聚类分析。

一、有序样品可能的分类数目

n 个有序样品分成 k 类，则一切可能的分法有 C_{n-1}^{k-1} 种。

实际上，n 个有序样品共有 $n-1$ 个间隔，分成 k 类相当于在这 $n-1$ 个间隔中插入 $k-1$ 根“棍子”。由于不考虑棍子的插入顺序，是一个组合问题，共有 C_{n-1}^{k-1} 种插法(图 5.4)。

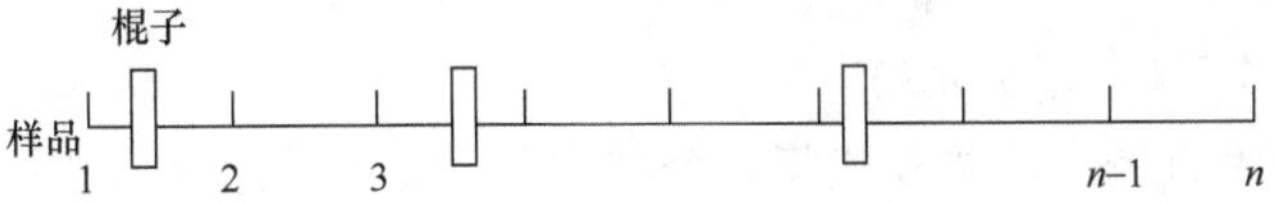

图 5.4 有序样品的分类法

这就是 n 个有序样品分成 k 类的一切可能分法。因此，对于有限的 n 和 k，有序样品的所有可能分类结果是有限的，可以在某种损失函数意义下求得最优解。所以，有序样品聚类分析又称为最优分割，该算法是费希尔最先提出来的，故称为费希尔最优求解法。

二、费希尔最优求解法

设有序样品依次是 $\boldsymbol{X}_{(1)},\boldsymbol{X}_{(2)},\cdots,\boldsymbol{X}_{(n)}$（$\boldsymbol{X}_{(i)}$ 为 p 维向量）。费希尔最优求解法按以下步

骤计算：

(1) 定义类的直径。设某一类 G 包含的样品是 $\boldsymbol{X}_{(i)},\boldsymbol{X}_{(i+1)},\cdots,\boldsymbol{X}_{(j)}$，该类的均值坐标为

$$\bar{\boldsymbol{X}}_G=\frac{1}{j-i+1}\sum_{t=i}^{j}\boldsymbol{X}_{(t)} \tag{5.29}$$

用 $D(i,j)$ 表示这一类的直径，直径可定义为

$$D(i,j)=\sum_{t=i}^{j}\left(\boldsymbol{X}_{(t)}-\bar{\boldsymbol{X}}_G\right)'\left(\boldsymbol{X}_{(t)}-\bar{\boldsymbol{X}}_G\right) \tag{5.30}$$

(2) 定义分类的损失函数。费希尔最优求解法定义的分类损失函数的思想类似于系统聚类分析中的 Ward 法，即要求分类后产生的离差平方和的增量最小。用 $b(n,k)$ 表示将 n 个有序样品分为 k 类的某一种分法，即

$$G_1=\{i_1,i_1+1,\cdots,i_2-1\}，\ G_2=\{i_2,i_2+1,\cdots,i_3-1\}，\ \cdots，\ G_k=\{i_k,i_k+1,\cdots,n\}$$

其中，$1\leqslant i_1<\cdots<i_k\leqslant n$。定义上述分类法的损失函数为

$$L[b(n,k)]=\sum_{t=1}^{k}D(i_t,i_{t+1}-1) \tag{5.31}$$

其中，$i_{k+1}=n+1$。

对于固定的 n 和 k，$L[b(n,k)]$ 越小，表示各类的离差平方和越小，分类越有效。因此，要求寻找一种分法 $b(n,k)$，使分类的损失函数 $L[b(n,k)]$ 最小，这种最优分类法记为 $p(n,k)$。

(3) 求最优分类法的递推公式。具体计算最优分类的过程是通过递推公式获得的。

先考虑 $k=2$ 的情形（图 5.5），对所有的 j 考虑使得 $L[b(n,2)]=D(1,j)+D(j,n)$ 最小的 j^*。得到最优分类 $p(n,2)$：$G_1=\{1,2,\cdots,j^*-1\}$，$G_2=\{j^*,j^*+1,\cdots,n\}$。

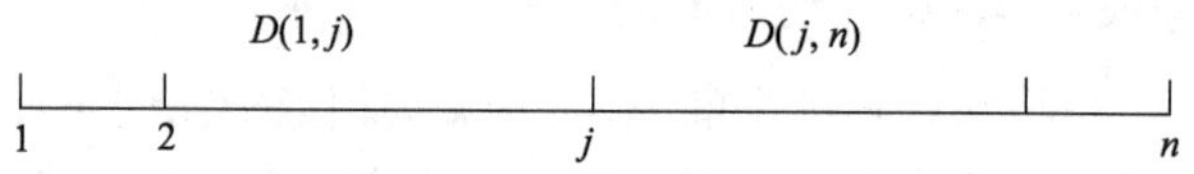

图 5.5　$k=2$ 时的情形

进一步考虑对于 k，求 $p(n,k)$。

这里需要注意的是，若要寻找将 n 个样品分为 k 类的最优分割，则对于任意的 j（$k\leqslant j\leqslant n$），先将前面 $j-1$ 个样品最优分割为 $k-1$ 类，得到 $p(j-1,k-1)$，否则从 j 到 n 这最后一类就不可能构成 k 类的最优分割，见图 5.6。再考虑使 $L[b(n,k)]$ 最小的 j^*，得到 $p(n,k)$。

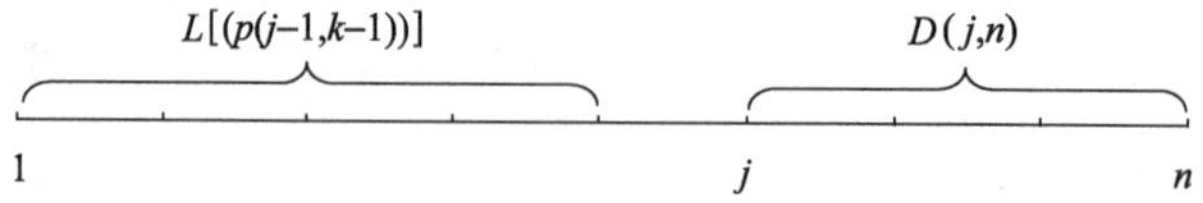

图 5.6　最优分割

因此，得到费希尔最优求解法的递推公式为

$$\begin{cases} L[p(n,2)] = \min\limits_{2\leqslant j\leqslant n}\{D(1,j-1)+D(j,n)\} \\ L[p(n,k)] = \min\limits_{k\leqslant j\leqslant n}\{L[p(j-1,k-1)]+D(j,n)\} \end{cases} \tag{5.32}$$

(4) 费希尔最优求解法的实际计算。从递推公式(5.32)可知，要得到分点 j_k，使得

$$L[p(n,k)] = L[p(j_k-1,k-1)]+D(j_k,n)$$

从而获得第 k 类 $G_k=\{j_k, j_k+1,\cdots,n\}$，必须先计算 j_{k-1} 使得

$$L[p(j_k-1,k-1)] = L[p(j_{k-1}-1,k-2)]+D(j_{k-1},j_k-1)$$

从而获得第 $k-1$ 类 $G_{k-1}=\{j_{k-1}, j_{k-1}+1,\cdots,j_k-1\}$。

依此类推，要得到分点 j_3，使得

$$L[p(j_4-1,3)] = L[p(j_3-1,2)]+D(j_3,j_4-1)$$

从而获得第 3 类 $G_3=\{j_3, j_3+1,\cdots,j_4-1\}$，必须先计算 j_2

$$L[p(j_3-1,2)] = \min_{2\leqslant j\leqslant j_3-1}\{D(1,j-1)+D(j,j_3-1)\}$$

从而获得第 2 类 $G_2=\{j_2, j_2+1,\cdots,j_3-1\}$。这时自然获得 $G_1=\{1,2,\cdots,j_2-1\}$。最后获得最优分割 $G_1,G_2,\cdots,G_k$。

因此，实际计算过程中是从计算 j_2 开始的，一直到最后计算出 j_k。总之，为了求最优解，主要是计算 $\{D(i,j), 1\leqslant i<j\leqslant n\}$ 和 $\{L[p(l,k)]$，$3\leqslant l\leqslant n, 2\leqslant k<l, k\leqslant n-1\}$。

三、一个典型例子

例 5.4 为了了解儿童的生长发育规律，今随机抽样统计了男孩从出生到 11 岁每年平均增长的体重数据，见表 5.13，试问男孩发育可分为几个阶段?

表 5.13 1～11 岁儿童每年平均增长的体重

年龄/岁	1	2	3	4	5	6	7	8	9	10	11
增重/kg	9.3	1.8	1.9	1.7	1.5	1.3	1.4	2.0	1.9	2.3	2.1

在分析这是一个有序样品的聚类问题时，可以通过图形看到男孩增重随年龄顺序变化的规律，从图 5.7 中发现男孩发育确实可以分为几个阶段。

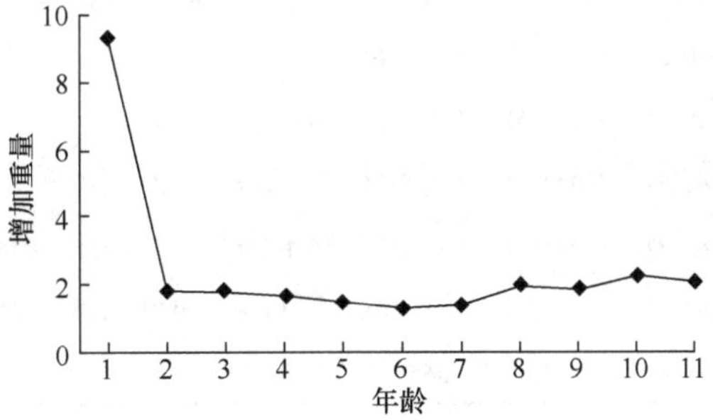

图 5.7 儿童成长阶段分析

下面通过有序样品的聚类分析确定男孩发育分成几个阶段比较合适，步骤如下：

(1)计算直径$\{D(i,j)\}$，结果见表 5.14。例如，计算$D(1,2)$，此类包含两个样品{9.3，1.8}，故有

$$\overline{X}_G = \frac{1}{2}(9.3+1.8) = 5.55$$

$D(1,2) = (9.3-5.55)^2 + (1.8-5.55)^2 = 28.125$。其他依此计算，结果见表 5.14。

表 5.14 直径 $D(i,j)$

j \ i	1	2	3	4	5	6	7	8	9	10
2	28.125									
3	27.007	0.005								
4	42.208	0.020	0.020							
5	45.992	0.088	0.080	0.020						
6	49.128	0.232	0.200	0.080	0.020					
7	51.000	0.280	0.232	0.088	0.020	0.005				
8	51.529	0.417	0.393	0.308	0.290	0.287	0.180			
9	51.980	0.469	0.454	0.393	0.388	0.370	0.207	0.005		
10	52.029	0.802	0.800	0.774	0.773	0.708	0.420	0.087	0.080	
11	52.182	0.909	0.909	0.895	0.889	0.793	0.452	0.088	0.080	0.020

(2)计算最小分类损失函数$\{L[p(l,k)]\}$，结果见表 5.15。

表 5.15 最小分类损失函数 $L[p(l,k)]$

l \ k	2	3	4	5	6	7	8	9	10
3	0.005(2)								
4	0.020(2)	0.005(4)							
5	0.088(2)	0.020(5)	0.005(5)						
6	0.232(2)	0.040(5)	0.005(5)	0.005(6)					
7	0.280(2)	0.040(5)	0.025(6)	0.010(6)	0.005(6)				
8	0.417(2)	0.280(8)	0.040(8)	0.025(8)	0.010(8)	0.005(8)			
9	0.469(2)	0.285(8)	0.045(8)	0.030(8)	0.015(8)	0.010(3)	0.005(8)		
10	0.802(2)	0.367(8)	0.127(8)	0.045(10)	0.030(10)	0.010(10)	0.010(10)	0.005(8)	
11	0.909(2)	0.368(8)	0.128(8)	0.065(10)	0.045(11)	0.030(11)	0.015(11)	0.010(11)	0.005(11)

首先计算$\{L[p(l,2)],3\leqslant l\leqslant 11\}$(即表中的$k=2$列)，如计算

$$L[p(3,2)]=\min_{2\leqslant j\leqslant 3}\{D(1,j-1)+D(j,3)\}$$
$$=\min\{D(1,1)+D(2,3),\ D(1,2)+D(3,3)\}$$
$$=\min\{0+0.005,\ 28.125+0\}=0.005$$

极小值在$j=2$处达到，故记$L[p(3,2)]=0.005(2)$，其他类似计算。

再计算$\{L[p(l,3)],4\leqslant l\leqslant 11\}$(即表中的$k=3$列)，如计算

$$L[p(4,3)]=\min\{L[p(2,2)]+D(3,4),L[p(3,2)]+D(4,4)\}$$
$$=\min\{0+0.02,\ 0.005+0\}=0.005(4)$$

表 5.15 中其他数值同样计算，括弧内的数字表示最优分割处的序号。

(3) 分类个数k的确定。如果能从生理角度事先确定k当然最好；但是当不能事先确定k时，可以从$L[p(l,k)]$随k的变化趋势图中找到拐点处，作为确定k的根据。当曲线拐点很平缓时，可选择的k很多，这时需要用其他办法来确定，如均方比和特征根法，限于篇幅，此处略，有兴趣的读者可以查看其他资料。

本例从表 5.15 中的最后一行可以看出$k=3,4$处有拐点，即分成 3 类或 4 类都是较合适的，从图 5.8 中可以更明显看出这一点。

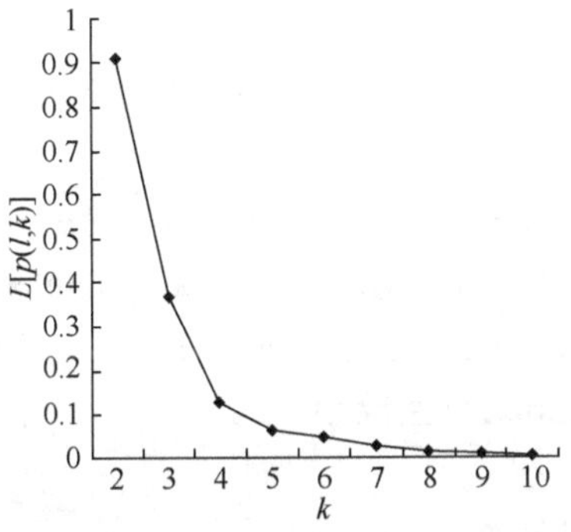

图 5.8 k与$L[p(l,k)]$的关系

(4) 求最优分类。例如，把儿童生长分成 4 个阶段，即可查表 5.15 中$k=4$列的最后一行(即$l=11$行)得$L[p(11,4)]=0.128(8)$，说明最优损失函数值为 0.128，最后的最优分割在第 8 个元素处，因此$G_4=\{8\sim 11\}$或$G_4=\{2.0,1.9,2.3,2.1\}$。进一步从表中查$L[p(7,3)]=0.040(5)$，因此$G_3=\{5\sim 7\}$或$G_3=\{1.5,1.3,1.4\}$，再从表中查得$L[p(4,2)]=0.020(2)$，最后$G_2=\{2\sim 4\}$或$G_2=\{1.8,1.9,1.7\}$，剩下的$G_1=\{9.3\}$。

第六节 实例分析与计算机实现

一、系统聚类案例 1

区域科技创新能力是衡量区域创新系统状况的重要尺度，是增强地区竞争力、促进

经济发展的重要手段。这里以各区域技术创新的主体——规模以上企业为研究对象，来分析我国区域企业科技创新能力的相似性，评价各区域科技创新发展的现状及潜力。具体思路是：对我国 31 个省(自治区、直辖市)规模以上企业科技创新能力进行聚类分析。企业科技创新能力的指标分别是研究与开发(research and development，R&D)人员数、R&D 经费内部支出、R&D 经费外部支出、R&D 项目数、R&D 项目经费支出、机构数、机构人员数、机构经费支出、新产品销售收入、专利申请数、发明专利数、引进技术经费支出、消化吸收经费支出、购买国内技术经费支出等 14 个指标(这些指标均为各地区规模以上企业的情况，见表 5.16)。数据来源于 2017 年《中国科技统计年鉴》。

(一)操作步骤

(1)加载 R 包。

```
library(readr)        #用于读取数据文件
```

(2)读取数据。

```
d<-read_csv('c5_1.csv')
rn <- d[['地区']]      #将各地区名称赋值给rn
df<-d[,-1]            #去掉数据框的第一列,即去掉地区名
df[is.na(df)]<-0      #将缺失值填补为0
```

(3)数据标准化。

```
df<-scale(x=df)       #利用scale函数，采用默认设置，进行数据标准化操作
```

(4)产生距离阵对象。

```
dis <- dist(df, method = "euclidean") #利用dist函数创建样本之间距离对象
```

这里method用来指明距离度量方法,可以设置为manhattan(绝对距离)、Euclidean(欧几里得距离，默认)、Minkowski(闵科夫斯基距离)、Chebyshev(切比雪夫距离)、Mahalanobis(马氏距离)、Canberra(兰氏距离)。

(5)系统聚类。

```
#利用hclust函数进行系统聚类
result_hc <- hclust(d = dis, method = "centroid")
```

这里 method 是类间距离的计算方法，有 average(类平均法)、centroid(重心法)、中间距离法(median)、最长距离法(complete，默认值)、最短距离法(single)、离差平方和法(ward)、密度估计法(density)。

(6)结果的可视化展示，见图 5.9。

```
plot(result_hc,labels=rn)
```

(二)输出结果分析

(1)利用 as.matrix(dis)可以将距离对象转换为距离阵，反映样品之间相似性或相异性。这里由于计算距离使用的是平方欧几里得距离，所以样品间距离越大，样品越相异。

表 5.16 2016 年我国 31 个省(自治区、直辖市)规模以上企业科技创新指标

地区	R&D 人员数	R&D 经费内部支出/万元	R&D 经费外部支出/万元	R&D 项目数	R&D 项目经费支出/万元	机构数	机构人员数	机构经费支出/万元	新产品销售收入/万元	专利申请数	发明专利数	引进技术经费支出/万元	消化吸收经费支出/万元	购买国内技术经费支出/万元
北京市	70658	2548433.3	257791.1	7262	2068205.4	749	52325	1912888.2	40858561.6	20065	9392	320725.5	71825.4	56382.4
天津市	111262	3499550.5	182091.8	12019	3165384.8	951	46300	1019332.6	56428282.1	17170	7300	60215.9	11442.1	4866.8
河北省	122331	3086607.6	141726.6	9533	2759307.4	1385	82305	1554700	39231360.2	13189	4120	21239.4	13344.6	15412.2
山西省	42800	976282.5	61268.4	2471	836932.5	323	22932	333461	10850063.2	3786	1410	46816	6276	14725.5
内蒙古自治区	38386	1279853	57604.4	2260	1181786.8	278	18754	349383.4	7796102.6	2970	1321	74785.7	20004.8	12730
辽宁省	74626	2420636.6	145050.6	6399	2115812.7	552	45546	1040171.4	33872374.9	9709	4382	28241.5	28047	42423.5
吉林省	33889	908602.3	80846.9	2253	662510.8	198	18995	525229.7	26276145.9	2655	1176	51378.7	144742.7	1260.7
黑龙江省	45050	884925.1	99755.5	3068	801365.8	207	21712	278349.5	5026218	4127	1934	9261.9	5511.6	4577.9
上海市	119470	4900778	504391.3	10909	4659583.9	666	69153	3304125.7	90334749.8	24228	11293	1349955.8	368456.3	260867.3
江苏省	609974	16575417.9	554044.6	59535	15549617.9	23564	593391	15075405.9	2.81E+08	131284	49229	332707	94876.3	173754.5
浙江省	414652	9357877.1	355096.2	59088	9002820.3	10137	332719	8192477	2.14E+08	78729	19280	93307.2	35327	144077.7
安徽省	154875	3709223.8	195485.9	15697	3464166.7	4536	125596	2993461.4	73210507.7	49791	23322	32527.9	22194.1	36379
福建省	145083	3882632.1	126983.1	12849	3653407	1618	76665	1743727.8	40526600.6	28208	8162	137912.2	29762.3	118408.8
江西省	66534	1797561.3	59143.5	6351	1794439.3	1260	42692	1150754.1	31368045.5	12594	3290	48799.3	3661.2	47603.7
山东省	374531	14150035.4	592649.6	35835	12604297.4	4528	226979	7028876.2	1.63E+08	45921	22769	174866.8	94743.5	169358.3
河南省	187804	4096961.7	109727.1	12562	3757513.4	2229	110713	2161248.5	61154137.2	17457	6197	8766.8	8379.2	20112.4
湖北省	149571	4459621.6	184730.8	10363	3756171.4	1212	61352	1450934.4	67132019	19574	9227	142732.2	17832.1	31503.1
湖南省	130292	3929647.3	152347	7899	3390104.7	1874	70765	1737693.5	80984708.9	18249	8021	36710.5	18262.1	25595.4

续表

地区	R&D人员数	R&D经费内部支出/万元	R&D经费外部支出/万元	R&D项目数	R&D项目经费支出/万元	机构数	机构人员数	机构经费支出/万元	新产品销售收入/万元	专利申请数	发明专利数	引进技术经费支出/万元	消化吸收经费支出/万元	购买国内技术经费支出/万元
广东省	585089	16762749	1595171.5	50740	16325489.6	11834	675436	19935667.7	2.87E+08	145448	68168	1315982.7	47510.5	625610.9
广西壮族自治区	29025	827248	44629.8	2664	766541.3	324	16018	343573.4	19808823.5	5555	2660	4209.6	1952.2	6950.8
海南省	4164	79819.3	32141.3	552	74487.6	26	1813	26006	1265915.2	508	360			3639.5
重庆市	73946	2374858.9	104154.8	7612	2182343.5	1077	49663	1509236.2	50143453.9	17511	5392	376013.1	6306.9	45855.8
四川省	110503	2572607.4	172362.8	8869	2116874.6	1066	63728	1090749.7	30447284.1	21685	8523	33249.1	18663.8	40686.5
贵州省	27677	556852.5	30548.1	2145	555737.4	474	17264	358287.4	5752002.3	4341	2021	1026.6	1520	33512.2
云南省	31321	741846.9	37098	3441	739661.2	554	14641	364463.9	6284487.1	4942	1878	15429.2	2196.7	49046.8
西藏自治区	339	4003.4	328.1	29	2520	5	50	625.3	78690.1	44	15	24594.6	12449.6	
陕西省	70832	1844216.1	100077.6	4487	1653151.5	626	34233	659415.1	12364854.7	8142	3360	1298	5939.2	47014.1
甘肃省	18179	509227.6	29855.7	1465	405097.7	263	11948	105248.1	3031098.4	2600	814	1775.1	3.9	2693.9
青海省	3147	77939.6	7231.3	296	61197.3	46	2271	41850.1	379403.6	612	285	857.4	309.2	172.5
宁夏回族自治区	10076	239624.3	9732.5	1342	215597.8	181	7390	99331.3	2026821.3	1757	909	8797.3	938.7	43421.1
新疆维吾尔自治区	11258	390945.5	25250.9	1002	321204.8	220	10604	258172.8	4745505.5	2546	777	3821	10773	1379.6

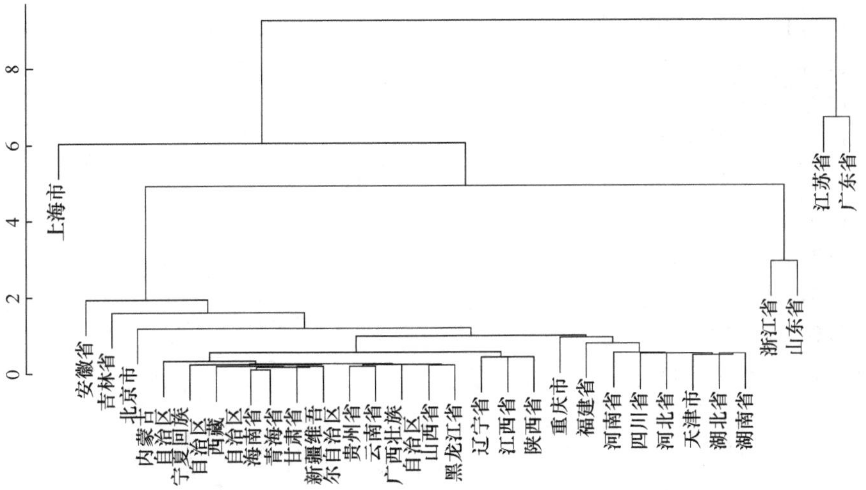

图 5.9 结果可视化展示(系统聚类案例 1)

```
as.matrix(dis)[1:10,1:10]        #查看前10个样品间的距离
##       1    2    3    4    5    6   7    8   9 10
## 1   0.0 1.40 1.47 1.80 1.68 1.26 1.8 1.84 5.7 11
## 2   1.4 0.00 0.52 1.42 1.41 0.80 2.3 1.41 6.9 11
## 3   1.5 0.52 0.00 1.20 1.20 0.61 2.2 1.20 7.0 11
## 4   1.8 1.42 1.20 0.00 0.25 0.85 2.0 0.21 7.3 12
## 5   1.7 1.41 1.20 0.25 0.00 0.81 1.8 0.36 7.1 12
## 6   1.3 0.80 0.61 0.85 0.81 0.00 1.8 0.87 6.8 11
## 7   1.8 2.35 2.23 1.99 1.80 1.85 0.0 2.01 6.0 12
## 8   1.8 1.41 1.20 0.21 0.36 0.87 2.0 0.00 7.3 12
## 9   5.7 6.89 6.97 7.26 7.08 6.79 6.0 7.34 0.0 11
## 10 10.6 10.54 10.64 11.74 11.72 11.05 11.7 11.77 10.9 0
```

(2) hclust 返回结果中的 merge 组件记录了聚类的过程。

```
result_hc$merge
##       [,1] [,2]
##  [1,]  -21  -29
##  [2,]  -28  -31
##  [3,]    1    2
##  [4,]  -24  -25
##  [5,]  -26    3
##  [6,]   -4   -8
##  [7,]  -20    6
##  [8,]    4    7
##  [9,]    5    8
## [10,]  -30    9
```

```
## [11,]  -5  10
## [12,] -14 -27
## [13,]  -6  12
## [14,] -17 -18
## [15,]  -2  14
## [16,]  -3  15
## [17,] -23  16
## [18,] -16  17
## [19,]  11  13
## [20,] -13  18
## [21,] -22  20
## [22,]  19  21
## [23,]  -1  22
## [24,]  -7  23
## [25,] -12  24
## [26,] -11 -15
## [27,]  25  26
## [28,]  -9  27
## [29,] -10 -19
## [30,]  28  29
```

这里每一行即代表一次合并的两类编号，编号为负值(如–21)表示在原始数据中的编号，编号为正值(如 1)表示此表中的对应行合并后的类。以第 5 步为例，–26 表示是原始数据中的第 26 个样品；3 表示是本表的 3 行(即 1、2 行)合并后的类，依次回溯，可以看出其包含原始数据的第 21、29、28、31 四个样品。

(3) hclust 返回结果中的 height 组件记录了聚类过程中每次合并的两类间的距离。

```
result_hc$height
##  [1] 0.09 0.17 0.15 0.17 0.17 0.21 0.22 0.24 0.26 0.23 0.31 0.40 0.42 0.49
## [15] 0.45 0.49 0.49 0.53 0.55 0.78 0.92 0.98 1.18 1.60 1.95 2.92 4.94 6.06
## [29] 6.69 9.26
```

可以看出，随着聚类的进行，合并的两类间距离越来越大。

(4) hclust 返回结果中的 order 组件记录了绘制聚类示意图的节点次序。

```
result_hc$order
##  [1]  9 12  7  1  5 30 26 21 29 28 31 24 25 20  4  8  6 14 27 22 13 16 23
## [24]  3  2 17 18 11 15 10 19
```

这个数据主要用于绘制聚类谱系图时摆放样品次序。

(5) 谱系图以图的形式说明聚类的过程，见图 5.10。

从谱系图可以看出分四类比较合适，其中，江苏省为第一类、广东省为第二类，上海市为第三类，其余省(自治区、直辖市)为第四类。这个聚类结果显示我国区域规模以上企业的科技创新能力发展不平衡，呈现出东部沿海地区创新能力强、中西部地区创新能力弱的特点。

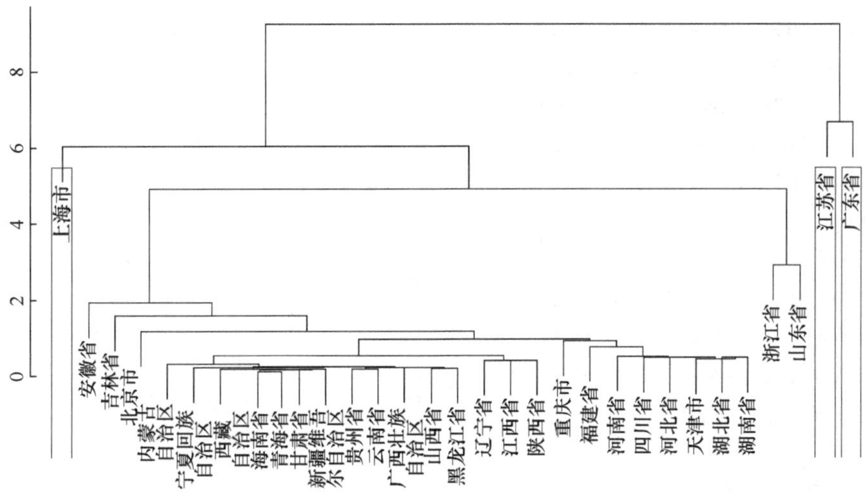

图 5.10 谱系图(系统聚类案例 1)

二、系统聚类案例 2

本案例采用来自 UCI 的 Alcohol QCM Sensor Dataset 数据集，数据集有 5 个数据文件，分别是 QCM3、QCM6、QCM7、QCM10、QCM12。酒精被分为五种：Octanol、Propanol、Butanol、propanol、isobutanol。

数据由 5 种不同的传感器采集，获得的代号为 0.799、0.700、0.600、0.501、0.400。每个传感器有两个通道，对每一个样本，有 10 项传感器数据。

关于数据集的详细介绍见 UCI 网站 http://archive.ics.uci.edu/ml/datasets/Alcohol+QCM+Sensor+Dataset。

(一)操作步骤

(1)加载 R 包。

```
library(tidyverse)        #数据读取及整理
library(plyr)             #数据整理
```

(2)读取数据。

```
#数据文件名列表
fns <- c('QCM3.csv','QCM6.csv','QCM7.csv','QCM10.csv','QCM12.csv')
#利用ldply完成循环读取操作，第一个参数为文件名向量，第二个参数为读取数据函数，此处数据用";"号分隔，故采用read_delim函数并设置delim参数
d <- ldply(fns,read_delim,delim=';')
#重新命名各组件，方便后面引用
names(d)<- c('x79','x79_1','x70','x70_1','x60','x60_1','x50','x50_1','x40','x40_1','Octanol','Propanol','Butanol','propanol','isobutanol')
#原始数据采用的是独立编码，下面代码将其处理为多分类编码
d <- d%>%unite(col='type',Octanol,Propanol,Butanol,propanol,isobutanol)
```

```
locs = d$type=='1_0_0_0_0'
d$type[locs] <- 'Octanol'
locs = d$type=='0_1_0_0_0'
d$type[locs] <- 'Propanol'
locs = d$type=='0_0_1_0_0'
d$type[locs] <- 'Butanol'
locs = d$type=='0_0_0_1_0'
d$type[locs] <- 'propanol'
locs = d$type=='0_0_0_0_1'
d$type[locs] <- 'isobutanol'
#提取出类别外的数据部分
df <- d[,1:10]
```

(3)数据标准化。

```
df<-scale(x=df)
```

(4)生成距离阵对象。

```
dis <- dist(df, method = "euclidean")
```

(5)进行系统聚类。

```
result_hc <- hclust(d = dis, method = "centroid")
```

(6)结果的可视化展示。

```
#为便于展示，将每一类别用其首字母表示，在labels参数中进行设置
plot(result_hc,labels = sapply(d$type,function(x){str_sub(x,1,1)}),cex=0.3)
    #sapply的第二个参数采用匿名函数形式
rect.hclust(result_hc,k=5)
```

(二)输出结果分析

从图 5.11 可以看出，从左到右排列 1～5 类(5 个矩形框)，大部分的 O(Octanol)都

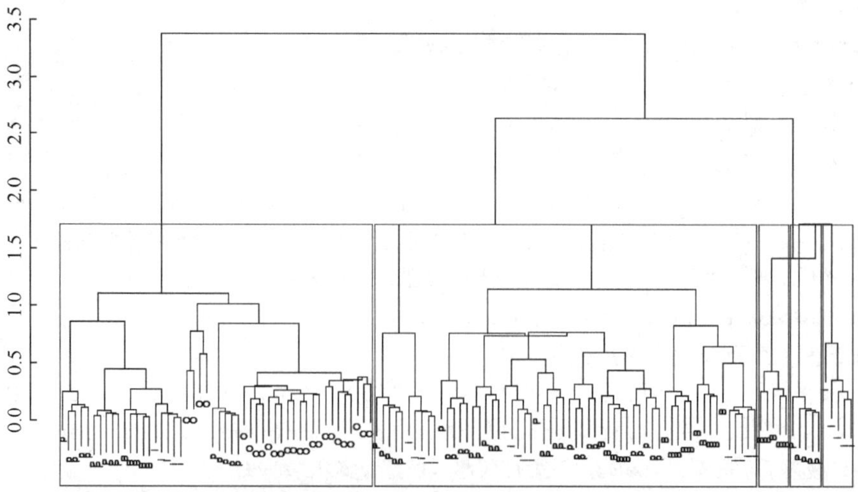

图 5.11 结果可视化展示(系统聚类案例 2)

在第一类，第一类中还有部分 P(Propanol)、p(propanol)与 B(Butanol)；大部分的 P 与 B 都在第二类，第三类都是 B，第四类都是 P，第五类都是 i(isobutanol)。

三、*K* 均值聚类案例 1

这里通过 *K* 均值聚类方法来研究我国各省(自治区、直辖市)环境保护情况(表 5.17)，选取的指标反映各地市污染强度和污染控制两方面的情况，具体包括二氧化硫排放量、废水排放总量、烟(粉)尘排放量、治理废气项目完成投资、治理废水项目完成投资以及治理固体废物项目完成投资等 6 个指标。数据来源于 2018 年《中国统计年鉴》。

表 5.17 我国各省(自治区、直辖市)环境保护情况表

地区	二氧化硫排放量/吨	废水排放总量/万吨	烟(粉)尘排放量/吨	治理废气项目完成投资/万元	治理废水项目完成投资/万元	治理固体废物项目完成投资/万元
北京市	20085.4	133187.89	20423.74	78542	1565	—
天津市	55643.87	90789.96	65191.22	59536	2145	4
河北省	602365.82	253685.36	803689.19	262270	17680	—
山西省	573077.61	135057.27	433755.75	430967	18862	1234
内蒙古自治区	546254.73	104250.82	536193.27	263758	59866	3044
辽宁省	389709.74	237970.98	557456.45	100891	8247	1745
吉林省	166108.72	121464.23	195652.03	84892	3219	470
黑龙江省	293659.33	138120.68	402234.33	69017	18780	—
上海市	18502.23	211950.85	47032.25	133451	99490	66443
江苏省	410690.43	575195.76	390823.48	229915	80959	29207
浙江省	190468.12	453935.03	153421.08	240301	62112	434
安徽省	235419.41	233837.62	280818.32	197684	19816	4183
福建省	133890.72	238279.19	170167.42	114470	12146	2923
江西省	215464.1	189362.32	279464.62	72928	25987	280
山东省	739121.42	499884.15	549556.94	813429	105626	850
河南省	286316.67	409107.39	223404.59	280371	8632	540
湖北省	220059.71	272694.21	188022.9	124206	31296	5542
湖南省	214584.89	300563.22	207058.08	66139	14036	212
广东省	276773.81	882020.48	260837.2	260675	45205	314
广西壮族自治区	177318.18	198143.77	209103.61	43792	9019	167
海南省	14271.49	44080.82	20927.36	31305	896	377
重庆市	253381.46	200676.88	83302.84	49957	1508	66
四川省	389142.9	362437.56	224003.98	87975	21085	4840
贵州省	687465.46	118016.67	196825.33	31706	13694	1244
云南省	384449.37	185111.86	224154.42	33682	5584	1775

续表

地区	二氧化硫排放量/吨	废水排放总量/万吨	烟(粉)尘排放量/吨	治理废气项目完成投资/万元	治理废水项目完成投资/万元	治理固体废物项目完成投资/万元
西藏自治区	3462.81	7175.65	6570.08	40	280	—
陕西省	279359.33	175954.54	236686.82	110400	21936	1322
甘肃省	258811.14	64513.86	177074.44	32296	4749	50
青海省	92416.66	27115.01	129531.76	5837	3793	32
宁夏回族自治区	207520.16	30734.75	187717.97	71115	12801	—
新疆维吾尔自治区	418180.06	101291.19	501541.16	81081	32745	123

(一)操作步骤

(1)加载R包。

```
library(tidyverse)           # 数据整理
library(cluster)             # 聚类算法
library(factoextra)          # 聚类算法及可视化
```

(2)读取数据。

```
d<-read_csv('c5_3.csv')
rn <- d[['地区']]            #记录地区名称
df<-d[,-1]                   #去掉数据框的第一列（地区名称）
df[is.na(df)]<-0             #将缺失值用0填补
rownames(df)<-rn
```

(3)数据标准化。

```
df<-scale(x=df)          #利用scale函数进行数据标准化操作
```

(4)距离阵及可视化(图5.12)。

```
distance <- dist(df)         #计算各地区距离
#距离阵可视化
fviz_dist(distance, gradient = list(low = "white", high = "red"))
```

注：fviz_dist函数的第一个参数为距离阵，gradient参数用来设置颜色变化，颜色越深数值越大。

(5)确定最佳聚类数目(图5.13)。

```
#定义wss函数计算聚为k类的tot.withinss值，用来绘制碎石图
wss <- function(k) {
  kmeans(df, k, nstart = 10 )$tot.withinss
}
# 设置聚类数目
k.values <- 1:15
# 提取tot.withinss值
wss_values <- map_dbl(k.values, wss)
```

```
#绘制withinss值随聚类数目变化曲线
plot(k.values, wss_values,
    type="b", pch = 19, frame = FALSE,
    xlab="Number of clusters K",
    ylab="Total within-clusters sum of squares")
```

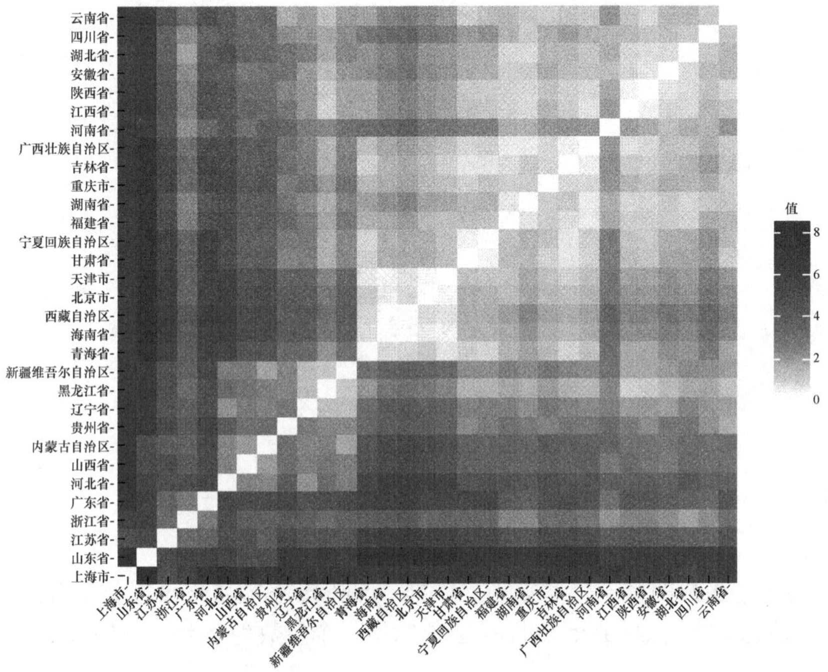

图 5.12 距离阵及可视化展示(*K* 均值聚类案例 1)

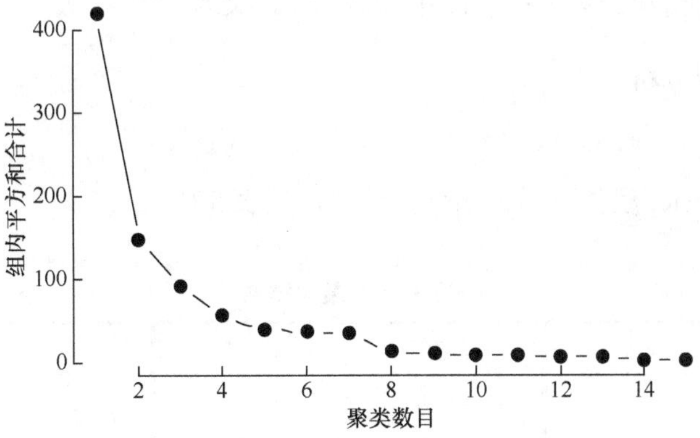

图 5.13 碎石图(*K* 均值聚类案例 1)

(6) *K* 均值聚类。

从上面的 withinss 值和聚类数目关系图可以看出，聚为 3 类较为合适(图 5.14)。

```
k3 <- kmeans(df, centers = 3, nstart = 25) #利用kmeans聚为3类
fviz_cluster(k3, data = df) #聚类结果可视化
```

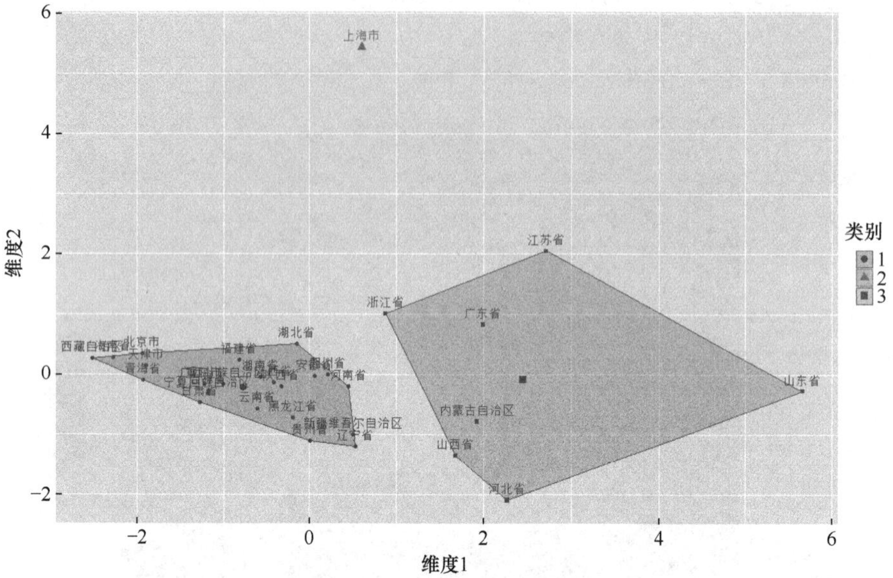

图 5.14 *K* 均值聚类结果展示

注：kmeans 函数的第一个参数为数据框，centers 参数用来设置类别数，nstart 参数设置随机初始化的类别数；fviz_cluster 函数的第一个参数为 kmeans 对象，data 参数为数据框。

可以很直观地看出上海市单独聚为一类，浙江省、江苏省和广东省等省(自治区)聚为一类，湖北、河南和云南等省(自治区、直辖市)聚为一类。

(二)输出结果分析

(1)聚类结果。

访问 k3 的 cluster 组件可以得到分类结果，见表 5.18。

表 5.18 聚类结果

地区	类别	地区	类别	地区	类别
江苏省	2	吉林省	3	四川省	3
广东省	2	黑龙江省	3	贵州省	3
上海市	1	安徽省	3	云南省	3
浙江省	2	福建省	3	西藏自治区	3
山东省	2	江西省	3	陕西省	3
北京市	3	河南省	3	甘肃省	3

续表

地区	类别	地区	类别	地区	类别
天津市	3	湖北省	3	青海省	3
河北省	2	湖南省	3	宁夏回族自治区	3
山西省	2	广西壮族自治区	3	新疆维吾尔自治区	3
内蒙古自治区	2	海南省	3		
辽宁省	3	重庆市	3		

(2) 聚类中心。

通过访问 k3 的 centers 组件可以获得各类别的聚类中心，结果见表 5.19。

表 5.19 聚类中心

变量	类别 1	类别 2	类别 3
R&D 人员数	2.98	-0.36	1.12
R&D 经费内部支出	2.89	-0.37	1.31
R&D 经费外部支出	2.9	-0.33	0.95
R&D 项目数	2.64	-0.37	1.44
R&D 项目经费支出	2.95	-0.37	1.28
机构数	3.2	-0.31	0.58
机构人员数	3.37	-0.34	0.72
机构经费支出	3.36	-0.35	0.83
新产品销售收入	2.95	-0.38	1.29
专利申请数	3.28	-0.34	0.75
发明专利数	3.34	-0.32	0.58
引进技术经费支出	2.03	-0.29	1.17
消化吸收经费支出	0.51	-0.25	1.86
购买国内技术经费支出	2.76	-0.33	1.03

(3) 其他聚类结果。

k3 的下列组件存储了聚类的有关信息：totss 代表总平方和，withinss 代表各组的组内平方和，tot.withinss 代表组内平方和合计，betweenss 代表组间平方和。

可以利用上述信息进行相关假设检验。

四、*K* 均值聚类案例 2

这里继续采用系统聚类案例 1 中来自 UCI 的 Alcohol QCM Sensor Dataset 数据集进

行 K 均值聚类分析。主要步骤及结果如下：

(1) 加载 R 包。

```
library(cluster)                # 聚类算法
library(factoextra)             # 聚类算法及可视化
library(plyr)                   # 利用此包的ldply实现循环读取
```

(2) 读取数据。

```
#数据文件名列表
fns <- c('QCM3.csv','QCM6.csv','QCM7.csv','QCM10.csv','QCM12.csv')
#利用ldply完成循环读取操作
d <- ldply(fns,read_delim,delim=';')
#重新命名各组件，方便后面引用
names(d)<- c('x79','x79_1','x70','x70_1','x60','x60_1','x50','x50_1','x40','x40_1','Octanol','Propanol','Butanol','propanol','isobutanol')
#原始数据采用的是独立编码，下面代码将其处理为多分类编码
d <- d%>%unite(col='type',Octanol,Propanol,Butanol,propanol,isobutanol)
locs <- d$type=='1_0_0_0_0'
d$type[locs] <- 'Octanol'
locs <- d$type=='0_1_0_0_0'
d$type[locs] <- 'Propanol'
locs <- d$type=='0_0_1_0_0'
d$type[locs] <- 'Butanol'
locs <- d$type=='0_0_0_1_0'
d$type[locs] <- 'propanol'
locs <- d$type=='0_0_0_0_1'
d$type[locs] <- 'isobutanol'
#提取出类别外的数据部分
df <- d[,1:10]
```

(3) 数据标准化。

```
df<-scale(x=df)           #利用scale函数进行数据标准化操作
```

(4) 生成距离阵对象，见图 5.15。

```
dis <- dist(df, method = "euclidean")   #利用dist函数求样本之间距离
#距离阵可视化，这里直接利用系统聚类的距离阵dis
fviz_dist(dis, gradient = list(low = "white", high = "red"))
```

(5) 确定最佳聚类数目，结果见图 5.16。

```
wss <- function(k) {
  kmeans(df, k, nstart = 10 )$tot.withinss
}
# 设置聚类数目
k.values <- 1:15
```

```
# 提取tot.withinss值
wss_values <- map_dbl(k.values, wss)
#绘制withinss值随聚类数目变化曲线
plot(k.values, wss_values,
    type="b", pch = 19, frame = FALSE,
    xlab="Number of clusters K",
    ylab="Total within-clusters sum of squares")
```

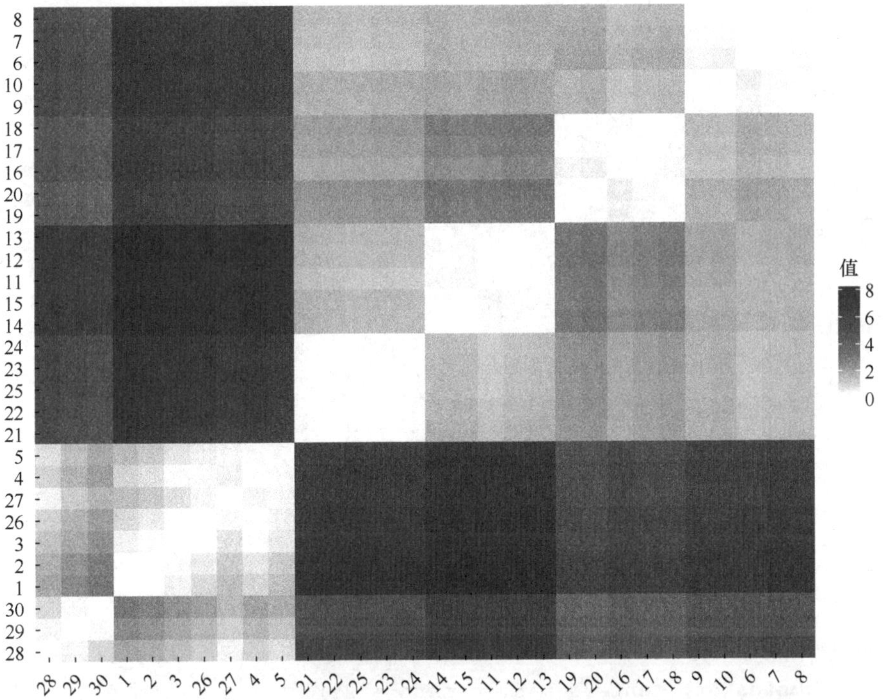

图 5.15 距离阵及可视化展示(*K* 均值聚类案例 2)

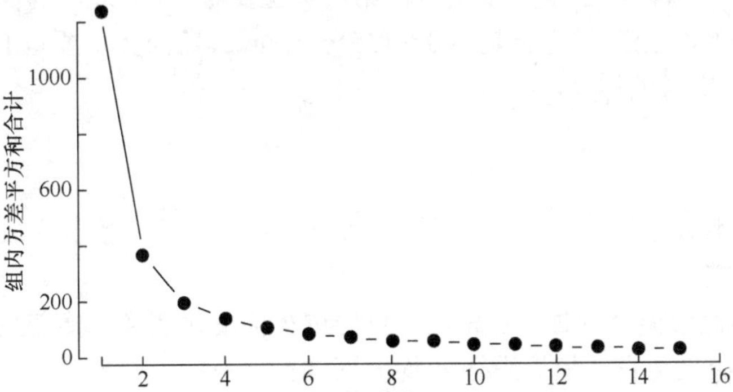

图 5.16 碎石图(*K* 均值聚类案例 2)

```
#为了便于可视化展示，将数据集的行序进行调整，1～25是一类，26～50是一类，以此类推
```

```
df<-df[order(d$type),]
#聚为3类
k3 <- kmeans(df, centers = 3, nstart = 25) #利用kmeans聚为3类
fviz_cluster(k3, data = df,labelsize = 8)  #聚类结果可视化
```

从图 5.17 可以看出，当聚为 3 类时，第一类主要是 50 号之前的样品，第二类包含了 75～125 号的大部分样品，第三类包含了 50～75 号的样品。

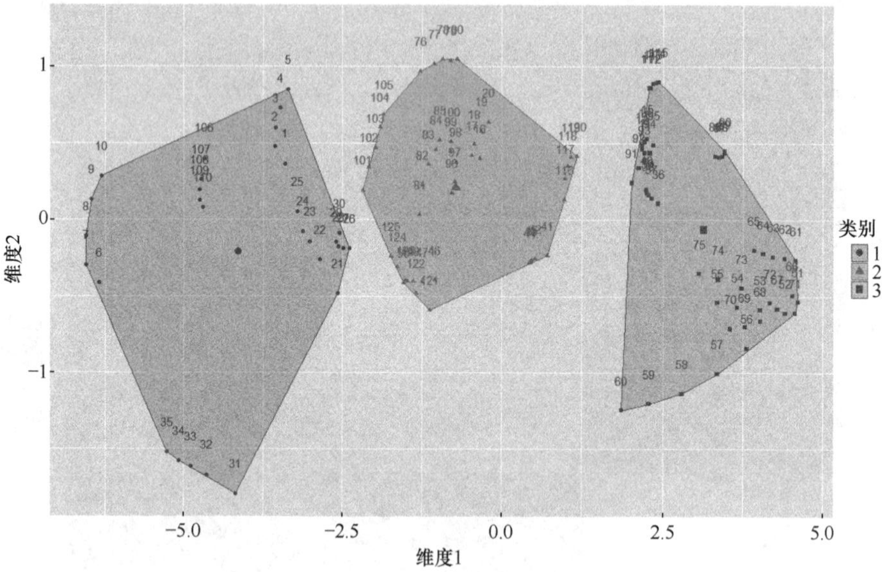

图 5.17 聚类结果可视化展示(聚为 3 类)

```
#利用kmeans聚为5类
k5 <- kmeans(df, centers = 5, nstart = 25)
fviz_cluster(k5, data = df,labelsize = 8)  #聚类结果可视化
```

从图 5.18 可以看出，当聚为 5 类时，第一类主要是 50 号之前的样品，第二类主要是 75～100 号的样品，第三类主要是 100～125 号的样品，第四类主要是 1～25 号的样品，第五类包含 50～70 号的样品。

五、小结

在进行层次聚类分析时，首先应对数据进行标准化变换，接着生成距离阵，在此基础上进行层次聚类。

在进行 K 均值聚类分析时，首先应对数据进行标准化变换，接着生成距离阵，然后通过碎石图确定类别数目，最后进行 K 均值聚类。

在层次聚类和 K 均值聚类分析过程中涉及的常用函数见表 5.20。

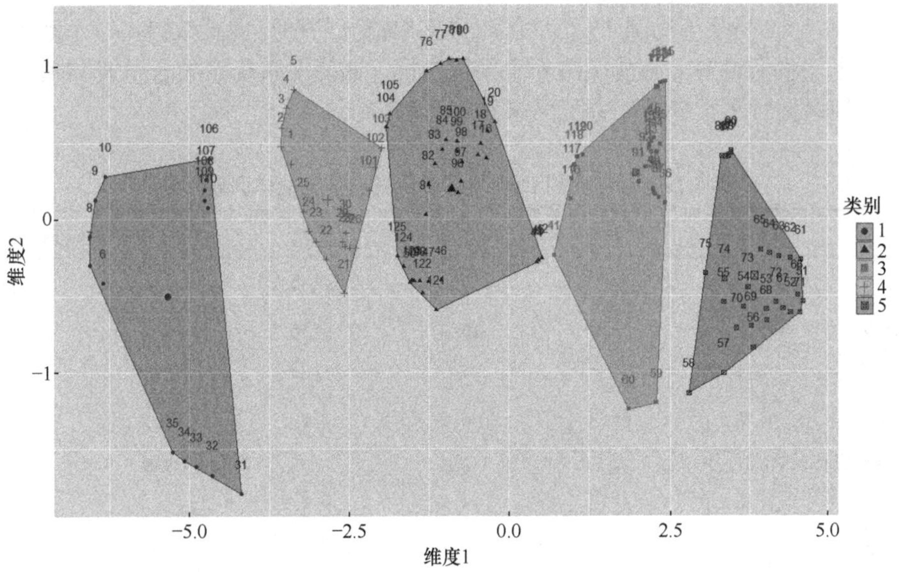

图 5.18 聚类结果可视化展示(聚为 5 类)

表 5.20 聚类分析常用函数表

函数	功能
scale	标准化变换
dist	生成距离阵
hclust	层次聚类
kmeans	*K* 均值聚类

➢ 思考与练习

5.1 判别分析与聚类分析有何区别?

5.2 试述系统聚类的基本思想。

5.3 对样品和变量进行聚类分析时,所构造的统计量分别是什么?简要说明为什么这样构造?

5.4 在进行系统聚类时,不同的类间距离计算方法有何区别?选择距离公式应遵循哪些原则?

5.5 试述 *K* 均值聚类与系统聚类的异同。

5.6 有序聚类法与系统聚类法有何区别?试述有序聚类法的基本思想。

5.7 检测某类产品的重量,抽了六个样品,每个样品只测了一个指标,分别为 1、2、3、6、9、11。试用最短距离法、重心法进行聚类分析。

5.8 表 5.21 是某年我国 16 个地区农民支出情况的抽样调查数据，每个地区调查了反映每人平均生活消费支出情况的 6 个经济指标。试使用系统聚类法和 K 均值聚类法分别对这些地区进行聚类分析，并对结果进行比较分析。

表 5.21 某年我国 16 个地区农民支出情况抽样调查数据

地区	食品	衣着	燃料	住房	交通和通信	娱乐教育文化
北京市	190.33	43.77	9.73	60.54	49.01	9.04
天津市	135.2	36.4	10.47	44.16	36.49	3.94
河北省	95.21	22.83	9.3	22.44	22.81	2.8
山西省	104.78	25.11	6.4	9.89	18.17	3.25
内蒙古自治区	128.41	27.63	8.94	12.58	23.99	2.27
辽宁省	145.68	32.83	17.79	27.29	39.09	3.47
吉林省	159.37	33.38	18.37	11.81	25.29	5.22
黑龙江省	116.22	29.57	13.24	13.76	21.75	6.04
上海市	221.11	38.64	12.53	115.65	50.82	5.89
江苏省	144.98	29.12	11.67	42.6	27.3	5.74
浙江省	169.92	32.75	12.72	47.12	34.35	5
安徽省	135.11	23.09	15.62	23.54	18.18	6.39
福建省	144.92	21.26	16.96	19.52	21.75	6.73
江西省	140.54	21.5	17.64	19.19	15.97	4.94
山东省	115.84	30.26	12.2	33.6	33.77	3.85
河南省	101.18	23.26	8.46	20.2	20.5	4.3

5.9 表 5.22 是 2010 年我国部分省会城市和计划单列市的主要经济指标：人均地区生产总值 X_1（元）、客运量 X_2（万人）、货运量 X_3（万吨）、地方财政预算内收入 X_4（亿元）、固定资产投资总额 X_5（亿元）、城乡居民储蓄年末余额 X_6（亿元）、在岗职工平均工资 X_7（元）、社会商品零售总额 X_8（亿元）、货物进出口总额 X_9（亿美元）。试利用两种不同的系统聚类法对城市进行聚类分析。

表 5.22 2010 年我国部分省会城市和计划单列市的主要经济指标

城市	X_1	X_2	X_3	X_4	X_5	X_6	X_7	X_8	X_9
北京市	112208	140663	21886	2354	5494	16874	65682	6229	3016.22
天津市	93664	24873	40368	1069	6511	5634	52964	2903	822.01
石家庄市	34383	12401	19689	164	2958	2920	31459	1410	109.74
太原市	48647	4800	13851	138	899	2387	38839	826	79.13

续表

城市	X_1	X_2	X_3	X_4	X_5	X_6	X_7	X_8	X_9
沈阳市	69727	30658	17348	465	4139	3338	41900	2066	78.56
大连市	87957	17805	31073	501	4048	3375	44615	1640	519.82
长春市	43867	12796	10863	181	2638	2063	35721	1287	132.24
哈尔滨市	36943	13068	10129	238	2652	2580	32411	1770	43.73
上海市	121545	17434	80835	2874	5318	16249	71875	6071	3688.69
南京市	81127	39688	30592	519	3306	3512	48782	2289	435.18
杭州市	86330	33772	25915	671	2753	4991	48772	2146	523.55
宁波市	89935	34905	31377	531	2193	3312	43476	1704	829.04
合肥市	54583	19805	18873	259	3067	1234	39291	839	99.58
福州市	48357	18916	14911	248	2317	2329	34804	1624	246.00
厦门市	114315	12375	10086	289	1010	1385	40283	685	570.36
南昌市	43805	10684	8326	146	1952	1418	35038	765	53.04
济南市	64735	16478	23146	266	1987	2188	37854	1802	74.11
青岛市	74200	23805	26971	453	3022	2912	37803	1961	570.60
郑州市	41962	30121	20599	387	2757	2911	32778	1678	51.57
武汉市	66520	22896	40288	390	3753	3591	39302	2570	180.55
长沙市	69697	33984	22817	314	3193	2172	38338	1865	60.89
广州市	133330	62596	56644	873	3264	9302	54494	4476	1037.68
深圳市	368704	156407	26174	1107	1945	6717	50455	3001	3467.49
南宁市	25450	10153	19171	156	1483	1376	37040	906	22.13
海口市	37097	31503	8003	50	353	772	34192	327	39.45
重庆市	23992	126804	81385	1018	6935	5840	35367	2878	124.26
成都市	48312	100998	44087	527	4255	5071	38603	2418	224.50
贵阳市	33273	30384	10397	136	1019	1089	31128	485	22.75
昆明市	36308	11627	14906	254	2161	2342	32022	956	101.09
西安市	41413	31118	34332	242	3251	3678	37872	1637	103.93
兰州市	34011	3798	8032	73	661	1296	33964	545	10.60
西宁市	28446	4868	2978	35	403	576	32220	232	6.67
银川市	48452	4378	10547	64	649	634	39816	225	9.98
乌鲁木齐市	55076	3820	15192	148	500	1243	40649	564	59.85

5.10 表 5.23 是我国 1991～2010 年的年末人口数(万人)，试利用有序样本的聚类分析法对我国人口发展阶段进行划分。

表 5.23 我国 1991～2010 年年末人口数 （单位：万人）

年份	1991	1992	1993	1994	1995	1996	1997
人口数	115823	117171	118517	119850	121121	122389	123626
年份	1998	1999	2000	2001	2002	2003	2004
人口数	124761	125786	126743	127627	128453	129227	129988
年份	2005	2006	2007	2008	2009	2010	
人口数	130756	131448	132129	132802	133450	134091	

第六章

主成分分析

第一节 引言

多元统计分析处理的是多变量(多指标)问题。由于变量较多，增加了分析问题的复杂性。但在实际问题中，变量之间可能存在一定的相关性，因此多变量中可能存在信息的重叠。人们自然希望通过克服相关性、重叠性，用较少的变量来代替原来较多的变量，而这种代替可以反映原来多个变量的大部分信息，这实际上是一种“降维”的思想。

主成分分析也称为主分量分析。由于多个变量之间往往存在着一定程度的相关性，人们自然希望通过线性组合的方式，从这些指标中尽可能快地提取有用信息。当第一个线性组合不能提取更多的信息时，再考虑用第二个线性组合继续这个快速提取的过程，直到所提取的信息与原指标相差不多。这就是主成分分析的思想。一般来说，在主成分分析适用的场合，用较少的主成分就可以得到较多的信息量。以各个主成分为分量，就得到一个更低维的随机向量。因此，通过主成分既可以降低数据“维数”，又保留了原数据的大部分信息。

我们知道，当一个变量只取一个数据时，这个变量(数据)提供的信息量是非常有限的，当这个变量取一系列不同数据时，就可以从中读出最大值、最小值、平均数等信息。变量的变异性越大，说明它对各种场景的“遍历性”越强，提供的信息就越充分，信息量就越大。主成分分析中的信息，就是指标的变异性，用标准差或方差表示。

主成分分析的数学模型是，设 p 个变量构成的 p 维随机向量为 $\boldsymbol{X}=(X_1,X_2,\cdots,X_p)'$ 。对 $\boldsymbol{X}$ 作正交变换，令 $\boldsymbol{Y}=\boldsymbol{T}'\boldsymbol{X}$，其中 $\boldsymbol{T}$ 为正交矩阵，要求 $\boldsymbol{Y}$ 的各分量是不相关的，并且 $\boldsymbol{Y}$ 的第一个分量的方差是最大的，第二个分量的方差次之，依此类推。为了保持信息不丢失，$\boldsymbol{Y}$ 的各分量方差和与 $\boldsymbol{X}$ 的各分量方差和相等。

第二节 主成分的几何意义及数学推导

一、主成分的几何意义

主成分分析数学模型中的正交变换，在几何上就是作一个坐标旋转。因此，主成分分析在二维空间中有明显的几何意义。假设共有 n 个样品，每个样品都测量了两个指标

(X_1, X_2)，它们大致分布在一个椭圆内，如图 6.1 所示。事实上，散点的分布总有可能沿着某一个方向略显扩张，这个方向就把它看成椭圆的长轴方向。显然，在坐标系 x_1Ox_2 中，单独看这 n 个点的分量 X_1 和 X_2，它们沿着 x_1 方向和 x_2 方向都具有较大的离散性，其离散的程度可以分别用 X_1 的方差和 X_2 的方差测定。如果仅考虑 X_1 或 X_2 中的任何一个分量，那么包含在另一分量中的信息将会损失，因此直接舍弃某个分量不是“降维”的有效办法。

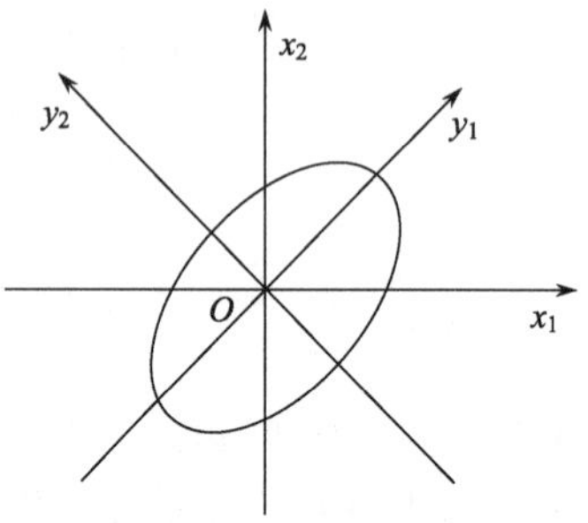

图 6.1 主成分的几何意义

如果将该坐标系按逆时针方向旋转某个角度 θ 变成新坐标系 y_1Oy_2，这里 y_1 是椭圆的长轴方向，y_2 是椭圆的短轴方向。旋转公式为

$$\begin{cases} Y_1 = X_1\cos\theta + X_2\sin\theta \\ Y_2 = -X_1\sin\theta + X_2\cos\theta \end{cases} \tag{6.1}$$

看到新变量 Y_1 和 Y_2 是原变量 X_1 和 X_2 的线性组合，它的矩阵表示形式为

$$\begin{bmatrix} Y_1 \\ Y_2 \end{bmatrix} = \begin{bmatrix} \cos\theta & \sin\theta \\ -\sin\theta & \cos\theta \end{bmatrix} \begin{bmatrix} X_1 \\ X_2 \end{bmatrix} = \boldsymbol{T}'\boldsymbol{X} \tag{6.2}$$

其中，$\boldsymbol{T}'$ 为旋转变换矩阵，它是正交矩阵，即有 $\boldsymbol{T}' = \boldsymbol{T}^{-1}$ 或 $\boldsymbol{T}'\boldsymbol{T} = \boldsymbol{I}$。

易见，n 个点在新坐标系下的坐标 Y_1 和 Y_2 几乎不相关。称它们为原始变量 X_1 和 X_2 的综合变量，n 个点在 y_1 轴上的方差达到最大，即在此方向上包含了有关 n 个样品的最大信息量。因此，欲将二维空间的点投影到某个一维方向上，则选择 y_1 轴方向能使信息的损失最小。称 Y_1 为第一主成分，Y_2 为第二主成分。第一主成分的效果与椭圆的形状有很大的关系，椭圆越是扁平，n 个点在 y_1 轴上的方差就相对越大，在 y_2 轴上的方差就相对越小，用第一主成分代替所有样品所造成的信息损失也就越小。考虑两种极端的情形：一种是椭圆的长轴与短轴的长度相等，即椭圆变成圆，第一主成分只含有二维空间点的约一半信息，若仅用这一个综合变量，则将损失约 50%的信息，这显然是不可取的。造成它的原因是，原始变量 X_1 和 X_2 的相关程度几乎为零，也就是说，它们所包含的信息几乎不重叠，因此无法用一个一维的综合变量来代替。另一种是椭圆扁平到了极限，变成 y_1 轴上的一条线，第一主成分包含有二维空间点的全部信息，仅用这一个综合变量代替原始数据不会有任何信息损失，此时的主成分分析效果是非常理想的，其原因是第二主成分不包含任何信息，舍弃它当然没有信息损失。

二、主成分的数学推导

设 $\boldsymbol{X}=(X_1,X_2,\cdots,X_p)'$ 为一个 p 维随机向量，并假定存在二阶矩，其均值向量与协差阵分别记为

$$\boldsymbol{\mu}=E(\boldsymbol{X})，\ \boldsymbol{\Sigma}=D(\boldsymbol{X}) \tag{6.3}$$

考虑如下线性变换：

$$\begin{cases} Y_1=t_{11}X_1+t_{12}X_2+\cdots+t_{1p}X_p=\boldsymbol{T}_1'\boldsymbol{X} \\ Y_2=t_{21}X_1+t_{22}X_2+\cdots+t_{2p}X_p=\boldsymbol{T}_2'\boldsymbol{X} \\ \quad\vdots \\ Y_p=t_{p1}X_1+t_{p2}X_2+\cdots+t_{pp}X_p=\boldsymbol{T}_p'\boldsymbol{X} \end{cases} \tag{6.4}$$

用矩阵表示为

$$\boldsymbol{Y}=\boldsymbol{T}'\boldsymbol{X}$$

其中，$\boldsymbol{Y}=(Y_1,Y_2,\cdots,Y_p)'$，$\boldsymbol{T}'=(\boldsymbol{T}_1,\boldsymbol{T}_2,\cdots,\boldsymbol{T}_p)^{-1}$。

希望寻找一组新的变量 $Y_1,Y_2,\cdots,Y_m$（$m\leqslant p$），这组新的变量要求充分地反映原变量 $X_1,X_2,\cdots,X_p$ 的信息，而且相互独立。

这里应该注意到，对于 $Y_1,Y_2,\cdots,Y_m$，有

$$D(Y_i)=D(\boldsymbol{T}_i'\boldsymbol{X})=\boldsymbol{T}_i'D(\boldsymbol{X})\boldsymbol{T}_i''=\boldsymbol{T}_i'\boldsymbol{\Sigma}T_i,\quad i=1,2,\cdots,m$$

$$\mathrm{cov}(Y_i,Y_k)=\mathrm{cov}(\boldsymbol{T}_i'\boldsymbol{X},\boldsymbol{T}_k'\boldsymbol{X})=\boldsymbol{T}_i'\mathrm{cov}(\boldsymbol{X},\boldsymbol{X})\boldsymbol{T}_k''=\boldsymbol{T}_i'\boldsymbol{\Sigma}\boldsymbol{T}_k,\quad i,k=1,2,\cdots,m$$

这样，所要解决的问题就转化为在新的变量 $Y_1,Y_2,\cdots,Y_m$ 相互独立的条件下，求 $\boldsymbol{T}_i$ 使得 $D(Y_i)=\boldsymbol{T}_i'\boldsymbol{\Sigma}\boldsymbol{T}_i(i=1,2,\cdots,m)$ 达到最大。

下面借助投影寻踪(projection pursuit)的思想来解决这一问题。首先应该注意到，使得 $D(Y_i)$ 达到最大的线性组合，显然用常数乘以 $\boldsymbol{T}_i$ 后，$D(Y_i)$ 也随之增大，为了消除这种不确定性，不妨假设 $\boldsymbol{T}_i$ 满足 $\boldsymbol{T}_i'\boldsymbol{T}_i=1$ 或者 $|\boldsymbol{T}_i|=1$。那么，问题可以更加明确。

第一主成分为满足 $\boldsymbol{T}_1'\boldsymbol{T}_1=1$，使得 $D(Y_1)=\boldsymbol{T}_1'\boldsymbol{\Sigma}\boldsymbol{T}_1$ 达到最大的 $Y_1=\boldsymbol{T}_1'\boldsymbol{X}$。

第二主成分为满足 $\boldsymbol{T}_2'\boldsymbol{T}_2=1$，且 $\mathrm{cov}(Y_2,Y_1)=\mathrm{cov}(\boldsymbol{T}_2'\boldsymbol{X},\boldsymbol{T}_1'\boldsymbol{X})=0$，使得 $D(Y_2)=\boldsymbol{T}_2'\boldsymbol{\Sigma}\boldsymbol{T}_2$ 达到最大的 $Y_2=\boldsymbol{T}_2'\boldsymbol{X}$。

一般情形，第 k 主成分为满足 $\boldsymbol{T}_k'\boldsymbol{T}_k=1$，且 $\mathrm{cov}(Y_k,Y_i)=\mathrm{cov}(\boldsymbol{T}_k'\boldsymbol{X},\boldsymbol{T}_i'\boldsymbol{X})=0$（$i<k$），使得 $D(Y_k)=\boldsymbol{T}_k'\boldsymbol{\Sigma}\boldsymbol{T}_k$ 达到最大的 $Y_k=\boldsymbol{T}_k'\boldsymbol{X}$。

求第一主成分，构造目标函数为

$$\varphi_1(\boldsymbol{T}_1,\lambda)=\boldsymbol{T}_1'\boldsymbol{\Sigma}T_1-\lambda(\boldsymbol{T}_1'\boldsymbol{T}_1-1) \tag{6.5}$$

对目标函数 $\varphi_1(\boldsymbol{T}_1,\lambda)$ 求导数有

$$\frac{\partial\varphi_1}{\partial\boldsymbol{T}_1}=2\boldsymbol{\Sigma}\boldsymbol{T}_1-2\lambda\boldsymbol{T}_1=0 \tag{6.6}$$

即

$$(\boldsymbol{\Sigma}-\lambda \boldsymbol{I})\boldsymbol{T}_1=0 \tag{6.7}$$

由式(6.7)两边左乘$\boldsymbol{T}_1'$得到

$$\boldsymbol{T}_1'\boldsymbol{\Sigma}\boldsymbol{T}_1=\lambda \tag{6.8}$$

由于 $\boldsymbol{X}$ 的协差阵 $\boldsymbol{\Sigma}$ 为非负定的，其特征方程(6.7)的根均大于零，不妨设$\lambda_1 \geqslant \lambda_2 \geqslant \cdots \geqslant \lambda_p \geqslant 0$。由式(6.8)可知$Y_1$的方差为$\lambda$。那么，$Y_1$的最大方差值为$\lambda_1$，其相应的单位化特征向量为$\boldsymbol{T}_1$。

在求第二主成分之前，首先明确由式(6.6)知$\mathrm{cov}(Y_2,Y_1)=\boldsymbol{T}_2'\boldsymbol{\Sigma}\boldsymbol{T}_1=\lambda\boldsymbol{T}_2'\boldsymbol{T}_1$。那么，如果$Y_2$与$Y_1$相互独立，即有$\boldsymbol{T}_2'\boldsymbol{T}_1=0$或$\boldsymbol{T}_1'\boldsymbol{T}_2=0$。这时，可以构造求第二主成分的目标函数，即

$$\varphi_2(\boldsymbol{T}_2,\lambda,\rho)=\boldsymbol{T}_2'\boldsymbol{\Sigma}\boldsymbol{T}_2-\lambda(\boldsymbol{T}_2'\boldsymbol{T}_2-1)-2\rho(\boldsymbol{T}_1'\boldsymbol{T}_2) \tag{6.9}$$

对目标函数$\varphi_2(T_2,\lambda,\rho)$求导数有

$$\frac{\partial \varphi_2}{\partial \boldsymbol{T}_2}=2\boldsymbol{\Sigma}\boldsymbol{T}_2-2\lambda\boldsymbol{T}_2-2\rho\boldsymbol{T}_1=0 \tag{6.10}$$

用$\boldsymbol{T}_1'$左乘式(6.10)有

$$\boldsymbol{T}_1'\boldsymbol{\Sigma}\boldsymbol{T}_2-\lambda\boldsymbol{T}_1'\boldsymbol{T}_2-\rho\boldsymbol{T}_1'\boldsymbol{T}_1=0$$

由于$\boldsymbol{T}_1'\boldsymbol{\Sigma}\boldsymbol{T}_2=0$，$\boldsymbol{T}_1'\boldsymbol{T}_2=0$，那么，$\rho\boldsymbol{T}_1'\boldsymbol{T}_1=0$，即有$\rho=0$。从而

$$(\boldsymbol{\Sigma}-\lambda \boldsymbol{I})\boldsymbol{T}_2=0 \tag{6.11}$$

而且

$$\boldsymbol{T}_2'\boldsymbol{\Sigma}\boldsymbol{T}_2=\lambda \tag{6.12}$$

这样说明，如果$\boldsymbol{X}$的协差阵$\boldsymbol{\Sigma}$的特征根为$\lambda_1 \geqslant \lambda_2 \geqslant \cdots \geqslant \lambda_p \geqslant 0$。由式(6.12)可知$Y_2$的最大方差值为第二大特征根$\lambda_2$，其相应的单位化的特征向量为$\boldsymbol{T}_2$。

针对一般情形，第k主成分应该是在$\boldsymbol{T}_k'\boldsymbol{T}_k=1$且$\boldsymbol{T}_k'\boldsymbol{T}_i=0$或$\boldsymbol{T}_i'\boldsymbol{T}_k=0$（$i<k$）的条件下，使得$D(Y_k)=\boldsymbol{T}_k'\boldsymbol{\Sigma}\boldsymbol{T}_k$达到最大的$Y_k=\boldsymbol{T}_k'\boldsymbol{X}$。这样可以构造目标函数为

$$\varphi_k(\boldsymbol{T}_k,\lambda,\rho_i)=\boldsymbol{T}_k'\boldsymbol{\Sigma}\boldsymbol{T}_k-\lambda(\boldsymbol{T}_k'\boldsymbol{T}_k-1)-2\sum_{i=1}^{k-1}\rho_i(\boldsymbol{T}_i'\boldsymbol{T}_k) \tag{6.13}$$

对目标函数$\varphi_k(\boldsymbol{T}_k,\lambda,\rho_i)$求导数有

$$\frac{\partial \varphi_k}{\partial \boldsymbol{T}_k}=2\boldsymbol{\Sigma}\boldsymbol{T}_k-2\lambda\boldsymbol{T}_k-2\sum_{i=1}^{k-1}\rho_i\boldsymbol{T}_i=0 \tag{6.14}$$

用$\boldsymbol{T}_i'$左乘式(6.14)有

$$\boldsymbol{T}_i'\boldsymbol{\Sigma}\boldsymbol{T}_k-\lambda\boldsymbol{T}_i'\boldsymbol{T}_k-\boldsymbol{T}_i'\left(\sum_{i=1}^{k-1}\rho_i\boldsymbol{T}_i\right)=0$$

即有$\rho_i\boldsymbol{T}_i'\boldsymbol{T}_i=0$，那么$\rho_i=0$（$i=1,2,\cdots,k-1$），从而

$$(\boldsymbol{\Sigma}-\lambda \boldsymbol{I})\boldsymbol{T}_k=0 \tag{6.15}$$

而且

$$\boldsymbol{T}_k'\boldsymbol{\Sigma}\boldsymbol{T}_k=\lambda \tag{6.16}$$

对于$\boldsymbol{X}$的协差阵$\boldsymbol{\Sigma}$的特征根$\lambda_1 \geqslant \lambda_2 \geqslant \cdots \geqslant \lambda_p \geqslant 0$。由式(6.15)和式(6.16)可知$Y_k$的最大方差值为第$k$大特征根$\lambda_k$，其相应的单位化的特征向量为$\boldsymbol{T}_k$。

综上所述，设$\boldsymbol{X}=(X_1,X_2,\cdots,X_p)'$的协差阵为$\boldsymbol{\Sigma}$，其特征根为$\lambda_1 \geqslant \lambda_2 \geqslant \cdots \geqslant \lambda_p \geqslant 0$，相应的单位化的特征向量为$\boldsymbol{T}_1,\boldsymbol{T}_2,\cdots,\boldsymbol{T}_p$。那么，由此所确定的主成分为$Y_1=\boldsymbol{T}_1'\boldsymbol{X}$，$Y_2=\boldsymbol{T}_2'\boldsymbol{X}$，$\cdots$，$Y_m=\boldsymbol{T}_m'\boldsymbol{X}$，其方差分别为$\boldsymbol{\Sigma}$的特征根。

这里应该注意，在实际应用中一般不是取p个主成分。关于主成分个数m的确定，将在第三节进行介绍。

第三节 主成分的性质

一、主成分的一般性质

设$\boldsymbol{Y}=(Y_1,Y_2,\cdots,Y_p)'$是$\boldsymbol{X}$的主成分，由$\boldsymbol{\Sigma}$的所有特征根构成的对角阵为

$$\boldsymbol{\Lambda}=\begin{bmatrix}\lambda_1 & & 0\\ & \ddots & \\ 0 & & \lambda_p\end{bmatrix} \tag{6.17}$$

主成分可表示为

$$\boldsymbol{Y}=\boldsymbol{T}'\boldsymbol{X} \tag{6.18}$$

性质 1 主成分的协差阵是对角阵。

证明 实际上，由式(6.3)知

$$\begin{aligned}E(\boldsymbol{Y})&=E(\boldsymbol{T}'\boldsymbol{X})=\boldsymbol{T}'\boldsymbol{\mu}\\ D(\boldsymbol{Y})&=\boldsymbol{T}'D(\boldsymbol{X})\boldsymbol{T}=\boldsymbol{T}'\boldsymbol{\Sigma}\boldsymbol{T}=\boldsymbol{\Lambda}\end{aligned} \tag{6.19}$$

性质 2 主成分的总方差等于原始变量的总方差。

证明 由矩阵“迹”的性质知

$$\mathrm{tr}(\boldsymbol{\Lambda})=\mathrm{tr}(\boldsymbol{T}'\boldsymbol{\Sigma}\boldsymbol{T})=\mathrm{tr}(\boldsymbol{\Sigma}\boldsymbol{T}\boldsymbol{T}')=\mathrm{tr}(\boldsymbol{\Sigma})$$

所以

$$\sum_{i=1}^{p}\lambda_i=\sum_{i=1}^{p}\sigma_{ii} \tag{6.20}$$

或

$$\sum_{i=1}^{p}D(Y_i)=\sum_{i=1}^{p}D(X_i) \tag{6.21}$$

性质 3 主成分Y_k与原始变量X_i的相关系数为

$$\rho(Y_k, X_i) = \frac{\sqrt{\lambda_k}}{\sqrt{\sigma_{ii}}} t_{ki} \tag{6.22}$$

并称之为因子负荷量(或因子载荷量)。

证明 事实上

$$\rho(Y_k, X_i) = \frac{\text{cov}(Y_k, X_i)}{\sqrt{D(Y_k)D(X_i)}} = \frac{\text{cov}(\boldsymbol{T}_k'\boldsymbol{X}, \boldsymbol{e}_i'\boldsymbol{X})}{\sqrt{\lambda_k \sigma_{ii}}}$$

其中，$\boldsymbol{e}_i = (0,\cdots,0,1,0,\cdots,0)'$，它是除第 i 个元素为 1 外其他元素均为 0 的单位向量。而

$$\text{cov}(\boldsymbol{T}_k'\boldsymbol{X}, \boldsymbol{e}_i'\boldsymbol{X}) = \boldsymbol{T}_k'\boldsymbol{\Sigma}\boldsymbol{e}_i = \boldsymbol{e}_i'(\boldsymbol{\Sigma}\boldsymbol{T}_k) = \boldsymbol{e}_i'(\lambda_k \boldsymbol{T}_k) = \lambda_k \boldsymbol{e}_i'\boldsymbol{T}_k = \lambda_k t_{ki}$$

所以 $\rho(Y_k, X_i) = \frac{\sqrt{\lambda_k}}{\sqrt{\sigma_{ii}}} t_{ki}$。

性质 4 $\sum_{i=1}^{p} \rho^2(Y_k, X_i) \cdot \sigma_{ii} = \lambda_k$（$k = 1,2,\cdots,p$）。

证明 只需将式(6.22)代入左边式子整理化简即可。

二、主成分的方差贡献率

由主成分的性质 2 可以看出，主成分分析把 p 个原始变量 $X_1, X_2, \cdots, X_p$ 的总方差 $\text{tr}(\boldsymbol{\Sigma})$ 分解成了 p 个相互独立的变量 $Y_1, Y_2, \cdots, Y_p$ 的方差之和 $\sum_{k=1}^{p} \lambda_k$。主成分分析的目的是减少变量的个数，所以一般不会使用所有 p 个主成分，忽略一些带有较小方差的主成分将不会给总方差带来太大的影响。这里称

$$\varphi_k = \lambda_k \Big/ \sum_{k=1}^{p} \lambda_k \tag{6.23}$$

为第 k 个主成分 Y_k 的贡献率。第一主成分的贡献率最大，这表明 $Y_1 = \boldsymbol{T}_1'\boldsymbol{X}$ 综合原始变量 $X_1, X_2, \cdots, X_p$ 的能力最强，而 $Y_2, Y_3, \cdots, Y_p$ 的综合能力依次递减。若只取 $m(< p)$ 个主成分，则称

$$\psi_m = \sum_{k=1}^{m} \lambda_k \Big/ \sum_{k=1}^{p} \lambda_k \tag{6.24}$$

为主成分 $Y_1, Y_2, \cdots, Y_m$ 的累计贡献率，累计贡献率表明 $Y_1, Y_2, \cdots, Y_m$ 综合 $X_1, X_2, \cdots, X_p$ 的能力。通常取 m，使得累计贡献率达到一个较高的百分数(如 85%以上)。

第四节 主成分分析应用中应注意的问题

一、实际应用中主成分分析的出发点

前面讨论的主成分计算是从协差阵 $\boldsymbol{\Sigma}$ 出发的，其结果受变量单位的影响。不同的变量往往有不同的单位，对同一变量单位的改变会产生不同的主成分，主成分倾向于多归

纳方差大的变量的信息，对于方差小的变量就可能体现得不够，也存在“大数吃小数”的问题。为使主成分分析能够均等地对待每一个原始变量，消除由于单位的不同可能带来的影响，常常将各原始变量进行标准化处理，即令

$$X_i^* = \frac{X_i - E(X_i)}{\sqrt{D(X_i)}} \quad , \quad i=1,2,\cdots,p \tag{6.25}$$

显然，$\boldsymbol{X}^*=(X_1^*,X_2^*,\cdots,X_p^*)'$ 的协差阵就是 $\boldsymbol{X}$ 的相关阵 $\boldsymbol{R}$。实际应用中，$\boldsymbol{X}$ 的相关阵 $\boldsymbol{R}$ 可以通过式(2.13)利用样本数据来估计。

这里需要进一步强调的是，从相关阵求得的主成分与协差阵求得的主成分一般情况是不相同的。实际表明，这种差异有时很大。可以认为，如果各指标之间的数量级相差悬殊，特别是各指标有不同的物理量纲，较为合理的做法是使用 $\boldsymbol{R}$ 代替 $\boldsymbol{\Sigma}$。对于研究经济问题所涉及的变量单位大都不统一，采用 $\boldsymbol{R}$ 代替 $\boldsymbol{\Sigma}$ 后，可以看成用标准化的数据做分析，这样使得主成分有现实经济意义，不仅便于剖析实际问题，又可以避免突出数值大的变量。

因此，在实际应用中，主成分分析的具体步骤可以归纳如下：

(1) 将原始数据标准化；

(2) 建立变量的相关阵；

(3) 求 $\boldsymbol{R}$ 的特征根为 $\lambda_1^* \geqslant \lambda_2^* \geqslant \cdots \geqslant \lambda_p^* \geqslant 0$，相应的特征向量为 $\boldsymbol{T}_1^*,\boldsymbol{T}_2^*,\cdots,\boldsymbol{T}_p^*$；

(4) 由累积方差贡献率确定主成分的个数 (m)，并写出主成分为

$$Y_i=(\boldsymbol{T}_i^*)'\boldsymbol{X}, \quad i=1,2,\cdots,m$$

二、如何利用主成分分析进行综合评价

人们在对某个单位或某个系统进行综合评价时都会遇到如何选择评价指标体系和如何对这些指标进行综合的困难。一般情况下，选择评价指标体系后通过对各指标加权的办法进行综合。但是，如何对指标加权是一项具有挑战性的工作。指标加权的依据是指标的重要性，指标在评价中的重要性判断难免带有一定的主观性，这影响了综合评价的客观性和准确性。由于主成分分析能从选定的指标体系中归纳出大部分信息，根据主成分提供的信息进行综合评价，不失为一个可行的选择。这个方法是根据指标间的相对重要性进行客观加权，可以避免综合评价者的主观影响，在实际应用中越来越受到人们的重视。

对主成分进行加权综合，利用主成分进行综合评价时，主要是将原有的信息进行综合，因此要充分利用原始变量提供的信息。将主成分的权数根据它们的方差贡献率来确定，因为方差贡献率反映了各个主成分信息含量的多少。设 $Y_1,Y_2,\cdots,Y_p$ 是所求出的 p 个主成分，它们的特征根分别是 $\lambda_1,\lambda_2,\cdots,\lambda_p$，将特征根“归一化”，即有

$$w_i=\frac{\lambda_i}{\sum_{i=1}^{m}\lambda_i}, \quad i=1,2,\cdots,p$$

记为 $\boldsymbol{W}=(w_1,w_2,\cdots,w_p)'$，由 $\boldsymbol{Y}=\boldsymbol{T}'\boldsymbol{X}$，构造综合评价函数为

$$Z=w_1Y_1+w_2Y_2+\cdots+w_pY_p=\boldsymbol{W}'\boldsymbol{Y}=\boldsymbol{W}'\boldsymbol{T}'\boldsymbol{X}=(\boldsymbol{TW})'\boldsymbol{X} \tag{6.26}$$

令 $\boldsymbol{TW}=\boldsymbol{W}_{k\times 1}^*$，并代入式(6.26)，有

$$Z=(W^*)'X \tag{6.27}$$

这里应该注意，从本质上说综合评价函数是对原始指标的线性综合，从计算主成分到对之加权，经过两次线性运算后得到综合评价函数。

第五节 实例分析与计算机实现

一、主成分分析实例 1

研究各省(自治区、直辖市)社会经济发展水平，制定经济发展战略对促进国民经济协调发展有着非常重要的意义。这里选取 15 个指标组成社会经济发展水平评价的指标体系(表 6.1)，即经营单位所在地进出口总额、全社会固定资产投资中利用外资、城镇单位在岗职工平均工资、社会消费品零售总额、医疗卫生机构数、普通高等学校在校学生数、城镇居民人均可支配收入、农村居民人均可支配收入、地方财政一般预算收入、城镇单位就业人员、地区生产总值、第三产业增加值、全社会固定资产投资、人均地区生产总值、外商及港澳台商投资工业企业利润总额。

(一)操作步骤

(1)加载 R 包。

```
library(psych)       #利用psych包做主成分分析
library(tidyverse)   #用于数据加载及预处理
```

(2)读取数据。

```
d<-read_csv('c6_1.csv')
nms <- d[['地区']]   #保存地区名称
d<-d[,-1]            #去掉第一列(地区名称)
d[is.na(d)]<-0               #将缺失值填补为0
d<-data.frame(d)     #将数据转换为数据框
options(digits=2)    #输出显示小数点后2位
```

(3)数据标准化。

```
d<-scale(x=d)
```

(4)确定提取主成分数目。利用 fa.parallel 函数绘制碎石图，可以判断提取主成分的合适数量。

```
fa.parallel(d, fa = 'pc')
```

这里，“d”是数据框，“fa”设置为“pc”表示提取主成分(“fa”表示提取因子)。图 6.2 的碎石图中，“PC Actual Data”表示实际数据的主成分，“PC Simulated Data”表示模拟数据的主成分，“PC Resampled Data”表示随机采样数据的主成分。可以看出：一方面主成分数目超过 2 之后，实际数据的主成分特征根均小于其他两组数据主成分的特征根；另一方面从第 3 主成分开始，特征值变化不大且明显小于前两个主成分的特征值，因此选择 2 个主成分较为合适。

表 6.1 我国各省(自治区、直辖市)社会经济发展指标

地区	经营单位所在地进出口总额/10^3美元	全社会固定资产投资中利用外资/亿元	城镇单位在岗职工平均工资/元	社会消费品零售总额/亿元	医疗卫生机构数/个	普通高等学校在校学生数/万人	城镇居民人均可支配收入/元	农村居民人均可支配收入/元	地方财政一般预算收入/亿元	城镇单位就业人员/万人	地区生产总值/亿元	第三产业增加值/亿元	全社会固定资产投资/亿元	人均地区生产总值/(元/人)	外商及港澳台商投资工业企业利润总额/亿元
北京市	324017423	21.53	134994	11575.4	9976	59.29	62406.3	24240.5	5430.79	812.86	28014.94	22567.76	8370.44	128994	776.84
天津市	112919165	32.02	96965	5729.7	5539	51.47	40277.5	21753.7	2310.36	269.48	18549.19	10786.64	11288.92	118944	461.66
河北省	49855543	74.71	65266	15907.6	80912	126.89	30547.8	12880.9	3233.83	535.32	34016.32	15040.13	33406.8	45387	401.76
山西省	17186875	9.17	61547	6918.1	42490	76.3	29131.8	10787.5	1867	428.68	15528.42	8030.37	6040.54	42060	134.43
内蒙古自治区	13873523	3.5	67688	7160.2	24218	44.81	35670	12584.3	1703.21	280.63	16096.21	8046.76	14013.16	63764	135.58
辽宁省	99595084	191.93	62545	13807.2	35767	98.1	34993.4	13746.8	2392.77	519.48	23409.24	12307.16	6676.74	53527	583.66
吉林省	18542971	21.22	62908	7855.8	20828	64.39	28318.7	12950.4	1210.91	307.06	14944.53	6850.66	13283.89	54838	98.95
黑龙江省	18951195	28.37	59995	9099.2	20283	73.42	27446	12664.8	1243.31	413.01	15902.68	8876.83	11291.98	41916	115.28
上海市	476196649	18.76	130765	11830.3	5144	51.49	62595.7	27825	6642.26	632.31	30632.99	21191.54	7246.6	126634	1978.15
江苏省	590778136	376.11	79741	31737.4	32037	176.79	43621.8	19158	8171.53	1484.6	85869.76	43169.73	53277.03	107150	3477.47
浙江省	377907471	73.81	82642	24308.5	31979	100.23	51260.7	24955.8	5804.38	1054.5	51768.26	27602.26	31696.03	92057	1205.31
安徽省	54021626	92.77	67927	11192.6	24491	114.74	31640.3	12758.2	2812.45	516.21	27018	11597.45	29275.06	43401	276.94
福建省	171020040	71.46	69029	13013	27217	75.1	39001.4	16334.8	2809.03	672.48	32182.09	14612.67	26416.28	82677	1156.5
江西省	44338984	62.22	63069	7448.1	37791	104.83	31198.1	13241.8	2247.06	463.54	20006.31	8543.07	22085.34	43424	367.8
山东省	264550956	274.33	69305	33649	79050	201.53	36789.4	15117.5	6098.63	1192.94	72634.15	34858.6	55202.72	72807	1140.05
河南省	77630090	83.58	55997	19666.8	71089	200.47	29557.9	12719.2	3407.22	1129.35	44552.83	19308.02	44496.93	46674	270.95
湖北省	46337190	63.73	67736	17394.1	36357	140.09	31889.4	13812.1	3248.32	695.02	35478.09	16507.38	32282.36	60199	583.35
湖南省	36033297	118.64	65994	14854.9	58624	127.32	33947.9	12935.8	2757.82	565.75	33902.96	16759.07	31959.23	49558	201.4

续表

地区	经营单位所在地进出口总额/10^3美元	全社会固定资产投资中利用外资/亿元	城镇单位在岗职工平均工资/元	社会消费品零售总额/亿元	医疗卫生机构数/个	普通高等学校在校学生数/万人	城镇居民人均可支配收入/元	农村居民人均可支配收入/元	地方财政一般预算收入/亿元	城镇单位就业人员/万人	地区生产总值/亿元	第三产业增加值/亿元	全社会固定资产投资/亿元	人均地区生产总值/(元/人)	外商及港澳台商投资工业企业利润总额/亿元
广东省	1006678374	259.69	80020	38200.1	49874	192.58	40975.1	15779.7	11320.35	1963.1	89705.23	48085.73	37761.75	80932	3467.81
广西壮族自治区	57878659	17.54	66456	7813	34008	86.67	30502.1	11325.5	1615.13	398.03	18523.26	8194.11	20499.11	38102	322.85
海南省	10374055	3.49	69062	1618.8	5180	18.55	30817.4	12901.8	674.11	100.86	4462.54	2503.35	4244.4	48430	55.05
重庆市	66601107	68.67	73272	8067.7	19682	74.69	32193.2	12637.9	2252.38	406.39	19424.73	9564.03	17537.05	63442	334.37
四川省	68106058	22.71	71631	17480.5	80481	149.97	30726.9	12226.9	3577.99	792.21	36980.22	18389.74	31902.09	44651	551.17
贵州省	8162313	29.46	75109	4154	28034	62.77	29079.8	8869.1	1613.84	315.22	13540.83	6080.42	15503.86	37956	22.3
云南省	23451109	8.67	73515	6423.1	24684	70.59	30995.9	9862.2	1886.17	422.41	16376.34	7833	18935.99	34221	36.24
西藏自治区	863450	3.46	115549	523.3	6826	3.56	30671.1	10330.2	185.83	33.3	1310.92	674.55	1975.6	39267	5.96
陕西省	40202798	61.85	67433	8236.4	35861	106.94	30810.3	10264.5	2006.69	510.39	21898.81	9274.48	23819.38	57266	168.36
甘肃省	4826333	4.8	65726	3426.6	28857	46.62	27763.4	8076.1	815.73	259.22	7459.9	4038.36	5827.75	28497	1.5
青海省	655751	3.96	76535	839	6375	6.7	29168.9	9462.3	246.2	63.35	2624.83	1224.01	3883.55	44047	1.85
宁夏回族自治区	5039517	4.59	72779	930.4	4271	12.11	29472.3	10737.9	417.59	71.14	3443.56	1612.37	3728.38	50765	45.52
新疆维吾尔自治区	20568530	21.68	68641	3044.6	18724	34.6	30774.8	11045.3	1466.52	335.01	10881.96	4999.23	12089.12	44941	33.33

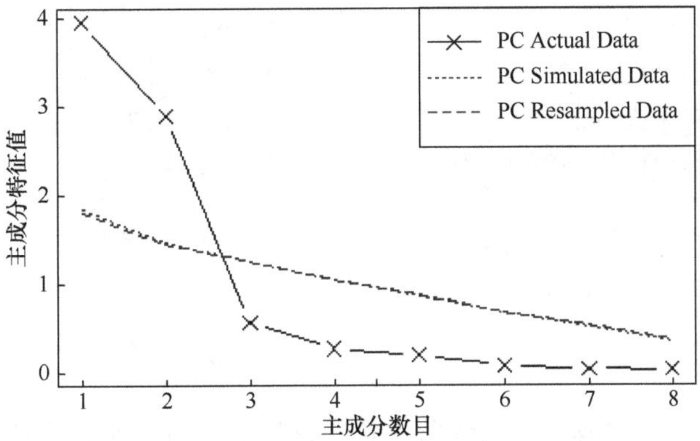

图 6.2　主成分分析碎石图

(5) 提取主成分。

```
p <- principal(d, nfactors = 2, rotate = "none")
```

注: principal 函数的第一个参数为数据框, nfactors 用来指定提取主成分的个数, rotate 用来设定旋转方式。

(二) 输出结果

(1) 特征根。

```
p$values           #所有特征根
## [1] 9.46544 3.75941 0.71809 0.37236 0.24207 0.14317 0.08265 0.07209
## [9] 0.05126 0.04749 0.02069 0.01482 0.00687 0.00306 0.00053
sum(p$values[1:2])/sum(p$values)    #前2个特征根的方差贡献率
## [1] 0.88
```

(2) 主成分载荷矩阵。principal 函数返回值的 loadings 组件包含主成分载荷矩阵信息。

```
p$loadings
##
## Loadings:
##                                      PC1    PC2
## 经营单位所在地进出口总额.千美元.       0.884  0.271
## 全社会固定资产投资中利用外资.亿元.     0.819  -0.275
## 城镇单位在岗职工平均工资.元.           0.191  0.869
## 社会消费品零售总额.亿元.               0.955  -0.247
## 医疗卫生机构数.个.                     0.442  -0.731
## 普通高等学校在校学生数.万人.           0.780  -0.555
## 城镇居民人均可支配收入.元.             0.572  0.761
## 农村居民人均可支配收入.元.             0.595  0.693
## 地方财政一般预算收入.亿元.             0.971  0.131
## 城镇单位就业人员.万人.                 0.961  -0.160
## 地区生产总值.亿元.                     0.978  -0.192
```

```
## 第三产业增加值.亿元.                      0.995
## 全社会固定资产投资.亿元.                  0.762  -0.519
## 人均地区生产总值.元/人.                   0.607  0.713
## 外商及港澳台商投资工业企业利润总额.亿元.  0.904  0.185
##
##                  PC1  PC2
## SS loadings      9.46 3.76
## Proportion Var 0.63 0.25
## Cumulative Var 0.63 0.88
```

可以看出，第一个主成分中，经营单位所在地进出口总额、全社会固定资产投资中利用外资、社会消费品零售总额、地方财政一般预算收入、城镇单位就业人员、地区生产总值、第三产业增加值、外商及港澳台商投资工业企业利润总额等变量的系数绝对值较大，因此第一主成分为反映经济发展的主成分。

在第二主成分中，城镇单位在岗职工平均工资、医疗卫生机构数、城镇居民人均可支配收入等变量的系数绝对值较大，因此第二主成分为反映人民生活质量的主成分。

(3)主成分得分。principal 函数返回值的 scores 组件包含各地区的主成分得分信息。

```
p$scores
##         PC1    PC2
##  [1,]  0.68  2.698
##  [2,] -0.15  1.590
##  [3,]  0.18 -1.099
##  [4,] -0.61 -0.427
##  [5,] -0.57  0.192
##  [6,] -0.03 -0.264
##  [7,] -0.63 -0.121
##  [8,] -0.60 -0.303
##  [9,]  0.89  2.992
## [10,]  2.53 -0.031
## [11,]  1.19  0.902
## [12,] -0.11 -0.476
## [13,]  0.24  0.281
## [14,] -0.29 -0.480
## [15,]  1.73 -1.323
## [16,]  0.59 -1.562
## [17,]  0.24 -0.554
## [18,]  0.16 -0.833
## [19,]  2.82 -0.275
## [20,] -0.47 -0.431
## [21,] -1.02  0.399
## [22,] -0.33  0.063
```

```
## [23,]  0.31 -1.076
## [24,] -0.72 -0.287
## [25,] -0.60 -0.283
## [26,] -1.15  0.856
## [27,] -0.29 -0.490
## [28,] -0.97 -0.367
## [29,] -1.16  0.317
## [30,] -1.10  0.380
## [31,] -0.78  0.013
```

通常可以利用主成分得分代替原有指标做进一步的建模分析，如创建回归模型等。

二、主成分分析实例 2

本案例采用来自 UCI 的 Tarvel Review Ratings 数据集，这个数据集是通过从 Google 评论中获取用户评分来填充的。数据集包含欧洲 24 个类别的景点的评论信息。谷歌用户评分从 1 到 5 不等，并计算了每个类别的平均用户评分。

数据集各属性依次为用户 id、教堂的平均评分、度假村的平均评分、海滩的平均评分、公园的平均评分、剧院的平均评分、博物馆的平均评分、商场平均评分、动物园的平均评分、餐馆的平均评分、酒吧的平均评分、当地服务的平均评分、汉堡/比萨店的平均评分、酒店/其他住宿的平均评分、果汁吧的平均评分、美术馆的平均收评分、舞蹈俱乐部的平均评分、游泳池的平均评分、健身房的平均评分、面包店的平均评分、美容和水疗的平均评分、咖啡馆的平均评分、观察点的平均评分、纪念碑的平均评分、花园的平均评分。

关于本数据集的详细信息见 http://archive.ics.uci.edu/ml/datasets/Tarvel+Review+Ratings。

(一)操作步骤

(1)加载 R 包。

```
library(psych)        #利用psych包做主成分分析
library(tidyverse)    #用于数据加载及预处理
```

(2)读取数据。

```
d0 <- read_csv('c6_2.csv')
names(d0) <- c('uid','churches','resorts','beaches','parks','theatres',
'museums','malls','zoos','restaurants','pubs_bars','services','burger_pizza',
'hotels','juice_bars','galleries','dance_clubs','swimming_pools','gyms',
'bakeries','beauty_spas','cafes','view_points','monuments','gardens')
d <- d0[,-1]          #去除第一列
d <- d[,-dim(d)[2]]   #去除最后一列
d[is.na(d)]<-0        #将缺失值填充为0
options(digits=2)     #输出显示小数点后2位
```

(3) 数据标准化。

```
d<-scale(x=d)
```

(4) 确定提取主成分数目。

```
fa.parallel(d, fa = 'pc')
```

图 6.3 的碎石图中可以看出，一方面主成分数目超过 5 之后，实际数据的主成分特征根均小于其他两组数据主成分的特征根；另一方面从第 5 主成分开始，特征值变化不大且明显小于前两个主成分的特征值，因此选择 5 个主成分较为合适。

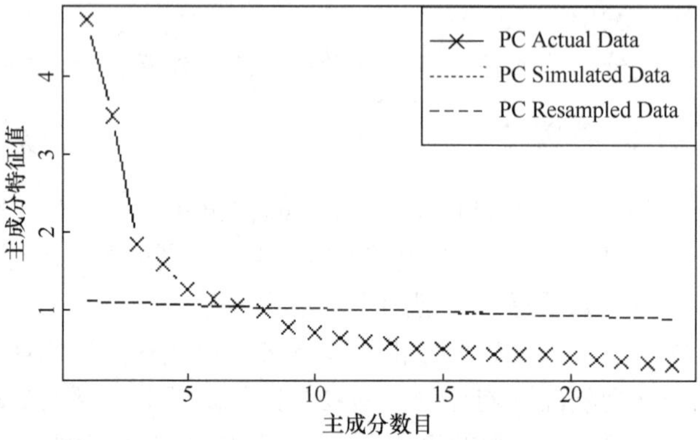

图 6.3 碎石图(主成分分析案例 2)

(5) 提取主成分。

```
p <- principal(d, nfactors = 5, rotate = "none")  #提取前5个主成分
```

(二) 输出结果

(1) 特征根。

```
p$values  #所有特征根
##  [1] 4.72 3.49 1.85 1.60 1.26 1.14 1.07 1.00 0.78 0.71 0.64 0.61 0.58 0.52 0.51
## [16] 0.47 0.44 0.44 0.43 0.40 0.37 0.35 0.33 0.29
```

(2) 主成分载荷矩阵。

```
p$loadings
##
## Loadings:
##                  PC1    PC2    PC3    PC4    PC5
## churches         0.621         0.222         -0.198
## resorts          0.241  -0.275        -0.346
## beaches          0.286  -0.447 -0.310 -0.118
## parks            0.238  -0.637 -0.343 0.202  0.110
## theatres         0.110  -0.704 -0.407 0.172
## museums          -0.179 -0.622 -0.231 -0.192 0.209
```

```
## malls          -0.563 -0.237        -0.278  0.177
## zoos           -0.583 -0.233  0.437
## restaurants    -0.646 -0.102  0.466 -0.167
## pubs_bars      -0.632 -0.100  0.450  0.222
## services       -0.495         0.159  0.613 -0.102
## burger_pizza   -0.386  0.397 -0.393  0.333 -0.192
## hotels         -0.317  0.426 -0.413  0.269 -0.264
## juice_bars     -0.311  0.554 -0.356 -0.159 -0.102
## galleries      -0.191  0.462        -0.343
## dance_clubs     0.203  0.209         0.201  0.690
## swimming_pools  0.336  0.450         0.224  0.542
## gyms            0.381  0.533                0.285
## bakeries        0.393  0.490        -0.161 -0.104
## beauty_spas     0.420  0.280  0.103 -0.358 -0.191
## cafes           0.570  0.145  0.336 -0.193
## view_points     0.601 -0.165  0.225  0.288
## monuments       0.584 -0.141  0.238  0.280 -0.161
## gardens         0.578         0.170  0.216 -0.219
##
##                 PC1    PC2    PC3    PC4    PC5
## SS loadings     4.7    3.49   1.850  1.598  1.264
## Proportion Var  0.2    0.15   0.077  0.067  0.053
## Cumulative Var  0.2    0.34   0.419  0.486  0.539
```

可以看出，第一个主成分中，churches、malls、zoos、restaurants、pubs_bars、beauty_spas、cafes、view_points、monuments、gardens 等变量的系数绝对值较大，主要反映的是旅游观光体验的评价；第二个主成分中，parks、theatres、museums、hotels、juice_bars、galleries、swimming_pools、gyms 等变量的系数绝对值较大，主要反映的是高品质生活设施的评价；第三个主成分中，hotels 的系数绝对值较大，主要反映的是对住宿的评价；第四个主成分中，services 的系数绝对值较大，反映的是对服务质量的评价；第五个主成分中，dance_clubs 与 swimming_pools 的系数绝对值较大，反映的是对一些小众娱乐设施的评价。

(3) 主成分得分。principal 函数返回值的 scores 组件包含各地区的主成分得分信息。

```
p$scores[1:10,]          #查看前10个样本单位的主成分得分
##        PC1   PC2  PC3   PC4  PC5
## [1,] -0.87 -0.86 -1.5 -0.36 0.83
## [2,] -0.91 -0.87 -1.4 -0.35 0.83
## [3,] -0.91 -0.87 -1.4 -0.35 0.83
## [4,] -0.86 -0.88 -1.5 -0.43 0.80
## [5,] -0.91 -0.87 -1.4 -0.35 0.83
## [6,] -0.91 -0.87 -1.4 -0.35 0.83
```

```
##  [7,] -0.53 -1.04 -1.6 -0.87 0.36
##  [8,] -0.72 -1.15 -1.5 -1.12 0.56
##  [9,] -0.57 -1.20 -1.5 -0.82 0.11
## [10,] -0.74 -1.34 -1.5 -1.03 0.33
```

三、小结

在进行主成分分析时，首先应对数据做标准化变换，之后根据碎石图判断提取主成分的数目，最后进行主成分分析。分析过程中涉及的 R 函数见表 6.2。

表 6.2 主成分分析常用函数表

函数	功能
scale	数据标准化变换
fa.parallel	并行计算绘制碎石图
principal	主成分分析

➢ 思考与练习

6.1 试述主成分分析的基本思想。

6.2 主成分分析的作用体现在何处？

6.3 简述主成分分析中累计贡献率的具体含义。

6.4 简述主成分分析中求得的主成分的一般性质。

6.5 试述根据协差阵进行主成分分析和根据相关阵进行主成分分析的区别。

6.6 已知 $\boldsymbol{X}=(X_1,X_2,X_3)'$ 的协差阵为

$$\begin{bmatrix} 11 & \sqrt{3}/2 & 3/2 \\ \sqrt{3}/2 & 21/4 & 5\sqrt{3}/4 \\ 3/2 & 5\sqrt{3}/4 & 31/4 \end{bmatrix}$$

试进行主成分分析。

6.7 设 $\boldsymbol{X}=(X_1,X_2,\cdots,X_p)'$ 的协差阵为

$$\boldsymbol{\Sigma}=\sigma^2\begin{bmatrix} 1 & \rho & \cdots & \rho \\ \rho & 1 & \cdots & \rho \\ \vdots & \vdots & & \vdots \\ \rho & \rho & \cdots & 1 \end{bmatrix}_{p\times p}, \quad 0<\rho<1$$

证明：$\lambda_1=\sigma^2\left[1-\rho(1-p)\right]$为最大特征根，其对应的主成分为$Y_1=\frac{1}{\sqrt{p}}\sum_{i=1}^{p}x_i$。

6.8 城市用水普及率 X_1 (%)、城市燃气普及率 X_2 (%)、每万人拥有公共交通车辆 X_3 (标台)、人均城市道路面积 X_4 (m^2)、人均公园绿地面积 X_5 (m^2)、每万人拥有公共厕所 X_6 (座)等 6 个指标是衡量城市设施水平的主要指标，表 6.3 是 2010 年各地区以上 6 个指标的数值，试用主成分分析法对各地区城市设施水平进行综合评价和排序。

表 6.3 2010 年各地区 6 个指标的数值

地区	X_1	X_2	X_3	X_4	X_5	X_6
北京市	100.00	100.00	14.24	5.57	11.28	3.54
河北省	100.00	100.00	12.05	14.89	8.56	2.01
天津市	99.97	99.07	9.53	17.35	14.23	4.22
山西省	97.26	89.94	6.83	10.66	9.36	3.32
内蒙古自治区	87.97	79.26	6.89	14.89	12.36	4.73
辽宁省	97.44	94.19	9.35	11.19	10.21	2.99
吉林省	89.60	85.64	9.75	12.39	10.27	4.53
黑龙江省	88.43	84.67	10.00	10.00	11.27	6.56
上海市	100.00	100.00	8.82	4.04	6.97	2.62
江苏省	99.56	99.12	10.91	21.26	13.29	3.75
浙江省	99.79	99.07	11.87	16.70	11.05	4.01
安徽省	96.06	90.52	7.73	16.01	10.95	2.55
福建省	99.50	98.92	10.32	12.58	10.99	2.64
江西省	97.43	92.36	7.61	13.77	13.04	2.17
山东省	99.57	99.30	10.18	22.23	15.84	2.05
河南省	91.03	73.43	7.58	10.25	8.65	3.32
湖北省	97.59	91.75	9.47	14.08	9.62	2.91
湖南省	95.17	86.50	10.01	12.95	8.89	2.35
广东省	98.37	95.75	9.53	12.69	13.29	2.06
广西壮族自治区	94.65	92.35	8.07	14.31	9.83	1.76
海南省	89.43	82.44	8.61	13.81	11.22	1.73
重庆市	94.05	92.02	7.23	9.37	13.24	1.55
四川省	90.80	84.39	9.65	11.84	10.19	2.93
贵州省	94.10	69.72	8.46	6.65	7.33	2.21
云南省	96.50	76.40	9.74	10.90	9.30	2.26
西藏自治区	97.42	79.83	20.91	13.25	5.78	4.16
陕西省	99.39	90.39	12.64	13.38	10.67	3.13
甘肃省	91.57	74.29	8.10	12.20	8.12	2.17

续表

地区	X_1	X_2	X_3	X_4	X_5	X_6
青海省	99.87	90.79	18.30	11.42	8.53	4.65
宁夏回族自治区	98.23	88.01	10.63	17.35	16.18	4.18
新疆维吾尔自治区	99.17	95.80	11.66	13.19	8.61	3.23

6.9 根据习题 5.9 中 2010 年我国部分省会城市和计划单列市的主要经济指标数据，利用主成分分析法对这些地区进行综合评价和分类。

6.10 试对你感兴趣的实际问题利用主成分分析进行排序和综合评价。

第七章

因子分析

第一节　引言

一般认为因子分析是从 Charles Spearman 在 1904 年发表的文章《对智力测验得分进行统计分析》开始的，他提出这种方法用来解决智力测验得分的统计方法。目前因子分析在心理学、社会学、经济学等学科中都取得了成功的应用，是多元统计分析中典型方法之一。

因子分析也是一种降维、简化数据的技术，它通过研究众多变量之间的内部依赖关系，探求观测数据中的基本结构，并用少数几个“抽象”的变量来表示其基本的数据结构。这几个抽象的变量称为“因子”，能反映原来众多变量的主要信息。原始的变量是可观测的显在变量，而因子一般是不可观测的潜在变量。例如，在商业企业的形象评价中，消费者可以通过一系列指标构成的一个评价指标体系，评价百货商场的各个方面的优劣。但消费者真正关心的只是三个方面：商店的环境、商店的服务和商品的价格。这三个方面除价格外，商店的环境和服务质量，都是客观存在的、抽象的影响因素，都不便于直接测量，只能通过其他具体指标进行间接反映。因子分析就是一种通过显在变量测评潜在变量，通过具体指标测评抽象因子的统计分析方法。又如，在研究区域社会经济发展中，描述社会与经济现象的指标有很多，过多的指标容易导致分析过程复杂化。一个合适的做法就是从这些关系错综复杂的社会经济指标中提取少数几个主要因子，每一个主要因子都能反映相互依赖的社会经济指标间的共同作用，抓住这些主要因素就可以帮助我们对复杂的社会经济发展问题进行深入分析、合理解释和正确评价。

因子分析的内容非常丰富，常用的因子分析类型是 R 型因子分析和 Q 型因子分析。R 型因子分析是对变量进行因子分析，Q 型因子分析是对样品进行因子分析。本章侧重于讨论 R 型因子分析。

第二节　因子分析模型

一、因子分析的数学模型

(一)R 型因子分析模型

R 型因子分析中的公共因子是不可直接观测但又客观存在的共同影响因素，每一个

变量都可以表示成公共因子的线性函数与特殊因子之和，即

$$X_i = a_{i1}F_1 + a_{i2}F_2 + \cdots + a_{im}F_m + \varepsilon_i, \quad i = 1,2,\cdots,p \tag{7.1}$$

式(7.1)中的 F_1，$F_2,\cdots$，F_m 称为公共因子，ε_i 称为 X_i 的特殊因子。该模型可用矩阵表示为

$$\boldsymbol{X} = \boldsymbol{AF} + \boldsymbol{\varepsilon} \tag{7.2}$$

这里

$$\boldsymbol{A} = \begin{bmatrix} a_{11} & a_{12} & \cdots & a_{1m} \\ a_{21} & a_{22} & \cdots & a_{2m} \\ \vdots & \vdots & & \vdots \\ a_{p1} & a_{p2} & \cdots & a_{pm} \end{bmatrix} = (A_1, A_2, \cdots, A_m)$$

$$\boldsymbol{X} = \begin{bmatrix} X_1 \\ X_2 \\ \vdots \\ X_p \end{bmatrix}, \quad \boldsymbol{F} = \begin{bmatrix} F_1 \\ F_2 \\ \vdots \\ F_m \end{bmatrix}, \quad \boldsymbol{\varepsilon} = \begin{bmatrix} \varepsilon_1 \\ \varepsilon_2 \\ \vdots \\ \varepsilon_p \end{bmatrix}$$

且满足：

(1) $m \leqslant p$；

(2) $\operatorname{cov}(\boldsymbol{F},\boldsymbol{\varepsilon}) = 0$，即公共因子与特殊因子是不相关的；

(3) $\boldsymbol{D}_F = D(\boldsymbol{F}) = \begin{bmatrix} 1 & & & 0 \\ & 1 & & \\ & & \ddots & \\ 0 & & & 1 \end{bmatrix} = \boldsymbol{I}_m$，即各个公共因子不相关且方差为 1；

(4) $\boldsymbol{D}_\varepsilon = D(\boldsymbol{\varepsilon}) = \begin{bmatrix} \sigma_1^2 & & & 0 \\ & \sigma_2^2 & & \\ & & \ddots & \\ 0 & & & \sigma_p^2 \end{bmatrix}$，即各个特殊因子不相关，方差不要求相等。

模型中的 a_{ij} 称为因子载荷，是第 i 个变量在第 j 个因子上的负荷，如果把变量 X_i 看成 m 维空间中的一个点，则 a_{ij} 表示它在坐标轴 F_j 上的投影，因此矩阵 $\boldsymbol{A}$ 称为因子载荷矩阵。

(二)Q 型因子分析模型

类似地，Q 型因子分析的数学模型可表示为

$$X_i = a_{i1}F_1 + a_{i2}F_2 + \cdots + a_{im}F_m + \varepsilon_i, \quad i = 1,2,\cdots,n \tag{7.3}$$

Q 型因子分析模型与 R 型因子分析模型的差异体现在，$X_1, X_2, \cdots, X_n$ 表示的是 n 个样品。

无论是R型因子分析还是Q型因子分析，都用公共因子 $\boldsymbol{F}$ 代替 $\boldsymbol{X}$，一般要求 $m < p$，

$m<n$，因此因子分析与主成分分析一样，也是一种降低变量维数的方法。下面将看到，因子分析的求解过程同主成分分析类似，也是从一个协差阵出发的。

因子分析与主成分分析有许多相似之处，但这两种模型又存在明显的不同。主成分分析的数学模型本质上是一种线性变换，是将原始坐标变换到变异程度大的方向上去，相当于从空间上转换观看数据的角度，突出数据变异的方向，归纳重要信息。而因子分析从本质上看是从显在变量去“提炼”潜在因子的过程。正因为因子分析是一个提炼潜在因子的过程，因子的个数 m 取多大是要通过一定规则确定的，并且因子的形式也不是唯一确定的。一般来说，作为“自变量”的因子 $F_1, F_2, \cdots, F_m$ 是不可直接观测的。这里应该注意几个问题。

第一，变量 $\boldsymbol{X}$ 的协差阵 $\boldsymbol{\Sigma}$ 的分解式为

$$\begin{aligned} D(\boldsymbol{X}) &= D(\boldsymbol{AF}+\boldsymbol{\varepsilon}) = E[(\boldsymbol{AF}+\boldsymbol{\varepsilon})(\boldsymbol{AF}+\boldsymbol{\varepsilon})'] \\ &= \boldsymbol{A}E(\boldsymbol{FF}')\boldsymbol{A}' + \boldsymbol{A}E(\boldsymbol{F\varepsilon}') + E(\boldsymbol{\varepsilon F}')\boldsymbol{A}' + E(\boldsymbol{\varepsilon\varepsilon}') \\ &= \boldsymbol{A}D(\boldsymbol{F})\boldsymbol{A}' + D(\boldsymbol{\varepsilon}) \end{aligned}$$

由模型(7.2)所满足的条件可知：

$$\boldsymbol{\Sigma} = \boldsymbol{AA}' + \boldsymbol{D}_\varepsilon \tag{7.4}$$

如果 $\boldsymbol{X}$ 为标准化的随机向量，则 $\boldsymbol{\Sigma}$ 就是相关阵 $\boldsymbol{R}=(\rho_{ij})$，即

$$\boldsymbol{R} = \boldsymbol{AA}' + \boldsymbol{D}_\varepsilon \tag{7.5}$$

第二，因子载荷不是唯一的。这是因为对于 $m\times m$ 的正交矩阵 $\boldsymbol{T}$，令 $\boldsymbol{A}^*=\boldsymbol{AT}$，$\boldsymbol{F}^*=\boldsymbol{T}'\boldsymbol{F}$，则模型可以表示为

$$\boldsymbol{X} = \boldsymbol{A}^*\boldsymbol{F} + \boldsymbol{\varepsilon}$$

由于

$$D(\boldsymbol{F}^*) = \boldsymbol{T}'D(\boldsymbol{F})\boldsymbol{T} = \boldsymbol{T}'\boldsymbol{T} = \boldsymbol{I}_{m\times m}$$

$$\mathrm{cov}(\boldsymbol{F}^*, \boldsymbol{\varepsilon}) = E(\boldsymbol{F}^*\boldsymbol{\varepsilon}') = \boldsymbol{T}'E(\boldsymbol{F\varepsilon}') = 0$$

所以仍然满足模型的条件。同样 $\boldsymbol{\Sigma}$ 也可以分解为

$$\boldsymbol{\Sigma} = \boldsymbol{A}^*\boldsymbol{A}^{*\prime} + \boldsymbol{D}_\varepsilon$$

因此，因子载荷矩阵 $\boldsymbol{A}$ 不是唯一的，在实际的应用中常常利用这一点，通过因子的变换，使得新的因子有更好的实际意义。

二、因子载荷矩阵的统计意义

前面的因子分析模型中出现了一个概念，即因子载荷矩阵，实际上因子载荷矩阵存在明显的统计意义。为了对因子分析过程和计算结果做详细的解释，下面对因子载荷矩阵的统计意义加以说明。

(一)因子载荷 a_{ij} 的统计意义

对于因子模型

$$X_i = a_{i1}F_1 + a_{i2}F_2 + \cdots + a_{ij}F_j + \cdots + a_{im}F_m + \varepsilon_i, \quad i = 1, 2, \cdots, p$$

可以得到，X_i 与 F_j 的协方差为

$$\begin{aligned}\operatorname{cov}(X_i, F_j) &= \operatorname{cov}\left(\sum_{k=1}^{m} a_{ik}F_k + \varepsilon_i, F_j\right) \\ &= \operatorname{cov}\left(\sum_{k=1}^{m} a_{ik}F_k, F_j\right) + \operatorname{cov}(\varepsilon_i, F_j) \\ &= a_{ij}\end{aligned}$$

如果对 X_i 作了标准化处理，X_i 的标准差为 1，且 F_j 的标准差为 1，因此

$$r_{X_i,F_j} = \frac{\operatorname{cov}(X_i, F_j)}{\sqrt{D(X_i)}\sqrt{D(F_j)}} = \operatorname{cov}(X_i, F_j) = a_{ij} \tag{7.6}$$

那么从上面的分析可知，对于标准化后的 X_i，a_{ij} 是 X_i 与 F_j 的相关系数，它一方面表示 X_i 对 F_j 的依赖程度，绝对值越大，密切程度越高；另一方面也反映了变量 X_i 对公共因子 F_j 的相对重要性。了解这一点对理解抽象的因子含义有非常重要的作用。

(二)变量共同度 h_i^2 的统计意义

设因子载荷矩阵为 $\boldsymbol{A}$，称第 i 行元素的平方和，即

$$h_i^2 = \sum_{j=1}^{m} a_{ij}^2, \quad i = 1, 2, \cdots, p \tag{7.7}$$

为变量 X_i 的共同度。

由因子模型可知：

$$\begin{aligned}D(X_i) &= a_{i1}^2 D(F_1) + a_{i2}^2 D(F_2) + \cdots + a_{im}^2 D(F_m) + D(\varepsilon_i) \\ &= a_{i1}^2 + a_{i2}^2 + \cdots + a_{im}^2 + D(\varepsilon_i) \\ &= h_i^2 + \sigma_i^2\end{aligned} \tag{7.8}$$

这里应该注意，式(7.8)说明变量 X_i 的方差由两部分组成：第一部分为共同度 h_i^2，它描述了全部公共因子对变量 X_i 的总方差的贡献，反映了公共因子对变量 X_i 的影响程度；第二部分为特殊因子 ε_i 对变量 X_i 的方差的贡献，通常称为个性方差。若对 X_i 作了标准化处理，则有

$$1 = h_i^2 + \sigma_i^2 \tag{7.9}$$

(三)公共因子 F_j 的方差贡献 g_j^2 的统计意义

设因子载荷矩阵为 $\boldsymbol{A}$，称第 j 列元素的平方和，即

$$g_j^2 = \sum_{i=1}^{p} a_{ij}^2, \quad j = 1, 2, \cdots, m$$

为公共因子 F_j 对 $\boldsymbol{X}$ 的贡献，即 g_j^2 表示同一公共因子 F_j 对各变量所提供的方差贡献的总

和，它是衡量每一个公共因子相对重要性的尺度。

第三节 因子载荷矩阵求解

一、因子载荷矩阵的求解

实际应用中建立因子分析的具体模型，关键是根据样本数据估计载荷矩阵 $\boldsymbol{A}$ 。对 $\boldsymbol{A}$ 的估计方法有很多，下面介绍“主轴因子法”，该方法是一种常用的估计方法。

这里假定原始向量 $\boldsymbol{X}=(X_1,X_2,\cdots,X_p)'$ 已作了标准化变换。如果随机向量 $\boldsymbol{X}$ 满足因子模型，即式(7.2)，已知 $\boldsymbol{X}$ 的相关阵为 $\boldsymbol{R}$ ，那么由式(7.5)可知

$$\boldsymbol{R}=\boldsymbol{A}\boldsymbol{A}'+\boldsymbol{D}_\varepsilon$$

令

$$\boldsymbol{R}^*=\boldsymbol{R}-\boldsymbol{D}_\varepsilon=\boldsymbol{A}\boldsymbol{A}'$$

则称 $\boldsymbol{R}^*$ 为 $\boldsymbol{X}$ 的约相关阵。$\boldsymbol{R}^*$ 中的主对角线的元素是 h_i^2，而不是 1，非对角线的元素和 $\boldsymbol{R}$ 中的完全一样，并且 $\boldsymbol{R}^*$ 是一个非负定矩阵。这里记 $\boldsymbol{R}^*=(r_{ij}^*)_{p\times p}$ ，那么

$$r_{ij}^*=\sum_{k=1}^{m}a_{ik}a_{jk}=\begin{cases}\sigma_{ij}, & i\neq j,\\ \sigma_{ii}-\sigma_i^2, & i=j,\end{cases}\quad i,j=1,2,\cdots,p \tag{7.10}$$

我们知道 $\boldsymbol{A}$ 的解是不唯一的，可以有许多。这种方法要求得到的解使得第一公共因子 F_1 对 $\boldsymbol{X}$ 的贡献 $g_1^2=\sum_{i=1}^{p}a_{i1}^2$ 达到最大，第二公共因子 F_2 对 $\boldsymbol{X}$ 的贡献 $g_2^2=\sum_{i=1}^{p}a_{i2}^2$ 次之，…，第 m 个公共因子 F_m 对 $\boldsymbol{X}$ 的贡献最小，即相应的“贡献”依次为 $g_1^2\geqslant g_2^2\geqslant\cdots\geqslant g_m^2$。

现在求 $\boldsymbol{A}_1=(a_{11},a_{21},\cdots,a_{p1})'$ 向量，在条件 $r_{ij}^*=\sum_{k=1}^{m}a_{ik}a_{jk}$（$i,j=1,2,\cdots,p$）下，使得 $g_1^2=\sum_{i=1}^{p}a_{i1}^2$ 达到最大。这是一个条件极值问题，在此构造目标函数为

$$\varphi(a_{11},a_{21},\cdots,a_{p1})=\frac{1}{2}g_1^2-\frac{1}{2}\sum_{i=1}^{p}\sum_{j=1}^{p}\lambda_{ij}\left(\sum_{k=1}^{m}a_{ik}a_{jk}-r_{ij}^*\right) \tag{7.11}$$

其中，λ_{ij} 是拉普拉斯系数，由于 $\boldsymbol{R}^*$ 是对称阵，所以 $\lambda_{ij}=\lambda_{ji}$ 。于是有

$$\begin{cases}\dfrac{\partial\varphi}{\partial a_{i1}}=a_{i1}-\sum_{j=1}^{p}\lambda_{ij}a_{j1}=0, & i=1,2,\cdots,p\\ \dfrac{\partial\varphi}{\partial a_{it}}=-\sum_{j=1}^{p}\lambda_{ij}a_{jt}=0, & t\neq 1\end{cases}$$

两式合并，得到

$$\sum_{j=1}^{p}\lambda_{ij}a_{jt}-\delta_{1t}a_{i1}=0,\quad i=1,2,\cdots,p;t=1,2,\cdots,m \tag{7.12}$$

其中，

$$\delta_{1t}=\begin{cases}1, & t=1\\ 0, & t\neq 1\end{cases}$$

用 a_{i1} 乘式(7.12)，并对 i 求和，得

$$\sum_{j=1}^{p}\left(\sum_{i=1}^{p}\lambda_{ij}a_{i1}\right)a_{jt}-\delta_{1t}\sum_{i=1}^{p}a_{i1}^2=0,\quad t=1,2,\cdots,m$$

这里应该注意到，$g_1^2=\sum_{i=1}^{p}a_{i1}^2$，$\sum_{i=1}^{p}\lambda_{ij}a_{i1}=\sum_{i=1}^{p}\lambda_{ji}a_{i1}=a_{j1}$，即有

$$\sum_{j=1}^{p}a_{j1}a_{jt}-\delta_{1t}g_1^2=0,\quad t=1,2,\cdots,m \tag{7.13}$$

用 a_{it} 乘式(7.13)，并对 t 求和，得

$$\sum_{j=1}^{p}a_{j1}\left(\sum_{t=1}^{m}a_{jt}a_{it}\right)-\sum_{t=1}^{m}\delta_{1t}a_{it}g_1^2=0,\quad i=1,2,\cdots,p$$

由于 $r_{ij}^*=\sum_{t=1}^{m}a_{it}a_{jt}$，那么

$$\sum_{j=1}^{p}r_{ij}^*a_{j1}=a_{i1}g_1^2,\quad i=1,2,\cdots,p$$

用向量表示为

$$(r_{i1}^*,r_{i2}^*,\cdots,r_{ip}^*)\begin{bmatrix}a_{11}\\ \vdots\\ a_{p1}\end{bmatrix}=a_{i1}g_1^2,\quad i=1,2,\cdots,p$$

则有

$$(\boldsymbol{R}^*-\boldsymbol{I}g_1^2)\boldsymbol{A}_1=0$$

因此，g_1^2 是约相关阵 $\boldsymbol{R}^*$ 的最大特征根，$\boldsymbol{A}_1$ 是相应于 g_1^2 的特征向量。

如果记约相关阵 $\boldsymbol{R}^*$ 的最大特征根为 λ_1^*，相应的单位特征向量为 $\boldsymbol{t}_1^*$。考虑到约束条件 $g_1^2=\sum_{i=1}^{p}a_{i1}^2=\boldsymbol{A}_1'\boldsymbol{A}_1=\lambda_1^*$，且 $\boldsymbol{t}_1^{*\prime}\boldsymbol{t}_1^*=1$，则 $\boldsymbol{A}_1$ 应取为

$$\boldsymbol{A}_1=\sqrt{\lambda_1^*}\,\boldsymbol{t}_1^*$$

显然，$\boldsymbol{A}_1$ 仍然是相应于 λ_1^* 的一个特征向量，且满足 $\boldsymbol{A}_1'\boldsymbol{A}_1=\lambda_1^*\boldsymbol{t}_1^{*\prime}\boldsymbol{t}_1^*=\lambda_1^*=g_1^2$。这样就得到了 $\boldsymbol{A}$ 中的第一列 $\boldsymbol{A}_1$。

为了求得载荷矩阵 $\boldsymbol{A}$ 中其余 $m-1$ 列，应该注意到约相关阵 $\boldsymbol{R}^*$ 的谱分解式为

$$\boldsymbol{R}^*=\sum_{i=1}^{p}\lambda_i^*\boldsymbol{t}_i^*\boldsymbol{t}_i^{*\prime}=\boldsymbol{A}_1\boldsymbol{A}_1'+\sum_{i=2}^{p}\lambda_i^*\boldsymbol{t}_i^*\boldsymbol{t}_i^{*\prime} \tag{7.14}$$

并注意到，约相关阵 $\boldsymbol{R}^*$ 还可以分解为

$$\boldsymbol{R}^*=\boldsymbol{A}\boldsymbol{A}'=(\boldsymbol{A}_1,\boldsymbol{A}_2,\cdots,\boldsymbol{A}_m)\begin{bmatrix}\boldsymbol{A}_1'\\ \boldsymbol{A}_2'\\ \vdots\\ \boldsymbol{A}_m'\end{bmatrix}=\sum_{t=1}^{m}\boldsymbol{A}_t\boldsymbol{A}_t'$$

因此，求出 $\boldsymbol{A}_1$ 后，将 $\boldsymbol{R}^*$ 减去 $\boldsymbol{A}_1\boldsymbol{A}_1'$，就得

$$\boldsymbol{R}^*-\boldsymbol{A}_1\boldsymbol{A}_1'=\sum_{t=1}^{m}\boldsymbol{A}_t\boldsymbol{A}_t'$$

对于 $\boldsymbol{R}^*-\boldsymbol{A}_1\boldsymbol{A}_1'$，重复上面的讨论，从式(7.14)可以看出，要求的 $g_2^2=\lambda_2^*$，$\boldsymbol{A}_2=\sqrt{\lambda_2^*}\boldsymbol{t}_2^*$，即 g_2^2 是约相关阵 $\boldsymbol{R}^*$ 的第二大特征根 λ_2^*，$\boldsymbol{A}_2$ 是相应于 λ_2^* 且满足 $g_2^2=\sum\limits_{i=1}^{p}a_{i2}^2=\boldsymbol{A}_2'\boldsymbol{A}_2=\lambda_2^*$ 的特征向量。依此类推，可以求得

$$g_t^2=\lambda_t^*,\quad \boldsymbol{A}_t=\sqrt{\lambda_t^*}\boldsymbol{t}_t^*,\quad t=1,2,\cdots,m$$

其中，λ_t^* 是约相关阵 $\boldsymbol{R}^*$ 的第 t 大特征根，$\boldsymbol{t}_t^*$ 为相应的单位特征向量。这样就求得载荷矩阵为

$$\boldsymbol{A}=\left(\sqrt{\lambda_1^*}\boldsymbol{t}_1^*,\sqrt{\lambda_2^*}\boldsymbol{t}_2^*,\cdots,\sqrt{\lambda_m^*}\boldsymbol{t}_m^*\right)=(\boldsymbol{t}_1^*,\boldsymbol{t}_2^*,\cdots,\boldsymbol{t}_m^*)\begin{bmatrix}\sqrt{\lambda_1^*} & & & 0\\ & \sqrt{\lambda_2^*} & & \\ & & \ddots & \\ 0 & & & \sqrt{\lambda_m^*}\end{bmatrix}$$

这样在模型上就解决了从约相关阵 $\boldsymbol{R}^*$ 出发求载荷矩阵 $\boldsymbol{A}$。

二、约相关阵 $\boldsymbol{R}^*$ 的估计

上面的分析是以首先得到约相关阵 $\boldsymbol{R}^*$ 为基础的，在实际应用中，相关阵 $\boldsymbol{R}$ 和个性方差阵 $\boldsymbol{D}_\varepsilon$ 一般是未知的。由式(7.9)可知：

$$\sigma_i^2=1-h_i^2,\quad i=1,2,\cdots,p$$

所以，估计个性方差 σ_i^2 等价于估计共性方差 h_i^2。σ_i^2（或 h_i^2）的较好估计一般很难直接得到，通常是先给出它的一个初始估计 $\hat{\sigma}_i^2$（或 $\hat{h}_i^2$），待载荷矩阵 $\boldsymbol{A}$ 估计好之后再给出 σ_i^2（或 h_i^2）的最终估计。

个性方差 σ_i^2（或共性方差 h_i^2）的常用初始估计方法如下：

(1) $\hat{h}_i^2$ 取为原始变量 X_i 与其他所有原始变量 $X_1,\cdots,X_{i-1},X_{i+1},\cdots,X_p$ 的复相关系数的平方，则 $\hat{\sigma}_i^2=1-\hat{h}_i^2$。

(2) 取 $\hat{h}_i^2=\max\limits_{i\neq j}|r_{ij}|$，其中 r_{ij} 为 $\boldsymbol{R}$ 中的元素，则 $\hat{\sigma}_i^2=1-\hat{h}_i^2$。

(3) 设 r_{ik}、r_{il} 为 $\boldsymbol{R}$ 的第 i 行上主对角线以外的两个最大值，取

$$\hat{h}_i^2 = \frac{r_{ik} r_{il}}{r_{kl}}$$

则 $\hat{\sigma}_i^2 = 1 - \hat{h}_i^2$。

(4) 取 $\hat{h}_i^2 = 1$，则 $\hat{\sigma}_i^2 = 0$。这样得到的 $\hat{\boldsymbol{A}}$，实际上是针对 $\boldsymbol{R}$ 的主成分解。

这样就可以通过样本估计 $\boldsymbol{R}$ 和 $\boldsymbol{D}_\varepsilon$ 来得到 $\boldsymbol{R}^*$ 的估计量。这里需要说明的是，$\boldsymbol{R}^*$ 的估计量 $\hat{\boldsymbol{R}}^*$ 是由样本估计而来的，可能已不是非负定矩阵了，那么，$\hat{\boldsymbol{R}}^*$ 的部分特征值可能会出现负的。

在进行因子分析时，因子的个数 m 应该取为多少呢？一般可以采用确定主成分个数的原则，也就是寻找一个使得 $\sum_{j=i}^{m} \lambda_j^* \Big/ \sum_{j=i}^{p} \lambda_j^*$ 达到较大百分比(如至少 85%)的自然数 m。取 $\hat{\boldsymbol{R}}^*$ 的前 m 个正特征值 $\lambda_1^* \geqslant \lambda_2^* \geqslant \cdots \geqslant \lambda_m^* > 0$ 及相应的正交单位特征向量 $\boldsymbol{t}_1^*, \boldsymbol{t}_2^*, \cdots, \boldsymbol{t}_m^*$，可以分解式

$$\hat{\boldsymbol{R}}^* = \hat{\boldsymbol{A}}\hat{\boldsymbol{A}}'$$

其中，$\hat{\boldsymbol{A}} = \left(\sqrt{\hat{\lambda}_1^*}\hat{\boldsymbol{t}}_1^*, \sqrt{\hat{\lambda}_2^*}\hat{\boldsymbol{t}}_2^*, \cdots, \sqrt{\hat{\lambda}_m^*}\hat{\boldsymbol{t}}_m^*\right) = (\hat{a}_{ij})_{p\times m}$，这样可以得到 σ_i^2 的最终估计为

$$\hat{\sigma}_i^2 = 1 - \hat{h}_i^2 = 1 - \sum_{j=1}^{m} \hat{a}_{ij}^2, \quad i = 1, 2, \cdots, p$$

在此，称 $\hat{\boldsymbol{A}}$ 和 $\hat{\boldsymbol{D}} = \mathrm{diag}(\hat{\sigma}_1^2, \hat{\sigma}_2^2, \cdots, \hat{\sigma}_p^2)$ 为因子模型的主因子解。

第四节　公共因子重要性的分析

一、因子旋转

因子分析的目标之一就是要对所提取的抽象因子的实际含义进行合理解释。有时直接根据特征根、特征向量求得的因子载荷矩阵难以看出公共因子的含义。例如，可能有些变量在多个公共因子上都有较大的载荷，有些公共因子对许多变量的载荷也不小，说明它对多个变量都有较明显的影响作用。这种因子模型反而是不利于突出主要矛盾和矛盾的主要方面的，也很难对因子的实际背景进行合理的解释。这时需要通过因子旋转的方法，使每个变量仅在一个公共因子上有较大的载荷，而在其余的公共因子上的载荷比较小，至多达到中等大小。这时对于每个公共因子(即载荷矩阵的每一列)，它在部分变量上的载荷较大，在其他变量上的载荷较小，使同一列上的载荷尽可能地向靠近 1 和靠近 0 两极分离。这时就突出了每个公共因子及其载荷较大的那些变量的联系，矛盾的主要方面显现出来了，该公共因子的含义也就能通过这些载荷较大的变量做出合理的说明，这样也显示了该公共因子的重要性。

因子旋转方法有正交旋转和斜交旋转两类，这里重点介绍正交旋转。对公共因子进

行正交旋转就是对载荷矩阵 $\boldsymbol{A}$ 进行一正交变换，右乘正交矩阵 $\boldsymbol{\Gamma}$ ，使得 $\boldsymbol{A\Gamma}$ 有更鲜明的实际意义。旋转以后的公共因子向量为 $\boldsymbol{F}^* = \boldsymbol{\Gamma}'\boldsymbol{F}$ ，它的各个分量 $F_1^*, F_2^*, \cdots, F_m^*$ 也是互不相关的公共因子。根据正交矩阵 $\boldsymbol{\Gamma}$ 的不同选取方式，将构造出不同的正交旋转的方法。实践中，常用的方法是最大方差旋转法，下面主要介绍这一方法。

令

$$\boldsymbol{A}^* = \boldsymbol{A\Gamma} = (a_{ij}^*)_{p\times m}, \quad d_{ij} = a_{ij}^* / h_i$$

$$\bar{d}_j = \frac{1}{p}\sum_{i=1}^{p} d_{ij}^2$$

则 $\boldsymbol{A}^*$ 的第 j 列元素平方的相对方差可定义为

$$V_j = \frac{1}{p}\sum_{i=1}^{p}\left(d_{ij}^2 - \bar{d}_j\right)^2 \tag{7.15}$$

用 a_{ij}^* 除以 h_i 是为了消除各个原始变量 X_i 对公共因子依赖程度不同的影响，选择除数 h_i 是因为 $\boldsymbol{A}^*$ 第 i 行平方和

$$h_i^{*2} = \sum_{j=1}^{m} a_{ij}^{*2} = (a_{i1}^*, a_{i2}^*, \cdots, a_{im}^*)\begin{bmatrix} a_{i1}^* \\ a_{i2}^* \\ \vdots \\ a_{im}^* \end{bmatrix}$$

$$= (a_{i1}, a_{i2}, \cdots, a_{im})\boldsymbol{\Gamma\Gamma}'\begin{bmatrix} a_{i1} \\ a_{i2} \\ \vdots \\ a_{im} \end{bmatrix} = \sum_{j=1}^{m} a_{ij}^2 = h_i^2$$

取 d_{ij}^2 是为了消除 d_{ij} 符号不同的影响。

最大方差旋转法就是选择正交矩阵 $\boldsymbol{\Gamma}$ ，使得矩阵 $\boldsymbol{A}^*$ 所有 m 个列元素平方的相对方差之和

$$V = V_1 + V_2 + \cdots + V_m \tag{7.16}$$

达到最大。

当 $m = 2$ 时，设已求出的因子载荷矩阵为

$$\boldsymbol{A} = \begin{bmatrix} a_{11} & a_{12} \\ a_{21} & a_{22} \\ \vdots & \vdots \\ a_{p1} & a_{p2} \end{bmatrix}$$

现选取正交变换矩阵 $\boldsymbol{\Gamma}$ 进行因子旋转， $\boldsymbol{\Gamma}$ 可以表示为

$$\boldsymbol{\Gamma}=\begin{bmatrix}\cos\theta & -\sin\theta\\ \sin\theta & \cos\theta\end{bmatrix}$$

这里θ是坐标平面上因子轴按顺时针方向旋转的角度，只要求出θ，也就求出了$\boldsymbol{\Gamma}$。

$$\boldsymbol{A}^*=\boldsymbol{A\Gamma}=\begin{bmatrix}a_{11}\cos\theta+a_{12}\sin\theta & -a_{11}\sin\theta+a_{12}\cos\theta\\ a_{21}\cos\theta+a_{22}\sin\theta & -a_{21}\sin\theta+a_{22}\cos\theta\\ \vdots & \vdots\\ a_{p1}\cos\theta+a_{p2}\sin\theta & -a_{p1}\sin\theta+a_{p2}\cos\theta\end{bmatrix}$$

$$=\begin{bmatrix}a_{11}^* & a_{12}^*\\ a_{21}^* & a_{22}^*\\ \vdots & \vdots\\ a_{p1}^* & a_{p2}^*\end{bmatrix}$$

$$d_{ij}=a_{ij}^*/h_i,\quad i=1,2,\cdots,p;\ j=1,2$$

$$\bar{d}_j=\frac{1}{p}\sum_{i=1}^{p}d_{ij}^2,\quad j=1,2$$

这样根据式(7.15)和式(7.16)即可求出$\boldsymbol{A}^*$各列元素平方的相对方差之和V。显然，V是旋转角度θ的函数，按照最大方差旋转法的原则，求θ使得V达到最大。由微积分中求极值的方法，将V对θ求导数，并令其为零，可以推出θ满足：

$$\tan(4\theta)=\frac{D-2AB/p}{C-(A^2-B^2)/p} \tag{7.17}$$

其中，

$$A=\sum_{i=1}^{p}u_i,\qquad B=\sum_{i=1}^{p}v_i$$

$$C=\sum_{i=1}^{p}(u_i^2-v_i^2),\qquad D=2\sum_{i=1}^{p}u_iv_i$$

而

$$u_i=\left(\frac{a_{i1}}{h_i}\right)^2+\left(\frac{a_{i2}}{h_i}\right)^2,\qquad v_i=2\frac{a_{i1}a_{i2}}{h_i^2}$$

当$m>2$时，可以逐次对每两个公共因子进行上述旋转。对公共因子F_l和F_k进行旋转，就是对$\boldsymbol{A}$的第l列和第k列进行正交变换，使这两列元素平方的相对方差之和达到最大，而其余各列不变，其正交变换矩阵为

$$\boldsymbol{\Gamma}_{lk}=\begin{bmatrix}1 & & & & & & & & \\ & \ddots & & & & & & & \\ & & \cos\theta & & & -\sin\theta & & & \\ & & & 1 & & & & & \\ & & & & \ddots & & & & \\ & & & & & 1 & & & \\ & & \sin\theta & & & \cos\theta & & & \\ & & & & & & 1 & & \\ & & & & & & & \ddots & \\ & & & & & & & & 1\end{bmatrix}\begin{matrix} \\ \\ l \\ \\ \\ \\ k \\ \\ \\ \\ \end{matrix}$$

其中，θ 是因子轴 F_l 和 F_k 的旋转角度，矩阵中其余位置上的元素全为 0。m 个公共因子两两配对旋转共需要进行 $\mathrm{Cm}^2=\dfrac{1}{2}m(m-1)$ 次，称其为完成了第一次旋转，并记第一轮旋转后的因子载荷矩阵为 $\boldsymbol{A}^{(1)}$。再重新开始，进行第二轮的 Cm^2 次配对旋转，新的因子载荷矩阵记为 $\boldsymbol{A}^{(2)}$。这样可以得到一系列的因子载荷矩阵为

$$\boldsymbol{A}^{(1)},\boldsymbol{A}^{(2)},\cdots,\boldsymbol{A}^{(s)},\cdots$$

记 $V^{(s)}$ 为 $\boldsymbol{A}^{(s)}$ 各列元素平方的相对方差之和，则必然有

$$V^{(1)}\leqslant V^{(2)}\leqslant\cdots\leqslant V^{(s)}\leqslant\cdots$$

这是一个有界的单调上升数列，因此一定会收敛到某一个极限。在实际应用中，当 $V^{(s)}$ 的值变化不大时，即可停止旋转。

二、因子得分

在因子分析模型 $\boldsymbol{X}=\boldsymbol{AF}+\boldsymbol{\varepsilon}$ 中，如果不考虑特殊因子的影响，当 $m=p$ 且 $\boldsymbol{A}$ 可逆时，可以非常方便地从每个样品的指标取值 $\boldsymbol{X}$ 计算出其在因子 $\boldsymbol{F}$ 上的相应取值：$\boldsymbol{F}=\boldsymbol{A}^{-1}\boldsymbol{X}$，即该样品在因子 $\boldsymbol{F}$ 上的“得分”情况，简称该样品的因子得分。

但是因子分析模型在实际应用中要求 $m<p$，因此不能精确计算出因子的得分情况，只能对因子得分进行估计。估计因子得分的方法也有很多，1939 年汤姆逊(Thomson)给出了一个回归的方法，称为汤姆逊回归法。

该方法假设公共因子可对 p 个原始变量作回归，即

$$\hat{F}_j=b_{j0}+b_{j1}X_1+\cdots+b_{jp}X_p,\quad j=1,2,\cdots,m \tag{7.18}$$

若 F_j、X_i 都标准化了，则回归的常数项为零，即 $b_{j0}=0$。

由因子载荷的统计意义即式(7.6)可知，对于任意的 $i=1,2,\cdots,p$，$j=1,2,\cdots,m$ 都有

$$\begin{aligned}a_{ij}&=r_{X_i,F_j}=E(X_iF_j)\\&=E[X_i(b_{j1}X_1+b_{j2}X_2+\cdots+b_{jp}X_p)]\end{aligned}$$

$$=b_{j1}E(X_iX_1)+b_{j2}E(X_iX_2)+\cdots+b_{jp}E(X_iX_p)$$

$$=b_{j1}r_{i1}+b_{j2}r_{i2}+\cdots+b_{jp}r_{ip}$$

记 $\boldsymbol{B}=\begin{bmatrix} b_{11} & b_{12} & \cdots & b_{1p} \\ b_{21} & b_{22} & \cdots & b_{2p} \\ \vdots & \vdots & & \vdots \\ b_{m1} & b_{m2} & \cdots & b_{mp} \end{bmatrix}$，则上式可写为矩阵形式

$$\boldsymbol{A}=\boldsymbol{R}\boldsymbol{B}'$$

或

$$\boldsymbol{B}=\boldsymbol{A}'\boldsymbol{R}^{-1}$$

于是

$$\hat{\boldsymbol{F}}=\begin{bmatrix} \hat{F}_1 \\ \hat{F}_2 \\ \vdots \\ \hat{F}_m \end{bmatrix}=\begin{bmatrix} b_1'\boldsymbol{X} \\ b_2'\boldsymbol{X} \\ \vdots \\ b_m'\boldsymbol{X} \end{bmatrix}=\boldsymbol{B}\boldsymbol{X}=\boldsymbol{A}'\boldsymbol{R}^{-1}\boldsymbol{X}$$

即得因子得分的估算公式

$$\hat{\boldsymbol{F}}=\boldsymbol{A}'\boldsymbol{R}^{-1}\boldsymbol{X}$$

其中，$\boldsymbol{R}$ 是 $\boldsymbol{X}$ 的相关阵。

第五节　实例分析与计算机实现

一、因子分析实例 1

为分析我国城镇居民消费支出的结构性特征和区域性特征，这里选取我国 31 个省(自治区、直辖市)的城镇居民人均现金消费的 8 项支出进行因子分析，分别是食品烟酒、衣着、居住、生活用品及服务、交通通信、教育文化娱乐、医疗保健、其他用品及服务，见表 7.1。数据来源于 2018 年《中国统计年鉴》。

表 7.1　2017 年我国 31 个省(自治区、直辖市)城镇居民人均现金消费支出（单位：元）

地区	食品烟酒	衣着	居住	生活用品及服务	交通通信	教育文化娱乐	医疗保健	其他用品及服务
北京市	7548.9	2238.3	12295	2492.4	5034	3916.7	2899.7	1000.4
天津市	8647	1944.8	5922.4	1655.5	3744.5	2691.5	2390	845.6
河北省	3912.8	1173.5	3679.4	1066.2	2290.3	1578.3	1396.3	340.1
山西省	3324.8	1206	2933.5	761	1884	1879.3	1359.7	316.1

续表

地区	食品烟酒	衣着	居住	生活用品及服务	交通通信	教育文化娱乐	医疗保健	其他用品及服务
内蒙古自治区	5205.3	1866.2	3324	1199.9	2914.9	2227.8	1653.8	553.8
辽宁省	5605.4	1671.6	3732.5	1191.7	3088.4	2534.5	1999.9	639.3
吉林省	4144.1	1379	2912.3	795.8	2218	1928.5	1818.3	435.9
黑龙江省	4209	1437.7	2833	776.4	2185.5	1898	1791.3	446.6
上海市	10005.9	1733.4	13708.7	1824.9	4057.7	4685.9	2602.1	1173.3
江苏省	6524.8	1505.9	5586.2	1443.5	3496.4	2747.6	1510.9	653.3
浙江省	7750.8	1585.9	6992.9	1345.8	4306.5	2844.9	1696.1	556.1
安徽省	5143.4	1037.5	3397.6	890.8	2102.3	1700.5	1135.9	343.8
福建省	7212.7	1119.1	5533	1179	2642.8	1966.4	1105.3	491
江西省	4626.1	1005.8	3552.2	859.9	1600.7	1606.8	877.8	329.7
山东省	4715.1	1374.6	3565.8	1260.5	2568.3	1948.4	1484.3	363.6
河南省	3687	1184.5	2988.3	1056.4	1698.6	1559.8	1219.8	335.2
湖北省	5098.4	1131.7	3699	1025.9	1795.7	1930.4	1838.3	418.2
湖南省	5003.6	1086.1	3428.9	1054	2042.6	2805.1	1424	316.1
广东省	8317	1230.3	5790.9	1447.4	3380	2620.4	1319.5	714.1
广西壮族自治区	4409.9	564.7	2909.3	762.8	1878.5	1585.8	1075.6	237.1
海南省	5935.9	631.1	2925.6	769	1995	1756.8	1101.2	288.1
重庆市	5943.5	1394.8	3140.9	1245.5	2310.3	1993	1471.9	398.1
四川省	5632.2	1152.7	2946.8	1062.9	2200	1468.2	1320.2	396.8
贵州省	3954	863.4	2670.3	802.4	1781.6	1783.3	851.2	263.5
云南省	3838.4	651.3	2471.1	742	2033.4	1573.7	1125.3	223
西藏自治区	4788.6	1047.6	1763.2	617.2	1176.9	441.6	271.5	213.5
陕西省	4124	1084	2978.6	1036.2	1760.7	1857.6	1704.8	353.7
甘肃省	3886.9	1071.3	2475.1	836.8	1796.5	1537.1	1233.4	282.8
青海省	4453	1265.9	2754.5	929	2409.6	1686.6	1598.7	405.8
宁夏回族自治区	3796.4	1268.9	2861.5	932.4	2616.8	1955.6	1553.6	365.1
新疆维吾尔自治区	4338.5	1305.5	2698.5	943.2	2382.6	1599.3	1466.3	353.4

(一)操作步骤

(1)加载 R 包。

```
library(psych)          #利用psych包做主成分分析
library(tidyverse)      #用于数据加载及预处理
```

(2)读取数据。

```
d<-read_csv('c7_1.csv')
nms <- d[['地区']]          #保存地区名称
d<-d[,-1]                   #去掉第一列(地区名称)
d[is.na(d)]<-0              #将缺失值填补为0
d<-data.frame(d)            #将数据转换为数据框
options(digits=2)           #输出显示小数点后2位
```

(3)数据标准化。

```
d<-scale(x=d)
```

(4)确定因子数目。

```
fa.parallel(d, fa = 'fa')
```

这里 d 是数据框，fa 设置为“fa”表示提取因子。与主成分分析碎石图类似，从图 7.1 中可以看出提取 2 个因子比较合适。

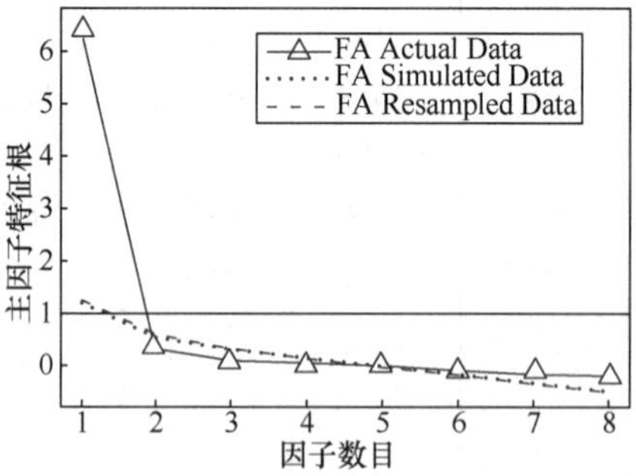

图 7.1 碎石图(因子分析案例 1)

(5)提取因子。利用 fa 函数提取因子：

```
p <- fa(d,fm='pa', nfactors = 2, rotate = "varimax")
```

这里 d 是原始数据；fm 设置为“pa”表示使用主成分提取因子；nfactors 为提取的因子数；rotate 是主轴旋转的方法，这里设置为常见的 varimax。

(二)输出结果

(1)公共因子方差。

```
p$communality
##    食品烟酒        衣..着        居..住    生活用品及服务        交通通信
##    0.81            0.80          0.90      0.87                  0.86
##    教育文化娱乐    医疗保健      其他用品及服务
##    0.84            0.82          0.95
```

(2)特征根。

```
p$values  #所有特征根
## [1]  6.4005  0.4635  0.1539  0.0555  0.0016 -0.0482 -0.0788 -0.0832
sum(p$values[1:2])/sum(p$values)  #前2个特征根的方差贡献率
```

```
## [1] 1
```

(3) 未旋转的因子载荷矩阵。利用 fa 函数可以获得因子载荷矩阵，通过设置 rotate 参数为"none"可以得到未旋转的因子载荷矩阵。

```
p0 <- fa(d,fm='pa', nfactors = 2, rotate = "none")
p0$loadings
##
## Loadings:
##                PA1    PA2
## 食品烟酒        0.815 -0.375
## 衣着            0.809  0.381
## 居住            0.921 -0.230
## 生活用品及服务  0.935
## 交通通信        0.929
## 教育文化娱乐    0.916
## 医疗保健        0.840  0.344
## 其他用品及服务  0.976
##
##                   PA1   PA2
## SS loadings       6.4  0.464
## Proportion Var 0.8  0.058
## Cumulative Var 0.8  0.858
```

可以看到，公共因子在部分原始变量上的载荷没有明显的差别，所以有必要进行旋转。

(4) 旋转后的因子载荷矩阵。设置 fa 函数的 rotate 参数为"varimax"，可以得到旋转后的因子载荷矩阵。

```
p$loadings
##
## Loadings:
##               PA1  PA2
## 食品烟酒       0.85 0.28
## 衣着           0.34 0.83
## 居住           0.83 0.46
## 生活用品及服务 0.68 0.64
## 交通通信       0.68 0.64
## 教育文化娱乐   0.72 0.57
## 医疗保健       0.38 0.82
## 其他用品及服务 0.74 0.63
##
##                   PA1    PA2
## SS loadings       3.67   3.19
## Proportion Var 0.46   0.40
```

```
## Cumulative Var 0.46  0.86
```

从因子载荷矩阵可以看出，第一个因子中，食品烟酒、居住、教育文化娱乐、其他用品及服务等变量的系数绝对值较大，说明这几个变量具有很强的相关性，归为一类，可以命名为一般生活因子。

在第二个因子中，衣着、医疗保健等变量的系数绝对值较大，可以看出这两个变量与气候有关，气候不同导致这两个方面不同的支出，故命名为气象因子。

(5)因子旋转矩阵。

```
p$rot.mat
##       [,1] [,2]
## [1,]  0.74 0.68
## [2,] -0.68 0.74
```

(6)因子得分与综合评分。

```
s <- p$scores #各地区的因子得分
print(s)
##           PA1     PA2
##  [1,]  1.6606  2.5301
##  [2,]  0.6843  1.5023
##  [3,] -0.4789  0.0174
##  [4,] -0.8327 -0.0071
##  [5,] -0.5811  1.1773
##  [6,] -0.2778  1.3011
##  [7,] -0.8833  0.6174
##  [8,] -0.9115  0.6425
##  [9,]  3.2326  0.6462
## [10,]  0.8418  0.4580
## [11,]  1.0607  0.0808
## [12,] -0.0234 -0.7393
## [13,]  1.0865 -1.0391
## [14,]  0.0049 -1.0210
## [15,] -0.4718  0.3185
## [16,] -0.6355 -0.0784
## [17,] -0.4244  0.0686
## [18,] -0.2449 -0.3247
## [19,]  1.6837 -0.3838
## [20,] -0.0113 -1.2602
## [21,]  0.3180 -1.4589
## [22,] -0.3064  0.0778
## [23,] -0.1424 -0.3240
## [24,] -0.2125 -0.9607
## [25,] -0.3168 -0.9258
```

```
## [26,] -0.3075 -1.7203
## [27,] -0.7280  0.1723
## [28,] -0.6965 -0.3466
## [29,] -0.6351  0.3329
## [30,] -0.7308  0.4357
## [31,] -0.7206  0.2107
v <- p$values[1:2]/sum(p$values) #前2个因子的方差贡献率
print(v)
## [1] 0.932 0.068
```

为了进一步进行综合评价，还需要将这两个公共因子以各自的方差贡献率占累计贡献率的比例作为权重来加权计算综合得分。

```
z <- v[1]/sum(v)*s[,1]+v[2]/sum(v)*s[,2]
print(z)
##  [1]  1.719  0.740 -0.445 -0.777 -0.462 -0.171 -0.782 -0.807  3.058  0.816
## [11]  0.995 -0.072  0.943 -0.064 -0.418 -0.598 -0.391 -0.250  1.544 -0.096
## [21]  0.198 -0.280 -0.155 -0.263 -0.358 -0.403 -0.667 -0.673 -0.570 -0.652
## [31] -0.658
```

可以看出，综合评分最高的是上海(9 号样品)，其次是北京(1 号样品)，综合评分最低的是黑龙江(8 号样品)。

二、因子分析实例 2

本实例采用来自 UCI 的 HTRU2 数据集，数据集存储了在高时间分辨率宇宙调查(南部)期间收集的脉冲星候选样本数据。数据集存储了每个样本的 8 个方面的特征数据，分别是综合剖面的平均值、综合剖面的标准偏差、综合剖面的超峰度、综合剖面的偏度、DM-SNR 曲线的平均值、DM-SNR 曲线的标准差、DM-SNR 曲线的超峰度、DM-SNR 曲线的偏度。

关于本数据集的详细描述，见 http://archive.ics.uci.edu/ml/datasets/HTRU2。

(一)操作步骤

(1)加载 R 包。

```
library(psych)          #利用psych包做主成分分析
library(tidyverse)      #用于数据加载及预处理
```

(2)读取数据。

```
d<-read_csv('c7_2.csv',col_names = F)
d<-d[,1:8]              #取前八列
names(d) <- c('mean_ip','sd_ip','kurt_ip','skew_ip','mean_DM_SNR','sd_DM_SNR','kurt_DM_SNR','skew_DM_SNR')
d[is.na(d)]<-0          #将缺失值填补为0
d<-data.frame(d)        #将数据转换为数据框
```

```
options(digits=2)          #输出显示小数点后2位
```

(3)数据标准化。

```
d<-scale(x=d)
```

(4)确定因子数目。

```
fa.parallel(d, fa = 'fa')
```

这里 d 是数据框；fa 设置为“fa”表示提取因子。从图 7.2 中可以看出提取 2 个因子比较合适。

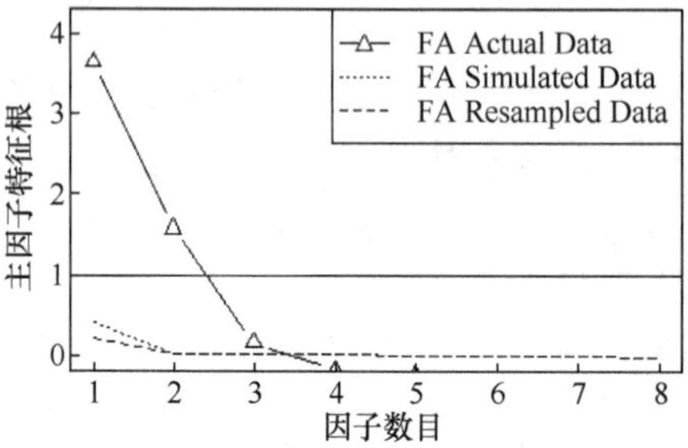

图 7.2 碎石图(因子分析案例 2)

(5)提取因子。利用 fa 函数提取因子。

```
p <- fa(d,fm='pa', nfactors = 2, rotate = "varimax")
```

这里 d 是原始数据；fm 设置为“pa”表示使用主成分提取因子；nfactors 为提取的因子数；rotate 是主轴旋转的方法，这里设置为常见的“varimax”。

(二)输出结果

(1)公共因子方差。

```
p$communality
## mean_ip      sd_ip    kurt_ip     skew_ip  mean_DM_SNR   sd_DM_SNR
## 0.74         0.36     1.02        0.85     0.48          0.76
## kurt_DM_SNR  skew_DM_SNR
## 1.06         0.57
```

(2)特征根。

```
p$values          #所有特征根
## [1]  3.934  1.898  0.398  0.048  0.027 -0.095 -0.143 -0.235
```

(3)未旋转的因子载荷矩阵。

```
p0 <- fa(d,fm='pa', nfactors = 2, rotate = "none")
p0$loadings
##
## Loadings:
##                PA1   PA2
## mean_ip      -0.70 -0.49
```

```
## sd_ip       -0.38 -0.47
## kurt_ip      0.87  0.50
## skew_ip      0.81  0.44
## mean_DM_SNR  0.63 -0.29
## sd_DM_SNR    0.76 -0.44
## kurt_DM_SNR -0.78  0.67
## skew_DM_SNR -0.55  0.52
##
##                  PA1  PA2
## SS loadings     3.93 1.90
## Proportion Var  0.49 0.24
## Cumulative Var  0.49 0.73
```

可以看到,公共因子在部分原始变量上的载荷没有明显的差别,所以有必要进行旋转。

(4)旋转后的因子载荷矩阵。

```
p$loadings
##
## Loadings:
##              PA1    PA2
## mean_ip     -0.157 -0.844
## sd_ip              -0.597
## kurt_ip      0.270  0.971
## skew_ip      0.266  0.882
## mean_DM_SNR  0.653  0.237
## sd_DM_SNR    0.845  0.219
## kurt_DM_SNR -1.026
## skew_DM_SNR -0.755
##
##                  PA1  PA2
## SS loadings     2.93 2.90
## Proportion Var  0.37 0.36
## Cumulative Var  0.37 0.73
```

可以看出，第一个因子中，与 DM-SNR 曲线相关指标(以“DM-SNR”结尾)的系数绝对值较大；而在第二个因子中，与综合剖面相关指标(以“ip”结尾)的系数绝对值较大。两个因子分别从这两方面对数据进行了描述。

(5)因子旋转矩阵。

```
p$rot.mat
##       [,1] [,2]
## [1,]  0.71 0.70
## [2,] -0.70 0.71
```

(6) 因子得分。

```
s <- p$scores #候选者的因子得分
print(s[1:10,])
##          PA1   PA2
##  [1,]  0.087 -0.80
##  [2,] -1.253  0.17
##  [3,] -0.187 -0.15
##  [4,]  0.627 -0.74
##  [5,] -1.447  0.47
##  [6,] -1.135  0.27
##  [7,]  0.319 -0.61
##  [8,] -2.529  0.13
##  [9,]  0.160 -0.10
## [10,] -0.202  0.19
```

通常可以利用因子得分代替原有指标做进一步的建模分析，如创建分类模型等。

三、小结

在进行因子分析时，首先应对数据做标准化变换，然后根据碎石图判断提取主成分的数目，最后进行因子分析。分析过程中涉及的常用函数见表 7.2。

表 7.2 因子分析常用函数表

函数	功能
scale	数据标准化变换
fa.parallel	并行计算绘制碎石图
fa	因子分析

➢ 思考与练习

7.1 试述因子分析与主成分分析的联系与区别。

7.2 因子分析主要可应用于对哪些具体问题的分析？

7.3 简述因子模型 $\boldsymbol{X}=\boldsymbol{A}\boldsymbol{Y}+\boldsymbol{\varepsilon}$ 中载荷矩阵 $\boldsymbol{A}$ 的统计意义。

7.4 在进行因子分析时，为什么要进行因子旋转？最大方差因子旋转的基本思路是什么？

7.5 试述因子分析模型与线性回归模型的区别与联系。

7.6 设某客观现象可用 $\boldsymbol{X}=(X_1,X_2,X_3)'$ 来描述，在因子分析时，从约相关阵出发计算出特征值为 $\lambda_1=1.754$，$\lambda_2=1$，$\lambda_3=0.255$。由于 $(\lambda_1+\lambda_2)/(\lambda_1+\lambda_2+\lambda_3)\geqslant 85\%$，所以找前两个特征值所对应的公共因子即可，又知 λ_1、λ_2 对应的正则化特征向量分别为

$(0.707,-0.316,0.632)'$及$(0,0.899,0.447)'$，要求：

(1) 计算因子载荷矩阵 $\boldsymbol{A}$，并建立因子模型。

(2) 计算共同度 $h_i^2\,(i=1,2,3)$。

(3) 计算第一公共因子对 $\boldsymbol{X}$ 的“贡献”。

7.7　利用因子分析法分析表 7.3 中 30 个学生成绩的因子构成，并分析各个学生较适合学文科还是理科。

表 7.3　30 个学生的成绩

序号	数学	物理	化学	语文	历史	英语
1	65	61	72	84	81	79
2	77	77	76	64	70	55
3	67	63	49	65	67	57
4	80	69	75	74	74	63
5	74	70	80	84	81	74
6	78	84	75	62	71	64
7	66	71	67	52	65	57
8	77	71	57	72	86	71
9	83	100	79	41	67	50
10	86	94	97	51	63	55
11	74	80	88	64	73	66
12	67	84	53	58	66	56
13	81	62	69	56	66	52
14	71	64	94	52	61	52
15	78	96	81	80	89	76
16	69	56	67	75	94	80
17	77	90	80	68	66	60
18	84	67	75	60	70	63
19	62	67	83	71	85	77
20	74	65	75	72	90	73
21	91	74	97	62	71	66
22	72	87	72	79	83	76
23	82	70	83	68	77	85
24	63	70	60	91	85	82
25	74	79	95	59	74	59
26	66	61	77	62	73	64
27	90	82	98	47	71	60
28	77	90	85	68	73	76
29	91	82	84	54	62	60
30	78	84	100	51	60	60

7.8 某汽车组织欲根据一系列指标来预测汽车的销售情况，为了避免有些指标间的相关关系影响预测结果，需首先进行因子分析来简化指标系统。表 7.4 是抽查欧洲某汽车市场 7 个品牌不同型号的汽车的各种指标数据，试用因子分析法找出其简化的指标系统。

表 7.4 欧洲某汽车市场 7 个品牌不同型号汽车的各种指标数据

品牌	价格	发动机	功率	轴距	宽	长	轴距	燃料容量	燃料效率
A	21500	1.8	140	101.2	67.3	172.4	2.639	13.2	28
A	28400	3.2	225	108.1	70.3	192.9	3.517	17.2	25
A	42000	3.5	210	114.6	71.4	196.6	3.850	18.0	22
B	23990	1.8	150	102.6	68.2	178.0	2.998	16.4	27
B	33950	2.8	200	108.7	76.1	192.0	3.561	18.5	22
B	62000	4.2	310	113.0	74.0	198.2	3.902	23.7	21
C	26990	2.5	170	107.3	68.4	176.0	3.179	16.6	26
C	33400	2.8	193	107.3	68.5	176.0	3.197	16.6	24
C	38900	2.8	193	111.4	70.9	188.0	3.472	18.5	25
D	21975	3.1	175	109.0	72.7	194.6	3.368	17.5	25
D	25300	3.8	240	109.0	72.7	196.2	3.543	17.5	23
D	31965	3.8	205	113.8	74.7	206.8	3.778	18.5	24
D	27885	3.8	205	112.2	73.5	200.0	3.591	17.5	25
E	39895	4.6	275	115.3	74.5	207.2	3.978	18.5	22
E	39665	4.6	275	108.0	75.5	200.6	3.843	19.0	22
E	31010	3.0	200	107.4	70.3	194.8	3.770	18.0	22
E	46225	5.7	255	117.5	77.0	201.2	5.572	30.0	15
F	13260	2.2	115	104.1	67.9	180.9	2.676	14.3	27
F	16535	3.1	170	107.0	69.4	190.4	3.051	15.0	25
F	18890	3.1	175	107.5	72.5	200.9	3.330	16.6	25
F	19390	3.4	180	110.5	72.7	197.9	3.340	17.0	27
F	24340	3.8	200	101.1	74.1	193.2	3.500	16.8	25
F	45705	5.7	345	104.5	73.6	179.7	3.210	19.1	22
F	13960	1.8	120	97.1	66.7	174.3	2.398	13.2	33
F	9235	1.0	55	93.1	62.6	149.4	1.895	10.3	45
F	18890	3.4	180	110.5	73.0	200.0	3.389	17.0	27
G	19840	2.5	163	103.7	69.7	190.9	2.967	15.9	24
G	24495	2.5	168	106.0	69.2	193.0	3.332	16.0	24
G	22245	2.7	200	113.0	74.4	209.1	3.452	17.0	26
G	16480	2.0	132	108.0	71.0	186.0	2.911	16.0	27
G	28340	3.5	253	113.0	74.4	207.7	3.564	17.0	23
G	29185	3.5	253	113.0	74.4	197.8	3.567	17.0	23

7.9 根据人均 GDP、第三产业从业人员占全部从业人员的比重、第三产业增加值占GDP 的比重、人均铺装道路面积、万人拥有公共汽电车数、万人拥有医生数、百人拥有电话机数、万人拥有高等学校在校学生人数、人均居住面积、百人拥有公共图书馆藏书、人均绿地面积等十一项指标对目前我国省会城市和计划单列市的城市化进行因子分析，并利用因子得分对其进行排序和评价（数据可从《中国统计年鉴》获取）。

7.10 根据习题 5.9 中 2010 年我国省会城市和计划单列市的主要经济指标数据，利用因子分析法对这些地区进行综合评价和分类。

第八章

相应分析

第一节 引言

相应分析(correspondence analysis)也称为对应分析，其特点是它所研究的变量可以是定性的。通常意义下的相应分析是指对两个定性变量(因素)的多种水平进行相应性研究，因而它的应用越来越广泛，现在这种方法已经成为常用的多元分析方法之一。

在社会、经济及其他领域中，进行数据分析时经常要处理因素与因素之间的关系，以及因素内部各个水平之间的相互关系。例如，评价某一个行业所属企业的经济效益，不仅要研究因素 A (企业按照经济效益好坏的分类情况)和因素 B (经济效益指标之间的关系)，还要研究哪些企业与哪些经济效益指标更密切一些。这就需要相应分析的方法，将经济效益指标和企业状况放在一起进行分类、作图，以便更好地描述两者之间的关系，在经济意义上做出切合实际的解释。

相应分析的思想首先由 Richardson 和 Kuder 于 1933 年提出，后来法国统计学家 Benzécri 等对该方法进行了详细的论述而使其得到了发展。为了把握相应分析方法的实质，本章从列联资料入手，介绍一些基本概念和相应分析的基本理论，并让读者理解相应分析与独立性检验的关系，进一步明确对实际问题进行相应分析研究的必要性所在。

第二节 列联表

一、列联表的概念

在实际中经常要了解两组或多组因素(或变量)之间的关系。设有两组因素 A 和 B，其中因素 A 包含 r 个水平，即 $A_1, A_2, \cdots, A_r$；因素 B 包含 c 个水平，即 $B_1, B_2, \cdots, B_c$。又设有受制于这两个因素的载体(或客体)的集合总体 N。希望通过对总体 N 关于这两组因素的有关资料(或抽样资料)，来分析这两组因素的关系。例如，要考查在某个人群中关于吸烟或不吸烟(因素 A)与得肺癌或不得肺癌(因素 B)两组因素之间的关系。通常的做法是，随机从该人群中抽样，对这两种因素进行调查，设调查了 k 个人，得到一个二维列联表，见表 8.1。

表 8.1 二维列联表

因素 A	因素 B		
	得肺癌(B_1)	不得肺癌(B_2)	
吸烟(A_1)	k_{11}	k_{12}	$k_{1.}$
不吸烟(A_2)	k_{21}	k_{22}	$k_{2.}$
	$k_{.1}$	$k_{.2}$	$k=k_{..}=\sum k_{ij}$

其中，k_{ij} 为调查的 k 人中出现因素 A 的第 i 个水平和因素 B 的第 j 个水平的人数。这样，就得到一个两因素，即吸烟与是否得肺癌的 2×2 列联表。

一般地，设受制于某个载体总体的两个因素为 A 和 B，其中因素 A 包含 r 个水平，即 $A_1, A_2, \cdots, A_r$；因素 B 包含 c 个水平，即 $B_1, B_2, \cdots, B_c$。对这两组因素做随机抽样调查，得到一个 $r\times c$ 的二维列联表，记为 $\boldsymbol{K}=(k_{ij})_{r\times c}$，见表 8.2。

表 8.2 一般的二维列联表

因素 A	因素 B				
	B_1	B_2	$\cdots$	B_c	
A_1	k_{11}	k_{12}	$\cdots$	k_{1c}	$k_{1.}$
A_2	k_{21}	k_{22}	$\cdots$	k_{2c}	$k_{2.}$
$\vdots$	$\vdots$	$\vdots$		$\vdots$	$\vdots$
A_r	k_{r1}	k_{r2}	$\cdots$	k_{rc}	$k_{r.}$
	$k_{.1}$	$k_{.2}$	$\cdots$	$k_{.c}$	$k=k_{..}=\sum k_{ij}$

在表 8.2 中，$k_{i.}=\sum\limits_{j=1}^{c}k_{ij}$ 表示因素 A 的第 i 个水平的样本个数；$k_{.j}=\sum\limits_{i=1}^{r}k_{ij}$ 表示因素 B 的第 j 个水平的样本个数；$k=k_{..}=\sum k_{ij}$ 表示总的样本个数。这样便称 $\boldsymbol{K}=(k_{ij})_{r\times c}$ 为一个 $r\times c$ 的二维列联表。

二、有关记号

为了叙述方便，先引进一些基本概念和记号。

设 $\boldsymbol{K}=(k_{ij})_{r\times c}$ 为一个 $r\times c$ 的列联表(表 8.2)，称元素 k_{ij} 为原始频数。将列联表 $\boldsymbol{K}$ 转化为频率矩阵，记为 $\boldsymbol{F}=(f_{ij})_{r\times c}$，见表 8.3。

表 8.3 一般的二维频率矩阵

因素 A	因素 B				
	B_1	B_2	$\cdots$	B_c	
A_1	f_{11}	f_{12}	$\cdots$	f_{1c}	$f_{1.}$
A_2	f_{21}	f_{22}	$\cdots$	f_{2c}	$f_{2.}$
$\vdots$	$\vdots$	$\vdots$		$\vdots$	$\vdots$
A_r	f_{r1}	f_{r2}	$\cdots$	f_{rc}	$f_{r.}$
	$f_{.1}$	$f_{.2}$	$\cdots$	$f_{.c}$	$1=f_{..}=\sum f_{ij}$

表 8.3 中，$f_{ij}=k_{ij}/k$ 是样本中属于因素 A 的第 i 个水平和因素 B 的第 j 个水平的百分比；$f_{i.}=\sum_{j=1}^{c}f_{ij}$，$f_{.j}=\sum_{i=1}^{r}f_{ij}$，$i=1,2,\cdots,r$，$j=1,2,\cdots,c$。这里记

$$\boldsymbol{f}_r=(f_{1.},f_{2.},\cdots,f_{r.})',\quad \boldsymbol{f}_c=(f_{.1},f_{.2},\cdots,f_{.c})'$$
$$\boldsymbol{D}_r=\mathrm{diag}(f_{1.},f_{2.},\cdots,f_{r.})=\mathrm{diag}(\boldsymbol{f}_r)$$
$$\boldsymbol{D}_c=\mathrm{diag}(f_{.1},f_{.2},\cdots,f_{.c})=\mathrm{diag}(\boldsymbol{f}_c)$$

那么有

$$\boldsymbol{f}_r=\boldsymbol{F}\boldsymbol{I}_c,\quad \boldsymbol{f}_c=\boldsymbol{F}'\boldsymbol{I}_r \tag{8.1}$$

$$\boldsymbol{I}_r'\boldsymbol{f}_r=\boldsymbol{I}_c'\boldsymbol{f}_c=\boldsymbol{I}_r'\boldsymbol{F}\boldsymbol{I}_c=1 \tag{8.2}$$

其中，$\boldsymbol{I}_r=(1,1,\cdots,1)'_{r\times1}$，$\boldsymbol{I}_c=(1,1,\cdots,1)'_{c\times1}$。

从数理统计的角度，$\boldsymbol{K}$ 可视为对两个随机变量（记为 ξ 和 η）调查得到的二维列联表，频率矩阵 $\boldsymbol{F}$ 则表示它们相应的经验联合抽样分布，为

$$P\{\xi=i,\eta=j\}=f_{ij},\quad i=1,2,\cdots,r;\ j=1,2,\cdots,c$$

其中，ξ 与 η 分别表示因素 A 和因素 B 的随机变量；$(f_{1.},f_{2.},\cdots,f_{r.})$ 和 $(f_{.1},f_{.2},\cdots,f_{.c})$ 分别为二维随机变量 (ξ,η) 的抽样边际分布。在此，称 $\boldsymbol{D}_r$ 和 $\boldsymbol{D}_c$ 分别为 ξ 和 η 的边际阵，那么有条件概率为

$$P\{\eta=j\mid\xi=i\}=\frac{P\{\xi=i,\eta=j\}}{P\{\xi=i\}}=\frac{f_{ij}}{f_{i.}},\quad j=1,2,\cdots,c$$

在此称

$$\boldsymbol{f}_c^i=\left(\frac{f_{i1}}{f_{i.}},\frac{f_{i2}}{f_{i.}},\cdots,\frac{f_{ic}}{f_{i.}}\right)'\in\mathbf{R}^c \tag{8.3}$$

为因素 A 的第 i 个水平分布轮廓。称 $\boldsymbol{D}_r^{-1}\boldsymbol{F}$ 为因素 A 的轮廓矩阵。这里应该注意到，$\boldsymbol{f}_c^i$（$i=1,2,\cdots,r$）是超平面 $x_1+x_2+\cdots+x_r=1$ 的一点集。

同理，因素 B 的第 j 个水平的分布轮廓为

$$\boldsymbol{f}_r^j=\left(\frac{f_{1j}}{f_{.j}},\frac{f_{2j}}{f_{.j}},\cdots,\frac{f_{rj}}{f_{.j}}\right)'\in\mathbf{R}^r \tag{8.4}$$

并称 $\boldsymbol{D}_c^{-1}\boldsymbol{F}'$ 为因素 B 的轮廓矩阵，同样 $\boldsymbol{f}_r^j$（$j=1,2,\cdots,c$）是超平面 $y_1+y_2+\cdots+y_c=1$ 的一点集。这里有

$$P\{\xi=i\mid\eta=j\}=\frac{P\{\xi=i,\eta=j\}}{P\{\eta=j\}}=\frac{f_{ij}}{f_{.j}},\quad i=1,2,\cdots,r$$

最后，由式(8.1)和式(8.2)应该明确

$$\boldsymbol{D}_r\boldsymbol{I}_r=\boldsymbol{F}\boldsymbol{I}_c,\quad \boldsymbol{I}_r'\boldsymbol{D}_r\boldsymbol{I}_r=\boldsymbol{I}_r'\boldsymbol{F}\boldsymbol{I}_c=1 \tag{8.5}$$

$$\boldsymbol{D}_c\boldsymbol{I}_c=\boldsymbol{F}'\boldsymbol{I}_r,\quad \boldsymbol{I}_c'\boldsymbol{D}_c\boldsymbol{I}_c=\boldsymbol{I}_c'\boldsymbol{F}'\boldsymbol{I}_r=1 \tag{8.6}$$

从式(8.5)和式(8.6)可以清楚地看到，$\boldsymbol{D}_r$ 和 $\boldsymbol{D}_c$ 中的元素起到了权重的作用，称其为

权重矩阵。

第三节 相应分析的基本理论

我们知道相应分析的主要目的是寻求列联表行因素 A 和列因素 B 的基本分析特征和它们的最优联立表示。为了实现行因素 A 与列因素 B 最优联立表示，进一步剖析行因素 A 内部之间、列因素 B 内部之间，以及行因素 A 和列因素 B 之间的关系，这里将介绍原始的列联资料 $\boldsymbol{K}=(k_{ij})_{r\times c}$ 变换成矩阵 $\boldsymbol{Z}=(z_{ij})_{r\times c}$ 的具体过程，这样使得 z_{ij} 对行因素 A 和列因素 B 具有对等性，在此基础上进行相应分析。

一、原始资料的变换

设 $\boldsymbol{K}=(k_{ij})_{r\times c}$ 为一个 $r\times c$ 的列联资料，其转化后的频率矩阵为 $\boldsymbol{F}=(f_{ij})_{r\times c}$。就因素 A 而言，由式(8.3)可知，第 i 个水平分布轮廓 $\boldsymbol{f}_c^i\in\mathbf{R}^c$（$i=1,2,\cdots,r$）为超平面 $x_1+x_2+\cdots+x_c=1$ 的一点集。如果考虑行因素 A 中各水平之间的远近，引入欧几里得距离，那么第 i 个水平和第 i' 个水平之间的欧几里得距离为

$$D^2(i,i')=\sum_{j=1}^{c}\left(\frac{f_{ij}}{f_{i.}}-\frac{f_{i'j}}{f_{i'.}}\right)^2 \tag{8.7}$$

这样定义的距离没有考虑到列因素 B 的各水平边际概率的影响，为了消除列因素 B 各个水平数量级的影响，应该对每一项加一个权数 $1/f_{.j}$，即有

$$\begin{aligned}D_w^2(i,i')&=\sum_{j=1}^{c}\left(\frac{f_{ij}}{f_{i.}}-\frac{f_{i'j}}{f_{i'.}}\right)^2\frac{1}{f_{.j}}\\&=\sum_{j=1}^{c}\left(\frac{f_{ij}}{f_{i.}\sqrt{f_{.j}}}-\frac{f_{i'j}}{f_{i'.}\sqrt{f_{.j}}}\right)^2\end{aligned} \tag{8.8}$$

称 $D_w^2(i,i')$ 为行因素 A 中第 i 个水平和第 i' 个水平之间的 χ^2 距离。

这里应该注意到，式(8.8)定义的距离 $D_w^2(i,i')$ 也可以看成点集 $\left(\frac{f_{i1}}{f_{i.}\sqrt{f_{.1}}},\frac{f_{i2}}{f_{i.}\sqrt{f_{.2}}},\cdots,\frac{f_{ic}}{f_{i.}\sqrt{f_{.c}}}\right)'$ 中两点 i 和 i' 之间的欧几里得距离（$i=1,2,\cdots,r$）。那么，从加权的角度考察这 r 个点的平均水平，其第 j 个分量的平均水平为

$$\sum_{i=1}^{r}\frac{f_{ij}}{f_{i.}\sqrt{f_{.j}}}\cdot f_{i.}=\frac{1}{\sqrt{f_{.j}}}\sum_{i=1}^{r}f_{ij}=\sqrt{f_{.j}}\,,\quad j=1,2,\cdots,c \tag{8.9}$$

从而计算出关于的因素 B 各水平构成的协差阵为

$$\boldsymbol{\Sigma}_c=(a_{ij})_{c\times c} \tag{8.10}$$

其中，

$$a_{ij}=\sum_{\alpha=1}^{r}\left(\frac{f_{\alpha i}}{f_{\alpha .}\sqrt{f_{.i}}}-\sqrt{f_{.i}}\right)\left(\frac{f_{\alpha j}}{f_{\alpha .}\sqrt{f_{.j}}}-\sqrt{f_{.j}}\right)\cdot f_{\alpha .}$$
$$=\sum_{\alpha=1}^{r}\left(\frac{f_{\alpha i}-f_{\alpha .}f_{.i}}{\sqrt{f_{\alpha .}f_{.i}}}\right)\left(\frac{f_{\alpha j}-f_{\alpha .}f_{.j}}{\sqrt{f_{\alpha .}f_{.j}}}\right)$$
$$=\sum_{\alpha=1}^{r}z_{\alpha i}\cdot z_{\alpha j}$$

其中，

$$z_{\alpha i}=\frac{f_{\alpha i}-f_{\alpha .}f_{.i}}{\sqrt{f_{\alpha .}f_{.i}}}=\frac{k_{\alpha i}/k_{..}-(k_{\alpha .}/k_{..})(k_{.i}/k_{..})}{\sqrt{(k_{\alpha .}/k_{..})(k_{.i}/k_{..})}}=\frac{k_{\alpha i}-(k_{\alpha .}k_{.i}/k_{..})}{\sqrt{k_{\alpha .}k_{.i}}}$$
$$\alpha=1,2,\cdots,r;\ i=1,2,\cdots,c$$

令 $\boldsymbol{Z}=(z_{ij})_{r\times c}$，则式(8.10)可表示为

$$\boldsymbol{\Sigma}_c=\boldsymbol{Z}'\boldsymbol{Z} \tag{8.11}$$

类似地，由式(8.4)可知，针对列因素 B 的第 j 个水平的分布轮廓 $\boldsymbol{f}_r^j\in\mathbf{R}^r$，它是超平面 $y_1+y_2+\cdots+y_r=1$ 的一点集，$j=1,2,\cdots,c$。同样，变换以后得到的关于行因素 A 各水平构成的协差阵为

$$\boldsymbol{\Sigma}_r=\boldsymbol{Z}\boldsymbol{Z}' \tag{8.12}$$

这里需要说明的是，将原始列联表 $\boldsymbol{K}=(k_{ij})_{r\times c}$ 中的数据变换成矩阵 $\boldsymbol{Z}=(z_{ij})_{r\times c}$ 时，行因素 A 和列因素 B 各个水平构成的协差阵分别为 $\boldsymbol{\Sigma}_r=\boldsymbol{Z}\boldsymbol{Z}'$ 和 $\boldsymbol{\Sigma}_c=\boldsymbol{Z}'\boldsymbol{Z}$，矩阵 $\boldsymbol{\Sigma}_r$ 和 $\boldsymbol{\Sigma}_c$ 存在简单的对等关系，这样如果把原始列联表中的数据 k_{ij} 变换成 z_{ij} 以后，z_{ij} 对于两个因素具有对等性。

二、基于 Z 矩阵的分析过程

由矩阵的知识可以知道，$\boldsymbol{\Sigma}_r=\boldsymbol{Z}\boldsymbol{Z}'$ 和 $\boldsymbol{\Sigma}_c=\boldsymbol{Z}'\boldsymbol{Z}$ 有完全相同的非零特征根，记为 $\lambda_1>\lambda_2>\cdots>\lambda_m$，$0<m\leqslant\min\{r,c\}$，设 $\boldsymbol{u}_1,\boldsymbol{u}_2,\cdots,\boldsymbol{u}_m$ 为相对于特征根 $\lambda_1,\lambda_2,\cdots,\lambda_m$ 的关于列因素 B 各水平构成的协差阵 $\boldsymbol{\Sigma}_c$ 的特征向量，则有

$$\boldsymbol{\Sigma}_c\boldsymbol{u}_j=\boldsymbol{Z}'\boldsymbol{Z}\boldsymbol{u}_j=\lambda_j\boldsymbol{u}_j \tag{8.13}$$

用矩阵 $\boldsymbol{Z}$ 左乘式(8.13)两端得

$$\boldsymbol{Z}\boldsymbol{Z}'(\boldsymbol{Z}\boldsymbol{u}_j)=\lambda_j(\boldsymbol{Z}\boldsymbol{u}_j)$$

即有

$$\boldsymbol{\Sigma}_r(\boldsymbol{Z}\boldsymbol{u}_j)=\lambda_j(\boldsymbol{Z}\boldsymbol{u}_j) \tag{8.14}$$

式(8.14)表明 $\boldsymbol{Z}\boldsymbol{u}_j$ 为相对于特征值 λ_j 的关于行因素 A 各水平构成的协差阵 $\boldsymbol{\Sigma}_r$ 的特征向量。这样就建立了相应分析中 R 型因子分析和 Q 型因子分析的关系。也就是说，可以从 R 型因子分析出发直接得到 Q 型因子分析的结果。

这里需要强调的是，由于 $\boldsymbol{\Sigma}_r$ 和 $\boldsymbol{\Sigma}_c$ 有相同的特征根，而这些特征根又表示各个公共因子所提供的方差。那么，在列因素 B 的 c 维空间 $\mathbf{R}^c$ 中的第一公共因子，第二公共因子，…，

直到第 m 个公共因子与行因素 A 的 r 维空间 $\mathbf{R}^r$ 中相对于的各个主因子在总方差中所占的百分比就完全相同。这样就可以用相同的因子轴同时描述两个因素各个水平的情况，把两个因素的各个水平的状况同时反映到具有相同坐标轴的因子平面上。一般情形，取两个公共因子，这样就可以在一张二维平面图上绘出两个因素各个水平的情况，即可以直观地描述两个因素 A 和 B 以及各个水平之间的相关关系。

第四节 相应分析中应注意的问题

我们知道相应分析是分析两组或多组变量之间关系的有效方法，在离散情况下，它是从资料出发通过建立因素间的二维或多维列联表来对数据进行分析。在此我们要问，这种分析是否有意义，或者说对于所给的数据是否值得做这种相应分析。本节将介绍相应分析与独立性检验的内在关系，以此说明应用相应分析方法在解决实际问题时，如何避免盲目性。

设二维列联资料为 $\boldsymbol{K}=(k_{ij})_{r\times c}$（表 8.2），其频率矩阵为 $\boldsymbol{F}=(f_{ij})_{r\times c}$（表 8.3）。用 $p_{i.}$ 表示因素 A 中第 i 水平发生时的概率；$p_{.j}$ 表示因素 B 中第 j 水平发生时的概率，那么其估计值分别为

$$f_{i.}=\frac{k_{i.}}{k} \quad 和 \quad f_{.j}=\frac{k_{.j}}{k}$$

这里关心的是因素 A 和因素 B 是否独立，由此提出要检验的问题是：

H_0：因素 A 和因素 B 是独立的；

H_1：因素 A 和因素 B 不独立。

由上面的假设构造的统计量为

$$\begin{aligned}\chi^2&=\sum_{i=1}^{r}\sum_{j=1}^{c}\frac{(k_{ij}-\hat{E}(k_{ij}))^2}{\hat{E}(k_{ij})}\\&=\sum_{i=1}^{r}\sum_{j=1}^{c}\frac{(k_{ij}-k_{i.}k_{.j}/k)^2}{k_{i.}k_{.j}/k}\\&=k\sum_{i=1}^{r}\sum_{j=1}^{c}(z_{ij})^2\end{aligned}\tag{8.15}$$

其中，$z_{ij}=(k_{ij}-k_{i.}k_{.j}/k)/\sqrt{k_{i.}k_{.j}}$，当假设“$H_0$：因素 A 和因素 B 是独立的”成立时，在 n 足够大的条件下，χ^2 服从自由度为 $(r-1)(c-1)$ 的 χ^2 分布。拒绝区域为

$$\chi^2>\chi^2_{1-\alpha}[(r-1)(c-1)]$$

通过上面的分析，我们应该注意几个问题：

(1) 这里的 z_{ij} 是原始列联资料 $\boldsymbol{K}=(k_{ij})_{r\times c}$ 通过相应变换以后得到的资料阵 $\boldsymbol{Z}=(z_{ij})_{r\times c}$ 的元素。说明 z_{ij} 与 χ^2 统计量有着内在的联系。

(2) 关于因素 B 和因素 A 各水平构成的协差阵 $\boldsymbol{\Sigma}_c$ 和 $\boldsymbol{\Sigma}_r$，由式 (8.15) 知，$\mathrm{tr}(\boldsymbol{\Sigma}_c)=$

$\mathrm{tr}(\boldsymbol{\Sigma}_r)=\chi^2/k$，这里 tr(·) 表示矩阵的迹。

(3) 独立性检验只能判断因素 A 和因素 B 是否独立。若因素 A 和因素 B 独立，则没有必要进行相应分析；若因素 A 和因素 B 不独立，则可以进一步通过相应分析考察两因素各个水平之间的相关关系。

第五节 实例分析与计算机实现

一、相应分析实例 1

为研究我国主要城市的空气质量，这里选取工业二氧化硫排放量、工业氮氧化物排放量、工业烟(粉)尘排放量、生活二氧化硫排放量、生活氮氧化物排放量、生活烟尘排放量等 6 类污染物作为评价指标来进行相应分析（表 8.4），数据来源于 2018 年《中国统计年鉴》。

表 8.4 我国主要城市的空气质量情况(2017 年) (单位：吨)

城市	工业二氧化硫排放量	工业氮氧化物排放量	工业烟(粉)尘排放量	生活二氧化硫排放量	生活氮氧化物排放量	生活烟尘排放量
北京市	3799	15405	4282	16286	7510	6506
天津市	42323	73249	44480	13308	4390	14843
石家庄市	33252	58643	23289	26632	4032	13697
太原市	9759	29416	21858	83913	6719	25152
呼和浩特市	31024	30384	111036	26306	4909	19896
沈阳市	25904	37721	20489	20655	4517	30716
长春市	14300	31293	18269	7344	2130	7100
哈尔滨市	19168	35398	34857	84427	29364	131426
上海市	12651	38335	30262	5838	3703	3091
南京市	15404	46249	44651	170	351	90
杭州市	26497	31123	16343	428	226	305
合肥市	9379	20099	13599	2166	547	1771
福州市	34138	28579	48554	2329	324	1096
南昌市	12128	10605	23416	245	222	599
济南市	16545	21254	25060	15934	2021	7715
郑州市	16472	20706	14012	10345	6404	8494
武汉市	14077	42107	42329	6936	2935	1800
长沙市	3532	9825	7577	4827	612	284
广州市	15285	18920	8614	73	268	24
南宁市	8384	16936	9918	9477	1128	—
海口市	502	259	113	10	97	0
重庆市	139880	86658	68731	113309	8286	4672
成都市	11181	22075	9936	10366	3400	1402
贵阳市	50631	20122	12983	28703	1956	8442
昆明市	44515	35258	19673	5100	688	2428

续表

城市	工业二氧化硫排放量	工业氮氧化物排放量	工业烟(粉)尘排放量	生活二氧化硫排放量	生活氮氧化物排放量	生活烟尘排放量
拉萨市	642	1942	620	490	63	222
西安市	3904	7403	2758	38352	6480	25380
兰州市	20095	27618	15786	10796	2374	4302
西宁市	24120	10865	24144	9065	2323	8390
银川市	13728	19528	21023	15810	2131	8398
乌鲁木齐市	37483	41110	39751	5840	2474	4294

(一)操作步骤

(1)加载 R 包。

```
library(MASS)                  #加载MASS包
library(tidyverse)             #用于数据加载及预处理
```

(2)读取数据。

```
d<-read_csv('c8_1.csv')
nms <- d[['城市']]
d[['城市']] <- NULL
d[is.na(d)]<-0
d<-data.frame(d)               #将数据转换为数据框
rownames(d)<-nms               #将城市名称设置为行名
options(digits=2)              #输出显示小数点后2位
```

(3)利用 corresp 函数进行相应分析。

```
ca1=corresp(d,nf=2)            #相应分析
```

这里 d 是原始数据，nf 取“2”表示提取 2 个主成分。

(二)输出结果

(1)行、列主成分得分。corresp 函数返回值的 rscore 和 cscore 组件包含行、列主成分得分。

```
ca1$rscore                     #行主成分得分
##              [,1]   [,2]
## 北    京 -1.037 -0.421
## 天    津  0.506  0.373
## 石 家 庄  0.095 -0.350
## 太    原 -1.331 -1.174
## 呼和浩特  0.330  1.408
## 沈    阳 -0.581  0.452
## 长    春  0.348  0.466
```

```
## 哈 尔 滨 -2.108  1.116
## 上    海  0.707  0.895
## 南    京  1.248  1.311
## 杭    州  1.207 -0.226
## 合    肥  0.851  0.584
## 福    州  1.167  0.652
## 南    昌  1.205  1.163
## 济    南  0.082  0.142
## 郑    州 -0.150  0.117
## 武    汉  0.856  1.039
## 长    沙  0.476  0.018
## 广    州  1.222 -0.281
## 南    宁  0.432 -0.599
## 海    口  0.843 -1.115
## 重    庆  0.194 -1.667
## 成    都  0.262 -0.481
## 贵    阳  0.021 -1.751
## 昆    明  0.955 -0.722
## 拉    萨  0.435 -0.043
## 西    安 -2.285 -0.584
## 兰    州  0.386 -0.302
## 西    宁  0.201  0.184
## 银    川 -0.086  0.127
## 乌鲁木齐  0.869  0.284
ca1$cscore                  #列主成分得分
##                [,1]  [,2]
## 工业二氧化硫  0.66 -1.00
## 工业氮氧化物  0.57  0.13
## 工业烟(粉)尘  0.69  1.09
## 生活二氧化硫 -1.12 -1.36
## 生活氮氧化物 -1.37  0.54
## 生活烟尘     -2.09  1.37
```

(2)相应分析图见图 8.1。

```
biplot(ca1 ,col=c('black','gray50'),
xlim = c(-1.5,1.5),cex=c(0.7,1))                #双坐标轴图
abline(v=0,h=0,lty=3)   #添加轴线
```

从图 8.1 中可以看出，“空气质量指标”六个指标在第一维度上分布得更分散些，而在第二维度上相对集中些；“地区”这个变量的 31 个城市也具有相同的特点。西安、贵阳和重庆的空气质量是最好的三个城市，其中，贵阳和重庆离工业二氧化硫排放量比较近，离其他指标均比较远，说明这两个城市的工业二氧化硫排放量相对要高一些。而西安离

六个指标都比较远，说明西安的空气质量较高。其他城市的情况如下：哈尔滨的生活烟尘排放量较高，太原的生活二氧化硫排放量较高，武汉的工业烟(粉)尘排放量较高，长沙、乌鲁木齐的工业氮氧化物排放量较高，海口的工业二氧化硫排放量较高。

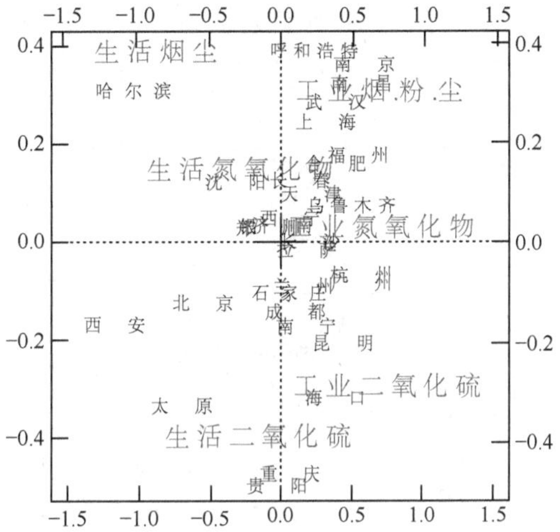

图 8.1 相应分析图(相应分析实例 1)

二、相应分析实例 2

本实例采用来自 UCI 的 Auto-MPG 数据集，数据集涉及以英里①/加仑②为单位的城市循环燃料消耗，包含 3 个多值离散和 5 个连续属性，分别是油耗、气缸数、排气量、马力、重量、加速性能、车型年份、品牌。

关于此数据集的详细介绍，见网址 http://archive.ics.uci.edu/ml/datasets/Auto+MPG。

分析步骤及主要结果(图 8.2)如下：

(1) 加载 R 包。

```
library(MASS)             #加载MASS包
library(tidyverse)        #用于数据加载及预处理
```

(2) 读取数据。

```
d0<-read_table('c8_2.data',col_names = FALSE)
names(d0) <- c('mpg','cyl','disp','hors','weight','acc','org','name')
d0$hors <- as.numeric(d0$hors)
d0 <- na.omit(d0)
d <- d0[,1:6]
options(digits=2)                #输出显示小数点后2位
```

(3) 利用 corresp 函数进行相应分析。

① 1 英里=1.61 千米。

② 1 加仑（UK）=4.55 升，1 加仑（US）=3.79 升，1 加仑（US，dry）=4.41 升。

```
locs <- str_detect(d0$name,'dodge|honda')
d01 <- d0[locs,]
d02 <- d[locs,]
ca1=corresp(d02,nf=2)              #相应分析
biplot(ca1,cex=c(0.8,1),xlim=c(-0.2,0.2),
      ylim=c(-0.08,0.06),col=c('black','gray60'))
```

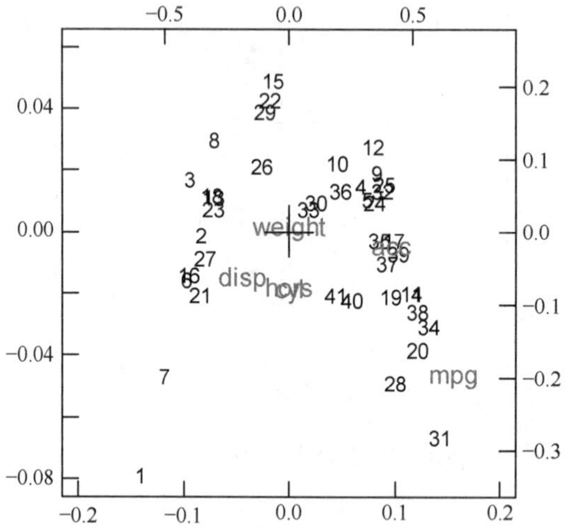

图 8.2　相应分析图（相应分析实例 2）

从图 8.2 中可以看出，各指标在第一维度上分布得更分散些，而在第二维度上相对集中些；各品牌的分布也具有相同特点。可以选择离 disp 较近的 21 与 27 号，离 mpg 较近的 31 与 34 号记录查看。

```
d01[c(21,27,31,34),]
## # A tibble: 4 x 8
##    mpg   cyl   disp  hors  weight acc   org   name
##    <dbl> <dbl> <dbl> <dbl> <dbl>  <dbl> <dbl> <chr>
## 1 19.4  8     318   140   3735   13.2  78 "1\t\"dodge diplomat\""
## 2 18.2  8     318   135   3830   15.2  79 "1\t\"dodge st. regis\"
## 3 36.1  4     91    60    1800   16.4  78 "3\t\"honda civic cvc~
## 4 35.7  4     98    80    1915   14.4  79 "1\t\"dodge colt hatc~
```

可以看出，21 与 27 号两个品牌的汽车都是排气量大、耗油率高的车型；而 31 与 34 号两个品牌是排气量小、耗油率低的车型。

三、小结

在进行相应分析时，直接调用 corresp 函数即可，通常会利用 biplot 函数绘制双坐标图展现相应分析结果。

➢ 思考与练习

8.1 什么是相应分析？它与因子分析有何关系？

8.2 试述相应分析的基本思想和基本步骤。

8.3 在进行相应分析时，应注意哪些问题？

8.4 费希尔研究头发颜色与眼睛颜色的关系时，抽查了 5387 人的资料(表 8.5)，试对其进行相应分析。

表 8.5 5387 人头发颜色与眼睛颜色关系数据

眼睛颜色	头发颜色					合计
	Fair	Red	Medium	Dark	Black	
Blue	326	3	241	110	3	683
Light	688	116	584	188	4	1580
Medium	343	84	909	412	26	1774
Dark	98	48	403	681	85	1315
合计	1455	251	2137	1391	118	5352

8.5 进行十二指肠溃疡手术，有时存在不良的综合征。表 8.6 的数据给出的是在四个医院中进行手术，依不同的手术处理给出的统计，其中不同的手术处理如下：

A. 引流和迷走神经切除　　B. 25%的切除和迷走神经切除

C. 50%的切除和迷走神经切除　　D. 75%的切除

表 8.6 四个不同医院依不同处理统计数据

手术处理	综合征	医院			
		1	2	3	4
A	无	23	18	8	12
	有	9	7	9	10
B	无	23	18	12	15
	有	15	8	8	5
C	无	20	13	11	14
	有	18	15	8	11
D	无	24	9	7	13
	有	16	17	11	10

对上面的数据进行相应分析，研究医院和手术处理类型的关系。

8.6 表 8.7 是某省 12 个地区 10 种恶性肿瘤的死亡率，试用相应分析法分析地区与死因的联系。

表 8.7 某省 12 个地区 10 种恶性肿瘤死亡率

地区	鼻咽癌	食道癌	胃癌	肝癌	肠癌	肺癌	乳腺癌	宫颈癌	膀胱癌	白血病
1	3.89	14.06	48.01	21.39	5.38	9.57	1.65	0.15	0.60	3.29
2	2.17	26.00	24.92	22.75	8.67	10.29	1.08	0.00	0.00	3.25
3	0.00	2.18	5.44	22.84	4.35	17.40	1.09	4.35	0.00	4.35
4	1.46	7.61	31.92	26.94	6.15	15.82	2.05	1.45	0.29	2.93
5	0.89	46.37	11.59	32.10	0.89	9.81	0.89	3.57	0.89	1.78
6	0.60	1.81	16.27	19.28	3.01	6.02	1.20	0.60	0.00	4.82
7	1.74	8.72	3.20	24.70	2.03	4.36	0.00	0.58	2.03	2.62
8	1.98	41.18	44.15	35.22	4.96	14.88	0.00	0.00	0.00	4.96
9	2.14	3.00	13.29	26.58	5.14	8.14	1.71	6.86	0.00	3.00
10	1.83	37.97	10.45	36.13	4.59	14.86	1.65	0.00	0.73	3.67
11	4.71	20.71	23.77	42.84	12.24	24.24	5.41	3.06	0.24	4.24
12	1.66	4.98	6.64	35.71	5.81	18.27	0.83	2.49	0.00	7.47

8.7 根据习题 6.8 中数据，对 2010 年各地区城市建设水平进行相应分析。

8.8 试用相应分析法对一实际问题进行分析。

第九章

典型相关分析

第一节　引言

典型相关(canonical correlation)分析是研究两组变量之间相关关系的一种多元统计方法，它能够揭示出两组变量之间的内在联系。

我们知道，在一元统计分析中，用相关系数来衡量两个随机变量之间的线性相关关系；用复相关系数研究一个随机变量和多个随机变量的线性相关关系。然而，这些统计方法在研究两组变量之间的相关关系时却无能为力，例如，要研究生理指标与训练指标的关系，居民生活环境与健康状况的关系，人口统计变量(户主年龄、家庭年收入、户主受教育程度)与消费变量(每年去餐馆就餐的频率、每年外出看电影的频率)之间是否具有相关关系？阅读能力变量(阅读速度、阅读才能)与数学运算能力变量(数学运算速度、数学运算才能)是否相关？这些多变量间的相关性如何分析？

1936 年霍特林最早就“大学表现”和“入学前成绩”的关系、政府政策变量与经济目标变量的关系等问题进行了研究，提出了典型相关分析技术。之后，Cooley 等对典型相关分析的应用进行了讨论，Kshirsagar 则从理论上给出了最好的分析。

典型相关分析的目的是识别并量化两组变量之间的联系，将两组变量相关关系的分析转化为一组变量的线性组合与另一组变量线性组合之间的相关关系分析。

目前，典型相关分析已被应用于心理学、市场营销等领域，如用于研究个人性格与职业兴趣的关系、市场促销活动与消费者响应之间的关系等。

第二节　典型相关分析的基本理论

一、典型相关分析的基本思想

典型相关分析由霍特林提出，其基本思想和主成分分析非常相似：首先在每组变量中找出变量的线性组合，使得两组线性组合之间具有最大的相关系数；然后选取和最初挑选的这对线性组合不相关的线性组合，使其配对，并选取相关系数最大的一对，如此继续下去，直到两组变量之间的相关性被提取完毕。被选出的线性组合配对称为典型变量，它们的相关系数称为典型相关系数。典型相关系数度量了这两组变量之间联系的强度。

一般情况，设 $\boldsymbol{X}^{(1)}=(X_1^{(1)},X_2^{(1)},\cdots,X_p^{(1)})$，$\boldsymbol{X}^{(2)}=(X_1^{(2)},X_2^{(2)},\cdots,X_q^{(2)})$ 是两个相互关联的随机向量，分别在两组变量中选取若干有代表性的综合变量 U_i、V_i，使得每一个综合变量是原变量的线性组合，即

$$U_i=a_1^{(i)}X_1^{(1)}+a_2^{(i)}X_2^{(1)}+\cdots+a_p^{(i)}X_p^{(1)}\overset{\text{def}}{=}\boldsymbol{a}^{(i)\prime}\boldsymbol{X}^{(1)}$$

$$V_i=b_1^{(i)}X_1^{(2)}+b_2^{(i)}X_2^{(2)}+\cdots+b_q^{(i)}X_q^{(2)}\overset{\text{def}}{=}\boldsymbol{b}^{(i)\prime}\boldsymbol{X}^{(2)}$$

为了确保典型变量的唯一性，只需考虑方差为 1 的 $\boldsymbol{X}^{(1)}$、$\boldsymbol{X}^{(2)}$ 的线性函数 $\boldsymbol{a}^{(i)\prime}\boldsymbol{X}^{(1)}$ 与 $\boldsymbol{b}^{(i)\prime}\boldsymbol{X}^{(2)}$，求使得它们相关系数达到最大的这一组。若存在常向量 $\boldsymbol{a}^{(1)}$、$\boldsymbol{b}^{(1)}$，在 $D(\boldsymbol{a}^{(1)\prime}\boldsymbol{X}^{(1)})=D(\boldsymbol{b}^{(1)\prime}\boldsymbol{X}^{(2)})=1$ 的条件下，使得 $\rho(\boldsymbol{a}^{(1)\prime}\boldsymbol{X}^{(1)},\boldsymbol{b}^{(1)\prime}\boldsymbol{X}^{(2)})$ 达到最大，则称 $\boldsymbol{a}^{(1)\prime}\boldsymbol{X}^{(1)}$、$\boldsymbol{b}^{(1)\prime}\boldsymbol{X}^{(2)}$ 是 $\boldsymbol{X}^{(1)}$、$\boldsymbol{X}^{(2)}$ 的第一对典型相关变量。求出第一对典型相关变量之后，可以类似地求出各对之间互不相关的第二对、第三对等典型相关变量。这些典型相关变量就反映了 $\boldsymbol{X}^{(1)}$、$\boldsymbol{X}^{(2)}$ 之间的线性相关情况。这里值得注意的是，可以通过检验各对典型相关变量相关系数的显著性，来反映每一对综合变量的代表性，如果某一对的相关程度不显著，那么这对变量就不具有代表性，不具有代表性的变量就可以忽略。这样就可以通过对少数典型相关变量的研究代替原来两组变量之间的相关关系的研究，从而容易抓住问题的本质。

二、典型相关分析原理及方法

设有两组随机向量，$\boldsymbol{X}^{(1)}$ 代表第一组的 p 个变量，$\boldsymbol{X}^{(2)}$ 代表第二组的 q 个变量，假设 $p\leqslant q$。令

$$\operatorname{cov}(\boldsymbol{X}^{(1)},\boldsymbol{X}^{(1)})=\boldsymbol{\Sigma}_{11},\quad \operatorname{cov}(\boldsymbol{X}^{(2)},\boldsymbol{X}^{(2)})=\boldsymbol{\Sigma}_{22},\quad \operatorname{cov}(\boldsymbol{X}^{(1)},\boldsymbol{X}^{(2)})=\boldsymbol{\Sigma}_{12}=\boldsymbol{\Sigma}_{21}'$$

$$\boldsymbol{X}_{(p+q)\times 1}=\begin{bmatrix}\boldsymbol{X}^{(1)}\\ \hline \boldsymbol{X}^{(2)}\end{bmatrix}=\begin{bmatrix}X_1^{(1)}\\ X_2^{(1)}\\ \vdots\\ X_p^{(1)}\\ \hline X_1^{(2)}\\ X_2^{(2)}\\ \vdots\\ X_q^{(2)}\end{bmatrix}$$

$$\operatorname{cov}(\boldsymbol{X},\boldsymbol{X})=\left[\begin{array}{c|c}\underset{(p\times p)}{\boldsymbol{\Sigma}_{11}} & \underset{(p\times q)}{\boldsymbol{\Sigma}_{12}}\\ \hline \underset{(q\times p)}{\boldsymbol{\Sigma}_{21}} & \underset{(q\times q)}{\boldsymbol{\Sigma}_{22}}\end{array}\right]$$

根据典型相关分析的基本思想，要进行两组随机向量间的相关分析，首先要计算出各组变量的线性组合——典型变量，并使其相关系数达到最大。因此，设两组变量的线

性组合分别为

$$U = \boldsymbol{a}'\boldsymbol{X}^{(1)} = a_1 X_1^{(1)} + a_2 X_2^{(1)} + \cdots + a_p X_p^{(1)}$$
$$V = \boldsymbol{b}'\boldsymbol{X}^{(2)} = b_1 X_1^{(2)} + b_2 X_2^{(2)} + \cdots + b_q X_q^{(2)}$$

易见

$$D(U) = D(\boldsymbol{a}'\boldsymbol{X}^{(1)}) = \boldsymbol{a}'\mathrm{cov}(\boldsymbol{X}^{(1)}, \boldsymbol{X}^{(1)})\boldsymbol{a} = \boldsymbol{a}'\boldsymbol{\Sigma}_{11}\boldsymbol{a}$$
$$D(V) = D(\boldsymbol{b}'\boldsymbol{X}^{(2)}) = \boldsymbol{b}'\mathrm{cov}(\boldsymbol{X}^{(2)}, \boldsymbol{X}^{(2)})\boldsymbol{b} = \boldsymbol{b}'\boldsymbol{\Sigma}_{22}\boldsymbol{b}$$
$$\mathrm{cov}(U,V) = \boldsymbol{a}'\mathrm{cov}(\boldsymbol{X}^{(1)}, \boldsymbol{X}^{(2)})\boldsymbol{b} = \boldsymbol{a}'\boldsymbol{\Sigma}_{12}\boldsymbol{b}$$
$$\mathrm{corr}(U,V) = \frac{\mathrm{cov}(U,V)}{\sqrt{D(U)}\sqrt{D(V)}} = \frac{\boldsymbol{a}'\boldsymbol{\Sigma}_{12}\boldsymbol{b}}{\sqrt{\boldsymbol{a}'\boldsymbol{\Sigma}_{11}\boldsymbol{a}}\sqrt{\boldsymbol{b}'\boldsymbol{\Sigma}_{22}\boldsymbol{b}}}$$

希望寻找使相关系数达到最大的向量 $\boldsymbol{a}$ 与 $\boldsymbol{b}$ ，因为随机向量乘以常数时并不改变它们的相关系数，所以为防止结果重复出现，令

$$\begin{cases} D(U) = \boldsymbol{a}'\boldsymbol{\Sigma}_{11}\boldsymbol{a} = 1 \\ D(V) = \boldsymbol{b}'\boldsymbol{\Sigma}_{22}\boldsymbol{b} = 1 \end{cases} \tag{9.1}$$

那么

$$\mathrm{corr}(U,V) = \frac{\boldsymbol{a}'\boldsymbol{\Sigma}_{12}\boldsymbol{b}}{\sqrt{\boldsymbol{a}'\boldsymbol{\Sigma}_{11}\boldsymbol{a}}\sqrt{\boldsymbol{b}'\boldsymbol{\Sigma}_{22}\boldsymbol{b}}} = \boldsymbol{a}'\boldsymbol{\Sigma}_{12}\boldsymbol{b} \tag{9.2}$$

问题就成为在式(9.1)的约束条件下，求使 $\mathrm{corr}(U,V) = \boldsymbol{a}'\boldsymbol{\Sigma}_{12}\boldsymbol{b}$ 达到最大的系数向量 $\boldsymbol{a}$ 与 $\boldsymbol{b}$ 。

根据条件极值的求法引入 Lagrange 乘数，将问题转化为求

$$\varphi(\boldsymbol{a},\boldsymbol{b}) = \boldsymbol{a}'\boldsymbol{\Sigma}_{12}\boldsymbol{b} - \frac{\lambda}{2}(\boldsymbol{a}'\boldsymbol{\Sigma}_{11}\boldsymbol{a} - 1) - \frac{\nu}{2}(\boldsymbol{b}'\boldsymbol{\Sigma}_{22}\boldsymbol{b} - 1) \tag{9.3}$$

的极大值，其中 λ、ν 是 Lagrange 乘数。

根据求极值的必要条件得

$$\begin{cases} \dfrac{\partial \varphi}{\partial \boldsymbol{a}} = \boldsymbol{\Sigma}_{12}\boldsymbol{b} - \lambda\boldsymbol{\Sigma}_{11}\boldsymbol{a} = 0 \\ \dfrac{\partial \varphi}{\partial \boldsymbol{b}} = \boldsymbol{\Sigma}_{21}\boldsymbol{a} - \nu\boldsymbol{\Sigma}_{22}\boldsymbol{b} = 0 \end{cases} \tag{9.4}$$

将方程组(9.4)的二式分别左乘 $\boldsymbol{a}'$ 与 $\boldsymbol{b}'$ 则得

$$\begin{cases} \boldsymbol{a}'\boldsymbol{\Sigma}_{12}\boldsymbol{b} - \lambda\boldsymbol{a}'\boldsymbol{\Sigma}_{11}\boldsymbol{a} = 0 \\ \boldsymbol{b}'\boldsymbol{\Sigma}_{21}\boldsymbol{a} - \nu\boldsymbol{b}'\boldsymbol{\Sigma}_{22}\boldsymbol{b} = 0 \end{cases}$$

即有

$$\begin{cases} \boldsymbol{a}'\boldsymbol{\Sigma}_{12}\boldsymbol{b} = \lambda\boldsymbol{a}'\boldsymbol{\Sigma}_{11}\boldsymbol{a} = \lambda \\ \boldsymbol{b}'\boldsymbol{\Sigma}_{21}\boldsymbol{a} = \nu\boldsymbol{b}'\boldsymbol{\Sigma}_{22}\boldsymbol{b} = \nu \end{cases}$$

因为 $(\boldsymbol{b}'\boldsymbol{\Sigma}_{21}\boldsymbol{a})' = \boldsymbol{a}'\boldsymbol{\Sigma}_{12}\boldsymbol{b}$ ，所以 $\lambda = \nu = \boldsymbol{a}'\boldsymbol{\Sigma}_{12}\boldsymbol{b}$ ，知 λ 为线性组合 U 、V 的相关系数。用 λ 代替方程组中的 ν ，则方程组(9.4)写为

$$\begin{cases}\boldsymbol{\Sigma}_{12}\boldsymbol{b}-\lambda\boldsymbol{\Sigma}_{11}\boldsymbol{a}=0\\ \boldsymbol{\Sigma}_{21}\boldsymbol{a}-\lambda\boldsymbol{\Sigma}_{22}\boldsymbol{b}=0\end{cases} \tag{9.5}$$

假定各随机变量协差阵的逆矩阵存在，则由方程组(9.5)中的第二式，可得

$$\boldsymbol{b}=\frac{1}{\lambda}\boldsymbol{\Sigma}_{22}^{-1}\boldsymbol{\Sigma}_{21}\boldsymbol{a} \tag{9.6}$$

将式(9.6)代入方程组(9.5)的第一式，得

$$\frac{1}{\lambda}\boldsymbol{\Sigma}_{12}\boldsymbol{\Sigma}_{22}^{-1}\boldsymbol{\Sigma}_{21}\boldsymbol{a}-\lambda\boldsymbol{\Sigma}_{11}\boldsymbol{a}=0$$

即有

$$\boldsymbol{\Sigma}_{12}\boldsymbol{\Sigma}_{22}^{-1}\boldsymbol{\Sigma}_{21}\boldsymbol{a}-\lambda^2\boldsymbol{\Sigma}_{11}\boldsymbol{a}=0 \tag{9.7}$$

同理，由方程组(9.4)可得

$$\boldsymbol{\Sigma}_{21}\boldsymbol{\Sigma}_{11}^{-1}\boldsymbol{\Sigma}_{12}\boldsymbol{b}-\lambda^2\boldsymbol{\Sigma}_{22}\boldsymbol{b}=0 \tag{9.8}$$

用 $\boldsymbol{\Sigma}_{11}^{-1}$ 和 $\boldsymbol{\Sigma}_{22}^{-1}$ 分别左乘式(9.7)和式(9.8)，得

$$\begin{cases}\boldsymbol{\Sigma}_{11}^{-1}\boldsymbol{\Sigma}_{12}\boldsymbol{\Sigma}_{22}^{-1}\boldsymbol{\Sigma}_{21}\boldsymbol{a}-\lambda^2\boldsymbol{a}=0\\ \boldsymbol{\Sigma}_{22}^{-1}\boldsymbol{\Sigma}_{21}\boldsymbol{\Sigma}_{11}^{-1}\boldsymbol{\Sigma}_{12}\boldsymbol{b}-\lambda^2\boldsymbol{b}=0\end{cases} \tag{9.9}$$

即

$$\begin{cases}(\boldsymbol{\Sigma}_{11}^{-1}\boldsymbol{\Sigma}_{12}\boldsymbol{\Sigma}_{22}^{-1}\boldsymbol{\Sigma}_{21}-\lambda^2\boldsymbol{I}_p)\boldsymbol{a}=0\\ (\boldsymbol{\Sigma}_{22}^{-1}\boldsymbol{\Sigma}_{21}\boldsymbol{\Sigma}_{11}^{-1}\boldsymbol{\Sigma}_{12}-\lambda^2\boldsymbol{I}_q)\boldsymbol{b}=0\end{cases} \tag{9.10}$$

由此可见， $\boldsymbol{\Sigma}_{11}^{-1}\boldsymbol{\Sigma}_{12}\boldsymbol{\Sigma}_{22}^{-1}\boldsymbol{\Sigma}_{21}$ 和 $\boldsymbol{\Sigma}_{22}^{-1}\boldsymbol{\Sigma}_{21}\boldsymbol{\Sigma}_{11}^{-1}\boldsymbol{\Sigma}_{12}$ 具有相同的特征根 λ^2， $\boldsymbol{a}$ 、 $\boldsymbol{b}$ 则是其相应的特征向量。为了表示方便，令

$$\boldsymbol{M}_1=\boldsymbol{\Sigma}_{11}^{-1}\boldsymbol{\Sigma}_{12}\boldsymbol{\Sigma}_{22}^{-1}\boldsymbol{\Sigma}_{21}$$

$$\boldsymbol{M}_2=\boldsymbol{\Sigma}_{22}^{-1}\boldsymbol{\Sigma}_{21}\boldsymbol{\Sigma}_{11}^{-1}\boldsymbol{\Sigma}_{12}$$

其中， $\boldsymbol{M}_1$ 为 $p\times p$ 阶矩阵， $\boldsymbol{M}_2$ 为 $q\times q$ 阶矩阵。

因为 $\lambda=\boldsymbol{a}'\boldsymbol{\Sigma}_{12}\boldsymbol{b}=\mathrm{corr}(U,V)$，求 $\mathrm{corr}(U,V)$ 最大值也就是求 λ 的最大值，而求 λ 的最大值又转化为求 $\boldsymbol{M}_1$ 和 $\boldsymbol{M}_2$ 的最大特征根。

可以证明， $\boldsymbol{M}_1$ 和 $\boldsymbol{M}_2$ 的特征根和特征向量有如下性质：

(1) $\boldsymbol{M}_1$ 和 $\boldsymbol{M}_2$ 具有相同的非零特征根，且所有特征根非负。

(2) $\boldsymbol{M}_1$ 和 $\boldsymbol{M}_2$ 的特征根均在 0～1。

(3) 设 $\boldsymbol{M}_1$ 和 $\boldsymbol{M}_2$ 的非零特征根为 $\lambda_1^2\geqslant\lambda_2^2\geqslant\cdots\geqslant\lambda_r^2$， $r=\mathrm{rank}(\boldsymbol{M}_1)=\mathrm{rank}(\boldsymbol{M}_2)$， $\boldsymbol{a}^{(1)},\boldsymbol{a}^{(2)},\cdots,\boldsymbol{a}^{(r)}$ 为 $\boldsymbol{M}_1$ 对应于 $\lambda_1^2,\lambda_2^2,\cdots,\lambda_r^2$ 的特征向量， $\boldsymbol{b}^{(1)},\boldsymbol{b}^{(2)},\cdots,\boldsymbol{b}^{(r)}$ 为 $\boldsymbol{M}_2$ 对应于 $\lambda_1^2,\lambda_2^2,\cdots,\lambda_r^2$ 的特征向量。

由于要求的是最大特征根及其对应的特征向量，所以最大特征根 λ_1^2 对应的特征向量 $\boldsymbol{a}^{(1)}=(a_1^{(1)},a_2^{(1)},\cdots,a_p^{(1)})'$ 和 $\boldsymbol{b}^{(1)}=(b_1^{(1)},b_2^{(1)},\cdots,b_q^{(1)})'$ 就是所求的典型变量的系数向量，即可得

$$U_1=\boldsymbol{a}^{(1)'}\boldsymbol{X}^{(1)}=a_1^{(1)}X_1^{(1)}+a_2^{(1)}X_2^{(1)}+\cdots+a_p^{(1)}X_p^{(1)}$$

$$V_1 = \boldsymbol{b}^{(1)'}\boldsymbol{X}^{(2)} = b_1^{(1)}X_1^{(2)} + b_2^{(1)}X_2^{(2)} + \cdots + b_q^{(1)}X_q^{(2)}$$

称其为第一对典型变量，最大特征根的平方根 λ_1 即两典型变量的相关系数，称其为第一典型相关系数。

如果第一对典型变量不足以代表两组原始变量的信息，则需要求得第二对典型变量，即

$$U_2 = \boldsymbol{a}^{(2)'}\boldsymbol{X}^{(1)}$$

$$V_2 = \boldsymbol{b}^{(2)'}\boldsymbol{X}^{(2)}$$

显然，要求第二对典型变量也要满足如下约束条件：

$$\begin{cases} D(U_2) = \boldsymbol{a}^{(2)'}\boldsymbol{\Sigma}_{11}\boldsymbol{a}^{(2)} = 1 \\ D(V_2) = \boldsymbol{b}^{(2)'}\boldsymbol{\Sigma}_{22}\boldsymbol{b}^{(2)} = 1 \end{cases} \tag{9.11}$$

除此之外，为了有效测度两组变量的相关信息，第二对典型变量应不再包含第一对典型变量已包含的信息，因此需增加约束条件

$$\begin{cases} \mathrm{cov}(U_1, U_2) = \mathrm{cov}(\boldsymbol{a}^{(1)'}\boldsymbol{X}^{(1)}, \boldsymbol{a}^{(2)'}\boldsymbol{X}^{(1)}) = \boldsymbol{a}^{(1)'}\boldsymbol{\Sigma}_{11}\boldsymbol{a}^{(2)} = 0 \\ \mathrm{cov}(V_1, V_2) = \mathrm{cov}(\boldsymbol{b}^{(1)'}\boldsymbol{X}^{(2)}, \boldsymbol{b}^{(2)'}\boldsymbol{X}^{(2)}) = \boldsymbol{b}^{(1)'}\boldsymbol{\Sigma}_{22}\boldsymbol{b}^{(2)} = 0 \end{cases} \tag{9.12}$$

在式(9.11)和式(9.12)的约束条件下，可求得其相关系数 $\mathrm{corr}(U_2, V_2) = \boldsymbol{a}^{(2)'}\boldsymbol{\Sigma}_{12}\boldsymbol{b}^{(2)}$ 的最大值为上述矩阵 $\boldsymbol{M}_1$ 和 $\boldsymbol{M}_2$ 的第二大特征根 λ_2^2 的平方根 λ_2，其对应的单位特征向量 $\boldsymbol{a}^{(2)}$、$\boldsymbol{b}^{(2)}$ 就是第二对典型变量的系数向量，称 $U_2 = \boldsymbol{a}^{(2)'}\boldsymbol{X}^{(1)}$ 和 $V_2 = \boldsymbol{b}^{(2)'}\boldsymbol{X}^{(2)}$ 为第二对典型变量，λ_2 为第二典型相关系数。

类似地，依次可求出第 r 对典型变量 $U_r = \boldsymbol{a}^{(r)'}\boldsymbol{X}^{(1)}$ 和 $V_r = \boldsymbol{b}^{(r)'}\boldsymbol{X}^{(2)}$，其系数向量 $\boldsymbol{a}^{(r)}$ 和 $\boldsymbol{b}^{(r)}$ 分别为矩阵 $\boldsymbol{M}_1$ 和 $\boldsymbol{M}_2$ 的第 r 特征根 λ_r^2 对应的特征向量。λ_r 即第 r 典型相关系数。

综上所述，典型变量和典型相关系数的计算可归结为矩阵 $\boldsymbol{M}_1$ 和 $\boldsymbol{M}_2$ 的特征根及相应特征向量的求解。如果矩阵 $\boldsymbol{M}_1$ 和 $\boldsymbol{M}_2$ 的秩为 r，则共有 r 对典型变量，第 k 对 $(1 \leqslant k \leqslant r)$ 典型变量的系数向量分别是矩阵 $\boldsymbol{M}_1$ 和 $\boldsymbol{M}_2$ 第 k 特征根 λ_k^2 相应的特征向量，典型相关系数为 λ_k。

典型变量具有如下性质：

(1) $D(U_k) = 1,\ D(V_k) = 1\ (k = 1, 2, \cdots, r)$

$$\mathrm{cov}(U_i, U_j) = 0, \quad \mathrm{cov}(V_i, V_j) = 0, \quad i \neq j$$

(2) $$\mathrm{cov}(U_i, V_j) = \begin{cases} \lambda_i \neq 0, & i = j; i = 1, 2, \cdots, r \\ 0, & i \neq j \\ 0, & j > r \end{cases}$$

第三节 样本典型相关分析

一、样本典型相关变量及典型相关系数的计算

在实际分析应用中，总体的协差阵通常是未知的，往往需要从研究的总体中随机抽取一个样本，根据样本估计出总体的协差阵，并在此基础上进行典型相关分析。

设 $\boldsymbol{X}=\begin{bmatrix}\boldsymbol{X}^{(1)}\\ \boldsymbol{X}^{(2)}\end{bmatrix}$ 服从正态分布 $N_{p+q}(\boldsymbol{\mu},\boldsymbol{\Sigma})$，从该总体中抽取样本容量为 n 的样本，得到下列数据矩阵

$$\boldsymbol{X}^{(1)}=\begin{bmatrix}X_{11}^{(1)} & X_{12}^{(1)} & \cdots & X_{1p}^{(1)}\\ X_{21}^{(1)} & X_{22}^{(1)} & \cdots & X_{2p}^{(1)}\\ \vdots & \vdots & & \vdots\\ X_{n1}^{(1)} & X_{n2}^{(1)} & \cdots & X_{np}^{(1)}\end{bmatrix}$$

$$\boldsymbol{X}^{(2)}=\begin{bmatrix}X_{11}^{(2)} & X_{12}^{(2)} & \cdots & X_{1q}^{(2)}\\ X_{21}^{(2)} & X_{22}^{(2)} & \cdots & X_{2q}^{(2)}\\ \vdots & \vdots & & \vdots\\ X_{n1}^{(2)} & X_{n2}^{(2)} & \cdots & X_{nq}^{(2)}\end{bmatrix}$$

样本均值向量

$$\bar{\boldsymbol{X}}=\begin{bmatrix}\bar{\boldsymbol{X}}^{(1)}\\ \hline \bar{\boldsymbol{X}}^{(2)}\end{bmatrix}$$

其中，

$$\bar{\boldsymbol{X}}^{(1)}=\frac{1}{n}\sum_{\alpha=1}^{n}\boldsymbol{X}_{\alpha}^{(1)}，\quad \bar{\boldsymbol{X}}^{(2)}=\frac{1}{n}\sum_{\alpha=1}^{n}\boldsymbol{X}_{\alpha}^{(2)}$$

样本协差阵

$$\hat{\boldsymbol{\Sigma}}=\left[\begin{array}{c:c}\hat{\boldsymbol{\Sigma}}_{11} & \hat{\boldsymbol{\Sigma}}_{12}\\ \hdashline \hat{\boldsymbol{\Sigma}}_{21} & \hat{\boldsymbol{\Sigma}}_{22}\end{array}\right]$$

其中，

$$\hat{\boldsymbol{\Sigma}}_{kl}=\frac{1}{n-1}\sum_{j=1}^{n}(\boldsymbol{X}_j^{(k)}-\bar{\boldsymbol{X}}^{(k)})(\boldsymbol{X}_j^{(l)}-\bar{\boldsymbol{X}}^{(l)})',\quad k,l=1,2$$

由此可得矩阵 $\boldsymbol{M}_1$ 和 $\boldsymbol{M}_2$ 的样本估计

$$\hat{\boldsymbol{M}}_1=\hat{\boldsymbol{\Sigma}}_{11}^{-1}\hat{\boldsymbol{\Sigma}}_{12}\hat{\boldsymbol{\Sigma}}_{22}^{-1}\hat{\boldsymbol{\Sigma}}_{21}$$

$$\hat{\boldsymbol{M}}_2=\hat{\boldsymbol{\Sigma}}_{22}^{-1}\hat{\boldsymbol{\Sigma}}_{21}\hat{\boldsymbol{\Sigma}}_{11}^{-1}\hat{\boldsymbol{\Sigma}}_{12}$$

如前所述，求解 $\hat{\boldsymbol{M}}_1$ 和 $\hat{\boldsymbol{M}}_2$ 的特征根及其相应的特征向量，即可得到所要求的典型相关变量及其典型相关系数。

这里需要注意，若样本数据矩阵已经标准化处理，此时样本的协差阵就等于样本的相关阵

$$\hat{\boldsymbol{R}} = \left[\begin{array}{c|c} \hat{\boldsymbol{R}}_{11} & \hat{\boldsymbol{R}}_{12} \\ \hline \hat{\boldsymbol{R}}_{21} & \hat{\boldsymbol{R}}_{22} \end{array}\right]$$

由此可得矩阵 $\boldsymbol{M}_1$ 和 $\boldsymbol{M}_2$ 的样本估计：

$$\hat{\boldsymbol{M}}_1^* = \hat{\boldsymbol{R}}_{11}^{-1}\hat{\boldsymbol{R}}_{12}\hat{\boldsymbol{R}}_{22}^{-1}\hat{\boldsymbol{R}}_{21}$$

$$\hat{\boldsymbol{M}}_2^* = \hat{\boldsymbol{R}}_{22}^{-1}\hat{\boldsymbol{R}}_{21}\hat{\boldsymbol{R}}_{11}^{-1}\hat{\boldsymbol{R}}_{12}$$

求解 $\hat{\boldsymbol{M}}_1^*$ 和 $\hat{\boldsymbol{M}}_2^*$ 的特征根及相应的特征向量，即可得到典型变量及典型相关系数。此时相当于从相关矩阵出发计算典型变量。

二、典型相关系数的显著性检验

在利用样本进行两组变量的典型相关分析时，应就两组变量的相关性进行检验。这是因为，如果两个随机向量 $\boldsymbol{X}^{(1)}$、$\boldsymbol{X}^{(2)}$ 互不相关，则两组变量协差阵 $\operatorname{cov}(\boldsymbol{X}^{(1)},\boldsymbol{X}^{(2)}) = 0$ 。但是有可能得到的两组变量的样本协差阵不为零，因此在用样本数据进行典型相关分析时应就两组变量的协差阵是否为零进行检验，即检验假设

$$H_0:\boldsymbol{\Sigma}_{12}=0;\quad H_1:\boldsymbol{\Sigma}_{12}\neq 0$$

根据随机向量的检验理论可知，用于检验的似然比统计量为

$$\Lambda_0 = \frac{\left|\hat{\boldsymbol{\Sigma}}\right|}{\left|\hat{\boldsymbol{\Sigma}}_{11}\right|\left|\hat{\boldsymbol{\Sigma}}_{22}\right|} = \prod_{i=1}^{r}(1-\hat{\lambda}_i^2) \tag{9.13}$$

在式(9.13)中 $\hat{\lambda}_i^2$ 是矩阵 $\boldsymbol{A}$ 的第 i 特征根的估计值，$r=\min(p,q)=p$ 。巴特莱特证明，当 H_0 成立时，$Q_0=-m\ln\Lambda_0$ 近似服从 $\chi^2(f)$ 分布，其中 $m=(n-1)-\dfrac{1}{2}(p+q+1)$ ，自由度 $f=pq$ 。在给定的显著性水平 α 下，当由样本计算的 Q_0 大于 χ_α^2 临界值时，拒绝原假设，认为两组变量间存在相关性。

在进行典型相关分析时，对于两随机向量 $\boldsymbol{X}^{(1)}$、$\boldsymbol{X}^{(2)}$ ，可以提取出 p 对典型变量，问题是进行典型相关分析的目的就是要减少分析变量，简化两组变量间的关系分析，提取 p 对变量是否必要？如何确定保留多少对典型变量？

若总体典型相关系数 $\lambda_k=0$ ，则相应的典型变量 U_k 、V_k 之间无相关关系，因此对分析 $\boldsymbol{X}^{(1)}$ 对 $\boldsymbol{X}^{(2)}$ 的影响不起作用，这样的典型变量可以不予考虑，于是提出如何根据样本资料来判断总体典型相关系数是否为零，以便确定应该取几个典型变量的问题。巴特莱特提出了一个根据样本数据检验总体典型相关系数 $\lambda_1,\lambda_2,\cdots,\lambda_r$ 是否等于零的方法。检验假设为

$$H_0:\lambda_{k+1}=\lambda_{k+2}=\cdots=\lambda_r=0$$

$$H_1: \lambda_{k+1} \neq 0$$

用于检验的似然比统计量为

$$\Lambda_k = \prod_{i=k+1}^{r} (1-\hat{\lambda}_i^2) \tag{9.14}$$

可以证明，$Q_k = -m_k \ln \Lambda_k$ 近似服从 $\chi^2(f_k)$ 分布，其中自由度 $f_k = (p-k)(q-k)$，$m_k = (n-k-1) - \frac{1}{2}(p+q+1)$。

首先检验 $H_0: \lambda_1 = \lambda_2 = \cdots = \lambda_r = 0$。此时 $k=0$，则式(9.14)为

$$\Lambda_0 = \prod_{i=1}^{r}(1-\hat{\lambda}_i^2) = (1-\hat{\lambda}_1)(1-\hat{\lambda}_2)\cdots(1-\hat{\lambda}_r)$$

$$Q_0 = -m \ln \Lambda_0 = -\left[(n-1) - \frac{1}{2}(p+q+1)\right] \ln \Lambda_0$$

若 $Q_0 > \chi_\alpha^2(f_0)$，则拒绝原假设，也就是说至少有一个典型相关系数大于零，自然应是最大的典型相关系数 $\lambda_1 > 0$。

若已判定 $\lambda_1 > 0$，则再检验 $H_0: \lambda_2 = \lambda_3 = \cdots = \lambda_r = 0$。此时 $k=1$，则式(9.14)为

$$\Lambda_1 = \prod_{i=2}^{r}(1-\hat{\lambda}_i^2) = (1-\hat{\lambda}_2^2)(1-\hat{\lambda}_3^2)\cdots(1-\hat{\lambda}_r^2)$$

$$Q_1 = -m_1 \ln \Lambda_1 = -\left[(n-1-1) - \frac{1}{2}(p+q+1)\right] \ln \Lambda_1$$

Q_1 近似服从 $\chi^2(f_1)$ 分布，其中 $f_1 = (p-1)(q-1)$，如果 $Q_1 > \chi_\alpha^2(f_1)$，则拒绝原假设，即认为 $\lambda_2, \lambda_3, \cdots, \lambda_r$ 至少有一个大于零，自然是 $\lambda_2 > 0$。

若已判断 λ_1 和 λ_2 大于零，重复以上步骤直至 $H_0: \lambda_j = \lambda_{j+1} = \cdots = \lambda_r = 0$，此时令

$$\Lambda_{j-1} = \prod_{i=j}^{r}(1-\hat{\lambda}_i^2) = (1-\hat{\lambda}_j^2)(1-\hat{\lambda}_{j+1}^2)\cdots(1-\hat{\lambda}_r^2)$$

则

$$Q_{j-1} = -m_{j-1} \ln \Lambda_{j-1} = -\left[(n-j) - \frac{1}{2}(p+q+1)\right] \ln \Lambda_{j-1}$$

Q_{j-1} 近似服从 $\chi^2(f_{j-1})$ 分布，其中 $f_{j-1} = (p-j+1)(q-j+1)$，如果 $Q_{j-1} < \chi_\alpha^2(f_{j-1})$，则 $\lambda_j = \lambda_{j+1} = \cdots = \lambda_r = 0$，于是总体只有 $j-1$ 个典型相关系数不为零，提取 $j-1$ 对典型变量进行分析。

例 9.1[①] 康复俱乐部对 20 名中年人测量了三个生理指标，即体重(X_1)、腰围(X_2)、脉搏(X_3)；三个训练指标，即引体向上次数(Y_1)、起坐次数(Y_2)、跳跃次数(Y_3)。分析生理指标与训练指标的相关性。数据详见表 9.1。

① 高惠璇，等. SAS 系统 SAS/STAT 软件使用手册. 北京: 中国统计出版社, 1997: 553.

表 9.1　康复俱乐部数据

样本＼变量	X_1	X_2	X_3	Y_1	Y_2	Y_3
1	191	36	50	5	162	60
2	189	37	52	2	110	60
3	193	38	58	12	101	101
4	162	35	62	12	105	37
5	189	35	46	13	155	58
6	182	36	56	4	101	42
7	211	38	56	8	101	38
8	167	34	60	6	125	40
9	176	31	74	15	200	40
10	154	33	56	17	251	250
11	169	34	50	17	120	38
12	166	33	52	13	210	115
13	154	34	64	14	215	105
14	247	46	50	1	50	50
15	193	36	46	6	70	31
16	202	37	62	12	210	120
17	176	37	54	4	60	25
18	157	32	52	11	230	80
19	156	33	54	15	225	73
20	138	33	68	2	110	43

根据表 9.1 数据可得

$$\hat{\boldsymbol{\Sigma}}_{11}=\begin{bmatrix}579.14 & 65.36 & -61.86\\ 65.36 & 9.74 & -7.74\\ -61.86 & -7.74 & 49.39\end{bmatrix}$$

$$\hat{\boldsymbol{\Sigma}}_{22}=\begin{bmatrix}26.55 & 218.60 & 127.67\\ 218.60 & 3718.85 & 2039.64\\ 127.67 & 2039.64 & 2497.91\end{bmatrix}$$

$$\hat{\boldsymbol{\Sigma}}_{12}=\begin{bmatrix}-48.32 & -723.63 & -272.18\\ -8.88 & -122.87 & -29.87\\ 5.46 & 96.45 & 12.27\end{bmatrix}$$

$$\hat{\boldsymbol{\Sigma}}_{21}=\begin{bmatrix}-48.32 & -8.88 & 5.46\\ -723.63 & -122.87 & 96.45\\ -272.18 & -29.87 & 12.27\end{bmatrix}$$

$$\hat{\boldsymbol{\Sigma}}_{11}^{-1}=\begin{bmatrix}0.00723237 & -0.047214 & 0.00165941\\ -0.047214 & 0.42549329 & 0.00754531\\ 0.00165941 & 0.00754531 & 0.02350784\end{bmatrix}$$

$$\hat{\boldsymbol{\Sigma}}_{22}^{-1}=\begin{bmatrix}0.0732399 & -0.0040789 & -0.00041\\ -0.0040789 & 0.00071416 & -0.00037\\ -0.0004126 & -0.0003747 & 0.000727\end{bmatrix}$$

计算得

$$\hat{\boldsymbol{M}}_1=\hat{\boldsymbol{\Sigma}}_{11}^{-1}\hat{\boldsymbol{\Sigma}}_{12}\hat{\boldsymbol{\Sigma}}_{22}^{-1}\hat{\boldsymbol{\Sigma}}_{21}=\begin{bmatrix}-0.2459454 & -0.0551887 & 0.04651367\\ 4.498811 & 0.90714323 & -0.7392212\\ -0.0575041 & -0.0138964 & 0.01728371\end{bmatrix}$$

$$\hat{\boldsymbol{M}}_2=\hat{\boldsymbol{\Sigma}}_{22}^{-1}\hat{\boldsymbol{\Sigma}}_{21}\hat{\boldsymbol{\Sigma}}_{11}^{-1}\hat{\boldsymbol{\Sigma}}_{12}=\begin{bmatrix}0.16178831 & 2.03428439 & 0.223085\\ 0.04076171 & 0.54877371 & 0.091339\\ -0.0328274 & -0.4227509 & -0.03208\end{bmatrix}$$

求得特征值为 λ_1^2=0.632994993, λ_2^2=0.040214862, λ_3^2=0.005267145。典型相关系数分别为 λ_1 =0.796, λ_2 =0.201, λ_3 =0.073。

$\hat{\boldsymbol{M}}_1$ 和 $\hat{\boldsymbol{M}}_2$ 相应的特征向量分别为

$$\boldsymbol{a}^{(1)}=(0.031,-0.493,0.008)'$$
$$\boldsymbol{a}^{(2)}=(-0.076,0.369,-0.032)'$$
$$\boldsymbol{a}^{(3)}=(-0.008,0.158,0.146)'$$
$$\boldsymbol{b}^{(1)}=(0.066,0.017,-0.014)'$$
$$\boldsymbol{b}^{(2)}=(-0.071,0.002,0.021)'$$
$$\boldsymbol{b}^{(3)}=(-0.245,0.020,-0.008)'$$

根据前述的典型相关系数显著性检验方法，对于 $H_0:\lambda_1=\lambda_2=\lambda_3=0$， H_1:至少有一个不为零。

$$\begin{aligned}\Lambda_0&=\prod_{i=1}^{3}(1-\hat{\lambda}_i^2)\\&=(1-0.632994993)(1-0.040214862)(1-0.005267145)\\&=0.350390621\end{aligned}$$

$$\begin{aligned}Q_0=-m\ln\Lambda_0&=-\left[(n-1)-\frac{1}{2}(p+q+1)\right]\ln\Lambda_0\\&=-\left[(20-1)-\frac{1}{2}(3+3+1)\right]\ln\Lambda_0\\&=-15.5\ln\Lambda_0=16.255\end{aligned}$$

$Q_0<\chi^2_{0.05}(9)$=16.91896016，故在 α=0.05 下，生理指标与训练指标之间不存在相关性；

而在 α=0.10 下，$Q_0 > \chi^2_{0.10}(9)$=14.68366，生理指标与训练指标之间存在相关性，且第一对典型变量相关性显著。继续检验

$$\Lambda_1 = \prod_{i=2}^{3}(1-\hat{\lambda}_i^2) = (1-0.040214862)(1-0.005267145) = 0.954729811$$

$$\begin{aligned} Q_1 &= -m\ln\Lambda_1 = -\left[(n-1)-\frac{1}{2}(p+q+1)\right]\ln\Lambda_1 \\ &= -\left[(20-1)-\frac{1}{2}(3+3+1)\right]\ln\Lambda_0 \\ &= -15.5\ln\Lambda_1 = 0.718 \end{aligned}$$

$Q_1 < \chi^2_{0.10}(4)$=7.779434，故在 α=0.10 下，第二对典型变量间相关性不显著。说明生理指标和训练指标之间只有一对典型变量，即

$$U_1 = 0.031X_1 - 0.493X_2 + 0.008X_3$$
$$V_1 = 0.066Y_1 + 0.017Y_2 - 0.014Y_3$$

第四节　典型相关分析应用中的几个问题

一、从相关阵出发计算典型相关

典型相关分析涉及多个变量，不同的变量往往具有不同的量纲及不同的数量级。在进行典型相关分析时，由于典型变量是原始变量的线性组合，具有不同量纲变量的线性组合显然失去了实际意义。其次，不同的数量级会导致“以大吃小”，即数量级小的变量的影响会被忽略，从而影响了分析结果的合理性。因此，为了消除量纲和数量级的影响，必须对数据先进行标准化变换处理，再进行典型相关分析。显然，经标准化变换之后的协差阵就是相关阵，即通常应从相关阵出发进行典型相关分析。

例 9.2　对于例 9.1 从相关阵出发进行典型相关分析。

$$\hat{\boldsymbol{R}}_{11} = \begin{bmatrix} 1 & & \\ 0.87024349 & 1 & \\ -0.365762 & -0.3528921 & 1 \end{bmatrix}$$

$$\hat{\boldsymbol{R}}_{22} = \begin{bmatrix} 1 & & \\ 0.69572742 & 1 & \\ 0.49576018 & 0.66920608 & 1 \end{bmatrix}$$

$$\hat{\boldsymbol{R}}_{12} = \begin{bmatrix} -0.3896937 & -0.4930836 & -0.2262956 \\ -0.5522321 & -0.645598 & -0.1914994 \\ 0.15064802 & 0.22503808 & 0.03493306 \end{bmatrix} = \hat{\boldsymbol{R}}'_{21}$$

$$\hat{\boldsymbol{M}}_{1z}^{*}=\hat{\boldsymbol{R}}_{11}^{-1}\hat{\boldsymbol{R}}_{12}\hat{\boldsymbol{R}}_{22}^{-1}\hat{\boldsymbol{R}}_{21}=\begin{bmatrix}-0.2459455 & -0.4255619 & 0.15927699\\ 0.58342554 & 0.9071432 & -0.3282724\\ -0.0167929 & -0.0312927 & 0.01728372\end{bmatrix}$$

$$\hat{\boldsymbol{M}}_{2z}^{*}=\hat{\boldsymbol{R}}_{22}^{-1}\hat{\boldsymbol{R}}_{21}\hat{\boldsymbol{R}}_{11}^{-1}\hat{\boldsymbol{R}}_{12}=\begin{bmatrix}0.16178827 & 0.1718776 & 0.022998202\\ 0.48244159 & 0.5487737 & 0.111448282\\ -0.3184294 & -0.3464725 & -0.032080511\end{bmatrix}$$

计算得 $\hat{\boldsymbol{M}}_{1z}^{*}$、$\hat{\boldsymbol{M}}_{2z}^{*}$ 的特征值为 λ_1^2=0.632994993，λ_2^2=0.040214862，λ_3^2=0.005267145。其结果同从协差阵出发计算的特征值相同，因此检验结果也相同，提取第一典型变量，按照类似的方法可求得典型变量系数向量：

$$\boldsymbol{a}^{(1)*}=(0.775,-1.579,0.059)'$$
$$\boldsymbol{a}^{(2)*}=(-1.884,1.181,-0.231)'$$
$$\boldsymbol{a}^{(3)*}=(-0.191,0.506,1.051)'$$
$$\boldsymbol{b}^{(1)*}=(0.349,1.054,-0.716)'$$
$$\boldsymbol{b}^{(2)*}=(-0.376,0.123,1.062)'$$
$$\boldsymbol{b}^{(3)*}=(-1.297,1.237,-0.419)'$$

可得到标准化的第一对典型变量：

$$U_1^{*}=0.7751Z_1^{(1)}-1.579Z_2^{(1)}+0.059Z_3^{(1)}$$
$$V_1^{*}=0.349Z_1^{(2)}+1.054Z_2^{(2)}-0.716Z_3^{(2)}$$

其中，$Z_i^{(1)}$ 和 $Z_j^{(2)}$ 分别为原始变量 X_i 和 Y_j 标准化后的结果。

二、典型载荷分析

进行典型载荷分析有助于更好地解释、分析已提取的 p 对典型变量。典型载荷分析是指原始变量与典型变量之间的相关性分析。

令

$$\boldsymbol{A}_{p\times p}=\begin{bmatrix}\boldsymbol{a}^{(1)}\\ \boldsymbol{a}^{(2)}\\ \vdots\\ \boldsymbol{a}^{(p)}\end{bmatrix},\quad \boldsymbol{B}_{q\times q}=\begin{bmatrix}\boldsymbol{b}^{(1)}\\ \boldsymbol{b}^{(2)}\\ \vdots\\ \boldsymbol{b}^{(p)}\end{bmatrix},\quad \boldsymbol{U}_{p\times 1}=\begin{bmatrix}U_1\\ U_2\\ \vdots\\ U_p\end{bmatrix},\quad \boldsymbol{V}_{q\times 1}=\begin{bmatrix}V_1\\ V_2\\ \vdots\\ V_q\end{bmatrix}$$

$$\boldsymbol{U}=\boldsymbol{A}^{*}\boldsymbol{X}^{(1)},\quad \boldsymbol{V}=\boldsymbol{B}^{*}\boldsymbol{X}^{(2)}$$

其中，$\boldsymbol{A}^{*}$、$\boldsymbol{B}^{*}$ 为 p 对典型变量系数向量组成的矩阵，$\boldsymbol{U}$ 和 $\boldsymbol{V}$ 为 p 对典型变量组成的向量。则

$$\mathrm{cov}(\boldsymbol{U},\boldsymbol{X}^{(1)})=\mathrm{cov}(\boldsymbol{A}^{*}\boldsymbol{X}^{(1)},\boldsymbol{X}^{(1)})=\boldsymbol{A}^{*}\boldsymbol{\Sigma}_{11}$$

$$\mathrm{corr}(U_i, X_k^{(1)}) = \frac{\mathrm{cov}(U_i, X_k^{(1)})}{\sqrt{D(U_i)}\sqrt{D(X_k^{(1)})}}$$

$$= \frac{\mathrm{cov}(U_i, X_k^{(1)})}{\sqrt{D(X_k^{(1)})}} = \mathrm{cov}(U_i, \sigma_{kk}^{-1/2} X_k^{(1)})$$

这里 $D(U_i)=1$，$\sqrt{D(X_k^{(1)})} = \sigma_{kk}^{1/2}$。记 $V_{11}^{-1/2}$ 为对角线元素是 $\sigma_{kk}^{-1/2}$ 的对角阵，所以有

$$\boldsymbol{R}_{U,X^{(1)}} = \mathrm{corr}(\boldsymbol{U}, \boldsymbol{X}^{(1)}) = \mathrm{cov}(\boldsymbol{U}, \boldsymbol{V}_{11}^{-1/2}\boldsymbol{X}^{(1)})$$

$$= \mathrm{cov}(\boldsymbol{A}^*\boldsymbol{X}^{(1)}, \boldsymbol{V}_{11}^{-1/2}\boldsymbol{X}^{(1)}) = \boldsymbol{A}^*\boldsymbol{\Sigma}_{11}\boldsymbol{V}_{11}^{-1/2}$$

类似可得

$$\boldsymbol{R}_{V,X^{(2)}} = \boldsymbol{B\Sigma}_{22}\boldsymbol{V}_{22}^{-1/2}$$

$$\boldsymbol{R}_{U,X^{(2)}} = \boldsymbol{A\Sigma}_{12}\boldsymbol{V}_{22}^{-1/2}$$

$$\boldsymbol{R}_{V,X^{(1)}} = \boldsymbol{B\Sigma}_{21}\boldsymbol{V}_{11}^{-1/2}$$

对于经过标准化处理后得到的典型变量有

$$\boldsymbol{R}_{U,Z^{(1)}} = \boldsymbol{A}_Z\boldsymbol{R}_{11}, \quad \boldsymbol{R}_{V,Z^{(2)}} = \boldsymbol{B}_Z\boldsymbol{R}_{22}$$

$$\boldsymbol{R}_{U,Z^{(2)}} = \boldsymbol{A}_Z\boldsymbol{R}_{12}, \quad \boldsymbol{R}_{V,Z^{(1)}} = \boldsymbol{B}_Z\boldsymbol{R}_{21}$$

对于样本典型相关分析，上述结果中的数量关系同样成立。

例 9.3　利用例 9.2 资料进行典型载荷分析。

计算生理指标与其自身典型变量间的相关系数

$$\boldsymbol{R}_{U,Z^{(1)}} = \boldsymbol{A}_Z^*\boldsymbol{R}_{11}$$

$$= \begin{bmatrix} 0.775 & -1.579 & 0.059 \\ -1.884 & -1.181 & -0.231 \\ -0.191 & 0.506 & 1.051 \end{bmatrix} \begin{bmatrix} 1 & 0.870 & -0.366 \\ 0.870 & 1 & -0.353 \\ -0.366 & -0.353 & 1 \end{bmatrix}$$

$$= \begin{bmatrix} -0.620 & -0.926 & 0.333 \\ -2.827 & -2.739 & 0.875 \\ -0.135 & -0.031 & 0.942 \end{bmatrix}$$

以上结果说明生理指标的第一典型变量与体重的相关系数为–0.620，与腰围的相关系数为–0.926，与脉搏的相关系数为 0.333。从另一方面说明生理指标的第一对典型变量与体重、腰围负相关，而与脉搏正相关。其中与腰围的相关性最强。第一对典型变量主要反映了体形的胖瘦。

三、典型冗余分析[①]

在进行样本典型相关分析时，我们也想了解从每组变量提取出的典型变量所能解释的该组样本总方差的比例，从而定量测度典型变量包含的原始信息量的大小。

---

① Johnson R A, Wichern D W. Applied Multivariate Statistical Analysis. 5th ed. 北京：中国统计出版社，2003: 567.

对于经标准化变换处理的样本数据协差阵就等于相关阵，因而，第一组变量样本的总方差为 $\mathrm{tr}(\boldsymbol{R}_{11})=p$，第二组变量样本的总方差为 $\mathrm{tr}(\boldsymbol{R}_{22})=q$。

如何计算前 r 个典型变量对样本总方差的贡献呢？由于 $\hat{\boldsymbol{U}}=\hat{\boldsymbol{A}}_z\boldsymbol{Z}^{(1)}$，$\hat{\boldsymbol{V}}=\hat{\boldsymbol{B}}_z\boldsymbol{Z}^{(2)}$，因此有

$$\mathrm{cov}(\boldsymbol{Z}^{(1)},\hat{\boldsymbol{U}})=\mathrm{cov}(\hat{\boldsymbol{A}}_z^{-1}\hat{\boldsymbol{U}},\hat{\boldsymbol{U}})$$

$$=\hat{\boldsymbol{A}}_z^{-1}=\begin{bmatrix} r_{z_1^{(1)},\hat{U}_1} & r_{z_1^{(1)},\hat{U}_2} & \cdots & r_{z_1^{(1)},\hat{U}_p} \\ r_{z_2^{(1)},\hat{U}_1} & r_{z_2^{(1)},\hat{U}_2} & \cdots & r_{z_2^{(1)},\hat{U}_p} \\ \vdots & \vdots & & \vdots \\ r_{z_p^{(1)},\hat{U}_1} & r_{z_p^{(1)},\hat{U}_2} & \cdots & r_{z_p^{(1)},\hat{U}_p} \end{bmatrix}$$

$$\mathrm{cov}(\boldsymbol{Z}^{(2)},\hat{\boldsymbol{V}})=\mathrm{cov}(\hat{\boldsymbol{B}}_z^{-1}\hat{\boldsymbol{V}},\hat{\boldsymbol{V}})$$

$$=\hat{\boldsymbol{B}}_z^{-1}=\begin{bmatrix} r_{z_1^{(2)},\hat{V}_1} & r_{z_1^{(2)},\hat{V}_2} & \cdots & r_{z_1^{(2)},\hat{V}_q} \\ r_{z_2^{(2)},\hat{V}_1} & r_{z_2^{(2)},\hat{V}_2} & \cdots & r_{z_2^{(2)},\hat{V}_q} \\ \vdots & \vdots & & \vdots \\ r_{z_q^{(2)},\hat{V}_1} & r_{z_q^{(2)},\hat{V}_2} & \cdots & r_{z_q^{(2)},\hat{V}_q} \end{bmatrix}$$

定义前 r 对典型变量对样本总方差的贡献为

$$\mathrm{tr}(\hat{\boldsymbol{a}}_z^{(1)}\hat{\boldsymbol{a}}_z^{(1)\prime}+\hat{\boldsymbol{a}}_z^{(2)}\hat{\boldsymbol{a}}_z^{(2)\prime}+\cdots+\hat{\boldsymbol{a}}_z^{(r)}\hat{\boldsymbol{a}}_z^{(r)\prime})=\sum_{i=1}^{r}\sum_{k=1}^{p}r^2_{z_k^{(1)},\hat{U}_i}$$

$$\mathrm{tr}(\hat{\boldsymbol{b}}_z^{(1)}\hat{\boldsymbol{b}}_z^{(1)\prime}+\hat{\boldsymbol{b}}_z^{(2)}\hat{\boldsymbol{b}}_z^{(2)\prime}+\cdots+\hat{\boldsymbol{b}}_z^{(r)}\hat{\boldsymbol{b}}_z^{(r)\prime})=\sum_{i=1}^{r}\sum_{k=1}^{q}r^2_{z_k^{(2)},\hat{V}_i}$$

则第一组样本方差由前 r 个典型变量解释的比例为

$$\boldsymbol{R}d_{z^{(1)}|\hat{U}}=\frac{\sum_{i=1}^{r}\sum_{k=1}^{p}r^2_{z_k^{(1)},\hat{U}_i}}{p} \tag{9.15}$$

第二组样本方差由前 r 个典型变量解释的比例为

$$\boldsymbol{R}d_{z^{(2)}|\hat{V}}=\frac{\sum_{i=1}^{r}\sum_{k=1}^{q}r^2_{z_k^{(2)},\hat{V}_i}}{q} \tag{9.16}$$

例 9.4 依据例 9.3 所得 $\boldsymbol{R}_{U,Z^{(2)}}$ 数据，进行典型冗余分析。

根据式(9.15)

$$\boldsymbol{R}d_{z^{(1)}|\hat{U}}=\frac{\sum_{i=1}^{r}\sum_{k=1}^{p}r^2_{z_k^{(1)},\hat{U}_i}}{p}$$

求得生理指标样本方差由自身 3 个典型变量解释的方差比例分别如下：

第一典型变量解释的方差比例=$(0.620^2+0.926^2+0.333^2)/3=0.451$；

第二典型变量解释的方差比例=$(2.827^2+2.739^2+0.875^2)/3=5.420$；

第三典型变量解释的方差比例=$(0.135^2+0.031^2+0.942^2)/3=0.302$；

前两个典型变量解释的方差比例=0.451+5.420=5.871。

应用同样的方法可求得训练指标样本方差由自身三个典型变量解释的方差比例分别为 0.408、0.434、0.157。

第五节 实例分析与计算机实现

一、典型相关分析实例 1

这里通过典型相关分析来反映我国财政收入与财政支出之间的关系。第一组反映财政收入的指标有国内增值税、企业所得税、个人所得税、专项收入及行政事业性收费收入等，第二组反映财政支出的指标有一般公共服务支出、国防支出、公共安全支出、教育支出、科学技术支出、社会保障和就业支出、医疗卫生与计划生育支出及节能环保支出等。数据来源于 2018 年《中国统计年鉴》，原始数据如表 9.2 所示。

表 9.2 我国 31 个省(自治区、直辖市)财政收入与财政支出数据(2017 年)(单位：亿元)

地区	国内增值税	企业所得税	个人所得税	专项收入	行政事业性收费收入	一般公共服务支出	国防支出	公共安全支出	教育支出	科学技术支出	社会保障和就业支出	医疗卫生与计划生育支出	节能环保支出
北京市	1671.9	1229.8	643.2	462.3	65.68	493.24	9.96	467.99	964.62	361.76	795.38	427.87	458.44
天津市	654.54	310.14	116.51	293.77	181.02	209.02	3.59	207.42	434.59	115.99	459.58	182.1	110.22
河北省	913.73	351.75	92.29	248.61	189.16	633.18	8.81	367.55	1276.55	69.08	976.88	605.1	353.45
山西省	623.11	174.42	47.9	115.86	78.92	314.07	3.67	216	620.67	50.25	646.63	321.34	128.87
内蒙古自治区	513.76	128.82	56.22	113.98	131.96	349.1	4.34	250.09	561.85	33.67	704.14	323.48	143.67
辽宁省	785.76	278.41	90.41	149.18	120.67	386.04	6.14	301.66	648.06	57.38	1340.54	336.63	106.53
吉林省	371.4	144.61	46.35	95.95	85.73	294.5	5.06	212.44	508.09	46.84	550.8	279.22	115.12
黑龙江省	357.74	102.38	41.46	65.74	62.37	279.08	5.34	223.39	573.11	46.91	928.55	297.17	193.2
上海市	2460.39	1402.3	692.46	344.29	100.81	320.7	9.75	356.12	874.1	389.9	1061.03	412.18	224.66
江苏省	2864.23	1145.19	386.82	493.05	420.51	1022.75	17.1	717.07	1979.57	428.01	1043.4	789.52	292.1
浙江省	2201.37	822.19	395.24	467.56	68.99	765.03	8.15	548.44	1430.15	303.5	801.78	584.17	190.15
安徽省	803.36	274.73	79.41	239.05	152.33	453.28	5.55	258.39	1014.91	260.41	862.53	597.74	198.64
福建省	754.39	381.82	150.55	249.17	101.72	380.84	5.14	330.02	842.21	99.44	394.56	420.44	120.65
江西省	615.72	182.23	69.64	122.88	175.98	477.17	5.68	255.74	940.57	120.09	663.93	492.59	143.4
山东省	1705.96	620.3	186.73	310.39	320.28	857.51	15.99	566.05	1890	195.77	1131.96	829.27	236.84
河南省	888.93	332.02	86.31	283.27	250.6	850.29	5.98	417.11	1493.11	137.94	1160.23	836.66	241.65

续表

地区	国内增值税	企业所得税	个人所得税	专项收入	行政事业性收费收入	一般公共服务支出	国防支出	公共安全支出	教育支出	科学技术支出	社会保障和就业支出	医疗卫生与计划生育支出	节能环保支出
湖北省	860.67	349.62	121.94	196.38	348.3	688.85	3.56	397.54	1101.35	234.27	1092.3	614.69	139.71
湖南省	702.15	201.94	90.21	175.44	133.38	747.05	12.93	371.77	1115.33	91.42	1017.9	585.98	173.28
广东省	3675.43	1767.83	755.91	873.93	285.37	1355.6	11.85	1214.04	2575.52	823.89	1423.33	1307.56	433.23
广西壮族自治区	428.99	127.75	50.19	134.8	97.14	455.35	8.78	283.17	920.2	60.04	678.65	512.31	85.11
海南省	201.27	83.48	28.95	53.41	17.56	122.13	5.14	85.72	220.87	12.47	183.08	127.37	35.72
重庆市	537.05	203.34	72.73	92.47	263.08	304.55	4.84	235.91	626.3	59.31	702.82	353.79	154.95
四川省	1010.19	359.38	152.74	222.75	211.32	793.3	11.43	471.42	1389.2	106.57	1501.35	831.46	197.75
贵州省	417.73	146.67	48.55	91.25	73.81	464.83	4.4	268.09	901.96	87.72	498.74	436.21	125.39
云南省	527.91	161.19	69.15	202.84	100.71	609.83	5.99	343.26	998.33	53.42	750.33	546.99	179.48
西藏自治区	78.94	4.74	18.62	15.59	6.83	243.55	1.94	102.71	227.2	8.49	155.86	93.8	46.64
陕西省	690.85	176.54	79.05	159.59	103.17	417.34	4.45	241.82	828.25	79.34	718.22	418.27	162.52
甘肃省	270.76	67.24	27.33	76.11	55.26	307.23	2.46	170.38	567.35	25.83	468.16	289.24	102.2
青海省	89.36	23.25	8.96	15.58	9.23	123.85	0.99	90.04	187.51	11.94	209.57	125.21	60.93
宁夏回族自治区	125.42	26.14	15.05	31.66	18.56	86.15	0.66	64.59	170.65	25.55	162.32	97.98	57.61
新疆维吾尔自治区	409.15	114.27	64.78	123.32	74.76	433.47	6.38	576.39	722.59	42.81	526	266.71	54.66

(一)操作步骤

(1)加载 R 包。

```
library(MASS)              #加载MASS包
library(tidyverse)         #用于数据加载及预处理
```

(2)读取数据。

```
d1<-read_csv('c9_1.csv')
d2<-read_csv('c9_2.csv')
nms1 <- d1[['地区']]           #保存地区名称
d1[['地区']] <- NULL           #删除第一列(地区名称)
d1[is.na(d1)]<-0               #将缺失值填补为0
d1<-data.frame(d1)          #将数据转换为数据框
rownames(d1)<-nms1          #将城市名称设置为行名
nms2 <- d2[['地区']]           #保存地区名称
```

```
d2[['地区']] <- NULL          #删除第一列(地区名称)
d2[is.na(d2)]<-0            #将缺失值填补为0
d2<-data.frame(d2)          #将数据转换为数据框
rownames(d2)<-nms2          #将城市名称设置为行名
options(digits=2)           #输出显示小数点后2位
```

(3) 数据标准化。为了消除数量级的影响，调用 scale 函数做数据标准化变换。

```
d1<-scale(d1)
d2<-scale(d2)
```

(4) 利用 cancor 函数进行典型相关分析。

```
ca<-cancor(d1,d2)
```

这里 d1、d2 是两组变量值。

(二)输出结果

(1) 典型相关系数。cancor 函数返回值的 cor 组件存储有典型相关系数值。

```
ca$cor
## [1] 0.98 0.88 0.71 0.46 0.36
```

可以看出，第一对典型变量相关系数为 0.98，第二对典型变量相关系数为 0.88，依此类推，共有 5 对典型变量的典型相关系数，所有典型相关系数值均为正值，说明财政收入与财政支出间是正相关的。

(2) 典型变量系数表。cancor 函数返回值的 xcoef 和 ycoef 分别存储了两组变量的系数表。

```
ca$xcoef
##                      [,1]   [,2]   [,3]  [,4]   [,5]
## 国内增值税          -0.099 -0.566  0.375  0.20  0.641
## 企业所得税          -0.064  0.677  0.336 -1.79 -1.335
## 个人所得税           0.028 -0.081 -0.184  1.55  0.717
## 专项收入            -0.041  0.022 -0.526 -0.05  0.085
## 行政事业性收费收入 -0.015 -0.059 -0.041  0.29 -0.128
ca$ycoef
##                         [,1]   [,2]  [,3]   [,4]   [,5]    [,6]   [,7]
## 一般公共服务支出      0.0307 -0.103 -0.18  0.459  0.328  0.6461  0.284
## 国防支出             -0.0115  0.072  0.11  0.062 -0.034  0.1498 -0.282
## 公共安全支出          0.0016  0.125 -0.20 -0.023  0.179 -0.4042 -0.255
## 教育支出             -0.1774 -0.532  0.48 -0.776 -0.165 -0.4869  0.673
## 科学技术支出         -0.1273  0.086  0.17  0.094  0.093  0.2136  0.052
## 社会保障和就业支出 -0.0291 -0.077  0.15  0.189 -0.024 -0.1727  0.164
## 医疗卫生与计划生育支出  0.1253  0.271 -0.41  0.104 -0.288  0.0691 -0.776
## 节能环保支出         -0.0049  0.165 -0.14 -0.021 -0.129  0.0087  0.099
##                          [,8]
## 一般公共服务支出      -0.207
```

```
## 国防支出                -0.105
## 公共安全支出            -0.147
## 教育支出                 0.026
## 科学技术支出             0.220
## 社会保障和就业支出       0.019
## 医疗卫生与计划生育支出   0.321
## 节能环保支出            -0.156
```

可以看出第一对典型相关变量为

$$\begin{cases} u_1 = -0.099x_1 - 0.064x_2 + 0.028x_3 - 0.041x_4 - 0.015x_5 \\ v_1 = 0.0307y_1 - 0.0115y_2 + 0.0016y_3 - 0.1774y_4 - 0.1273y_5 - 0.0291y_6 + 0.1253y_7 - 0.0049y_8 \end{cases}$$

其中，第一组变量中的国内增值税和企业所得税在 u_1 上具有较大的载荷，第二组变量中的教育支出、科学技术支出和医疗卫生与计划生育支出在 v_1 上具有较大的载荷。

第二对典型相关变量为

$$\begin{cases} u_2 = -0.566x_1 + 0.667x_2 - 0.081x_3 + 0.022x_4 - 0.059x_5 \\ v_2 = -0.103y_1 + 0.072y_2 + 0.125y_3 - 0.532y_4 + 0.086y_5 - 0.077y_6 + 0.271y_7 + 0.165y_8 \end{cases}$$

可以看出，在第一组变量中，仍然是国内增值税和企业所得税在 u_2 上具有较大的载荷，第二组变量中的教育支出、医疗卫生与计划生育支出和节能环保支出在 v_2 上具有较大的载荷。

第三对典型相关变量为

$$\begin{cases} u_3 = 0.375x_1 + 0.336x_2 - 0.184x_3 - 0.526x_4 - 0.041x_5 \\ v_3 = -0.18y_1 + 0.11y_2 - 0.20y_3 + 0.48y_4 + 0.17y_5 + 0.15y_6 - 0.41y_7 - 0.14y_8 \end{cases}$$

可以看出，在第一组变量中，专项收入在 u_3 上具有较大的载荷，第二组变量中的教育支出、医疗卫生与计划生育支出在 v_3 上具有较大的载荷。

二、典型相关分析实例 2

本实例选用 R 语言自带的数据集“LifeCycleSavings”，数据集存储了 20 世纪 60～70 年代 50 个国家(地区)的个人储蓄总额、15 岁以下人口比例、75 岁以上人口比例、人均可支配收入、人均可支配收入增长率。

在 R 语言环境中，可以输入“?LifeCycleSavings”获得此数据集的相关帮助信息。

(一)操作步骤

(1)读取数据。

```
pop <- LifeCycleSavings[, 2:3]          #人口数据
eco <- LifeCycleSavings[, -(2:3)]       #经济数据
options(digits=2)                       #输出显示小数点后2位
```

(2)数据标准化。为了消除数量级的影响，调用 scale 函数做数据标准化变换。

```
pop<-scale(pop)
eco<-scale(eco)
```

(3) 利用 cancor 进行典型相关分析。

```
ca<-cancor(pop,eco)
```

(二)输出结果

(1) 典型相关系数 cancor 函数返回值的 cor 组件存储有典型相关系数值。

```
ca$cor
## [1] 0.82 0.37
```

可以看出，第一对典型变量相关系数为 0.82，第二对典型变量相关系数为 0.37。说明人口结构对国民收入会产生影响。

(2) 典型变量系数表。cancor 函数返回值的 xcoef 和 ycoef 分别存储了两组变量的系数表。

```
ca$xcoef
##          [,1]  [,2]
## pop15 -0.083 -0.33
## pop75  0.063 -0.34
ca$ycoef
##        [,1]   [,2]    [,3]
## sr    0.038  0.150 -0.0231
## dpi   0.130 -0.075  0.0045
## ddpi  0.012 -0.035  0.1489
```

可以看出，在第一对典型相关变量中，第一组变量的 15 岁以下人口比例与 75 岁以上人口比例均有较高的载荷，第二组变量的人均可支配收入有较高的载荷。说明人口结构对人均可支配收入有较高的影响。

三、小结

在进行典型相关分析时，首先应对数据用 scale 函数做标准化变换，之后利用 cancor 函数进行典型相关分析，最后利用典型相关系数结合典型变量系数表，对两组变量间的相关性进行分析。

➢ 思考与练习

9.1　什么是典型相关分析？简述其基本思想。

9.2　什么是典型变量？它具有哪些性质？

9.3　试分析一组变量的典型变量与其主成分的联系及区别。

9.4　简述典型相关分析中载荷分析的内容及作用。

9.5　简述典型相关分析中冗余分析的内容及作用。

9.6　设 $\boldsymbol{X}$ 和 $\boldsymbol{Y}$ 分别是 p 维和 q 维随机向量，且存在二阶矩，设 $p \leqslant q$。它们的第 i 对

典型变量分别为 $a^{(i)\prime}\boldsymbol{X}$ 、$b^{(i)\prime}\boldsymbol{Y}$ ，典型相关系数为 λ_i $(i=1,2,\cdots,p)$ 。令 $\boldsymbol{X}^*=\boldsymbol{C}\boldsymbol{X}+\boldsymbol{l}$ ，$\boldsymbol{Y}^*=\boldsymbol{D}\boldsymbol{Y}+\boldsymbol{m}$ ，其中 C、D 分别为 $p\times p$ 阶、$q\times q$ 阶非奇异阵，$\boldsymbol{l}$ 、$\boldsymbol{m}$ 分别为 p 维、q 维随机向量，试证明：

(1) $\boldsymbol{X}^*$、$\boldsymbol{Y}^*$ 的第 i 对典型变量为 $\boldsymbol{C}^{-1}a^{(i)\prime}\boldsymbol{X}^*$ 、$\boldsymbol{D}^{-1}b^{(i)\prime}\boldsymbol{Y}^*$ 。

(2) $\boldsymbol{C}^{-1}a^{(i)\prime}\boldsymbol{X}^*$ 与 $\boldsymbol{D}^{-1}b^{(i)\prime}\boldsymbol{Y}^*$ 的典型相关系数为 λ_i 。

9.7 对 140 名学生进行了阅读速度 X_1 、阅读能力 X_2 、运算速度 Y_1 和运算能力 Y_2 的四种测验，所得成绩的相关阵为

$$\boldsymbol{R}=\begin{bmatrix} 1 & 0.03 & 0.24 & 0.59 \\ 0.03 & 1 & 0.06 & 0.07 \\ 0.24 & 0.06 & 1 & 0.24 \\ 0.59 & 0.07 & 0.24 & 1 \end{bmatrix}$$

试对阅读本领与运算本领之间进行典型相关分析。

9.8 某年级学生的期末考试中，有的课程闭卷考试，有的课程开卷考试。44 名学生的成绩如表 9.3 所示。

表 9.3 44 名学生的期末考试成绩

闭卷		开卷			闭卷		开卷		
力学 X_1	物理 X_2	代数 X_3	分析 X_4	统计 X_5	力学 X_1	物理 X_2	代数 X_3	分析 X_4	统计 X_5
77	82	67	67	81	63	78	80	70	81
75	73	71	66	81	55	72	63	70	68
63	63	65	70	63	53	61	72	64	73
51	67	65	65	68	59	70	68	62	56
62	60	58	62	70	64	72	60	62	45
52	64	60	63	54	55	67	59	62	44
50	50	64	55	63	65	63	58	56	37
31	55	60	57	76	60	64	56	54	40
44	69	53	53	53	42	69	61	55	45
62	46	61	57	45	31	49	62	63	62
44	61	52	62	45	49	41	61	49	64
12	58	61	63	67	49	53	49	62	47
54	49	56	47	53	54	53	46	59	44
44	56	55	61	36	18	44	50	57	81
46	52	65	50	35	32	45	49	57	64
30	69	50	52	45	46	49	53	59	37
40	27	54	61	61	31	42	48	54	68

续表

闭卷		开卷			闭卷		开卷		
力学 X_1	物理 X_2	代数 X_3	分析 X_4	统计 X_5	力学 X_1	物理 X_2	代数 X_3	分析 X_4	统计 X_5
36	59	51	45	51	56	40	56	54	5
46	56	57	49	32	45	42	55	56	40
42	60	54	49	33	40	63	53	54	25
23	55	59	53	44	48	48	49	51	37
41	63	49	46	34	46	52	53	41	40

试对闭卷(X_1, X_2)和开卷(X_3, X_4, X_5)两组变量进行典型相关分析。

9.9　Dunham 在研究职业满意度与职业特性的相关程度时，对从一大型零售公司各分公司挑出的 784 位行政人员测量了 5 个职业特性变量，即用户反馈、任务重要性、任务多样性、任务特性及自主性，7 个职业满意度变量，即主管满意度、事业前景满意度、财政满意度、工作强度满意度、公司地位满意度、工种满意度及总体满意度。两组变量的样本相关阵为

$$\hat{\boldsymbol{R}}_{11}=\begin{bmatrix}1.00 & & & & \\ 0.49 & 1.00 & & & \\ 0.53 & 0.57 & 1.00 & & \\ 0.49 & 0.46 & 0.48 & 1.00 & \\ 0.51 & 0.53 & 0.57 & 0.57 & 1.00\end{bmatrix}$$

$$\hat{\boldsymbol{R}}_{22}=\begin{bmatrix}1.00 & & & & & & \\ 0.43 & 1.00 & & & & & \\ 0.27 & 0.33 & 1.00 & & & & \\ 0.24 & 0.26 & 0.25 & 1.00 & & & \\ 0.34 & 0.54 & 0.46 & 0.28 & 1.00 & & \\ 0.37 & 0.32 & 0.29 & 0.30 & 0.35 & 1.00 & \\ 0.40 & 0.58 & 0.45 & 0.27 & 0.59 & 0.31 & 1.00\end{bmatrix}$$

$$\hat{\boldsymbol{R}}_{12}=\hat{\boldsymbol{R}}_{21}=\begin{bmatrix}0.33 & 0.32 & 0.20 & 0.19 & 0.30 & 0.37 & 0.21\\ 0.30 & 0.21 & 0.16 & 0.08 & 0.27 & 0.35 & 0.20\\ 0.31 & 0.23 & 0.14 & 0.07 & 0.24 & 0.37 & 0.18\\ 0.24 & 0.22 & 0.12 & 0.19 & 0.21 & 0.29 & 0.16\\ 0.38 & 0.32 & 0.17 & 0.23 & 0.32 & 0.36 & 0.27\end{bmatrix}$$

试对职业满意度与职业特性进行典型相关分析。

9.10　试对一实际问题进行典型相关分析。

第十章

多维标度法

第一节 引言

如果给你一组城市，你总能从地图上测出任何一对城市之间的距离。但若给你若干城市的距离，你是否能确定它们之间的相对位置呢？假定通过调查了解了 10 种饮料产品在消费者心中的相似程度，你能否确定这些产品在消费者心理空间中的相对位置呢？在实际中我们常常会遇到类似这样的问题。

多维标度(multidimensional scaling)法就是解决这类问题的一种方法，它是一种在低维空间展示“距离”数据结构的多元数据分析技术，简称 MDS。

多维标度法起源于心理测度学，用于理解人们判断的相似性。Torgerson 拓展了 Richardson 及 Klingberg 等在 20 世纪 30～40 年代的研究，突破性地提出了多维标度法，后经 Shepard 和 Kruskal 等进一步加以发展完善，多维标度法现在已经成为一种广泛应用于心理学、市场调查、社会学、物理学、政治科学及生物学等领域的数据分析方法。

多维标度法解决的问题是：当 n 个对象(object)中各对对象之间的相似性(或距离)给定时，确定这些对象在低维空间中的表示(感知图(perceptual mapping))，并使其尽可能与原先的相似性(或距离)“大体匹配”，使得由降维所引起的任何变形达到最小。多维空间中排列的每一个点代表一个对象，因此点间的距离与对象间的相似性高度相关。也就是说，两个相似的对象由多维空间中两个距离相近的点表示，而两个不相似的对象则由多维空间两个距离较远的点表示。多维空间通常为二维或三维的欧几里得空间，但也可以是三维以上的非欧几里得空间。

多维标度法内容丰富、方法较多。根据相似性(距离)数据测量尺度的不同，多维标度可分为度量多维标度和非度量多维标度。当利用原始相似性(距离)的实际数值为间隔尺度和比率尺度时称为度量多维标度(metric MDS)，当利用原始相似性(距离)的等级顺序(即有序尺度)而非实际数值时称为非度量多维标度(nonmetric MDS)。按相似性(距离)矩阵的个数和多维标度模型的性质，多维标度可分为古典多维标度(classical MDS)(一个矩阵，无权重模型)、重复多维标度(replicated MDS)(几个矩阵，无权重模型)、权重多维标度(weight MDS)(几个矩阵，权重模型)。本章仅介绍常用的古典多维标度法。

第二节　古典多维标度法

一、相似与距离的概念

在解决上述问题之前，首先明确与多维标度法相关的数据概念。

(1) 相似数据与不相似数据。

相似数据：如果用较大的数值表示非常相似，用较小的数值表示非常不相似，则数据为相似数据。

不相似数据：如果用较大的数值表示非常不相似，较小的数值表示非常相似，则数据为不相似数据，也称为距离数据。

(2) 距离阵。

定义 10.1　一个 $n\times n$ 的矩阵 $\boldsymbol{D}=(d_{ij})_{n\times n}$，如果满足条件：

① $\boldsymbol{D}=\boldsymbol{D}'$；

② $d_{ij}\geqslant 0, d_{ii}=0, i,j=1,2,\cdots,n$。

则矩阵 $\boldsymbol{D}$ 为广义距离阵，d_{ij} 称为第 i 点与第 j 点的距离。

定义 10.2　对于一个 $n\times n$ 的距离阵 $\boldsymbol{D}=(d_{ij})_{n\times n}$，如果存在某个正整数 r 和 $\mathbf{R}^r$ 中的 n 个点 $\boldsymbol{X}_1,\boldsymbol{X}_2,\cdots,\boldsymbol{X}_n$，使得

$$d_{ij}^2=(\boldsymbol{X}_i-\boldsymbol{X}_j)'(\boldsymbol{X}_i-\boldsymbol{X}_j),\quad i,j=1,2,\cdots,n$$

则称 $\boldsymbol{D}$ 为欧几里得距离阵。

(3) 相似系数阵。

定义 10.3　一个 $n\times n$ 的矩阵 $\boldsymbol{C}=(c_{ij})_{n\times n}$，如果满足条件：

① $\boldsymbol{C}=\boldsymbol{C}'$；

② $c_{ij}\leqslant c_{ii}, i,j=1,2,\cdots,n$。

则矩阵 $\boldsymbol{C}$ 为相似系数阵，c_{ij} 称为第 i 点与第 j 点的相似系数。

在进行多维标度分析时，若数据是多个分析变量的原始数据，则要根据聚类分析中介绍的方法，计算分析对象间的相似测度；若数据不是广义距离阵，则要通过一定的方法将其转换成广义距离阵才能进行多维标度分析。

二、古典多维标度分析的基本原理

设 r 维空间中的 n 个点表示为 $\boldsymbol{X}_1,\boldsymbol{X}_2,\cdots,\boldsymbol{X}_n$，用矩阵表示为 $\boldsymbol{X}=(\boldsymbol{X}_1,\boldsymbol{X}_2,\cdots,\boldsymbol{X}_n)'$。在多维标度法中，称 $\boldsymbol{X}$ 为距离阵 $\boldsymbol{D}$ 的一个拟合构图，求得的 n 个点之间的距离阵 $\hat{\boldsymbol{D}}$ 称为 $\boldsymbol{D}$ 的拟合距离阵，$\hat{\boldsymbol{D}}$ 和 $\boldsymbol{D}$ 尽可能接近。如果 $\hat{\boldsymbol{D}}=\boldsymbol{D}$，则称 $\boldsymbol{X}$ 为 $\boldsymbol{D}$ 的一个构图。

假设有 n 个城市对应欧几里得空间的 n 个点，其距离阵为 $\boldsymbol{D}$，它们所对应的空间的维数为 r，第 i 个城市对应的点记为 $\boldsymbol{X}_i$，则 $\boldsymbol{X}_i$ 的坐标记作 $\boldsymbol{X}_i=(X_{i1},X_{i2},\cdots,X_{ir})$。

设 $\boldsymbol{B}=(b_{ij})_{n\times n}$，其中 $b_{ij}=\frac{1}{2}\left(-d_{ij}^2+\frac{1}{n}\sum_{j=1}^{n}d_{ij}^2+\frac{1}{n}\sum_{i=1}^{n}d_{ij}^2-\frac{1}{n^2}\sum_{i=1}^{n}\sum_{j=1}^{n}d_{ij}^2\right)$，一个 $n\times n$ 的距离阵 $\boldsymbol{D}$ 是欧几里得距离阵的充要条件是 $\boldsymbol{B}\geqslant\boldsymbol{0}$。

首先考虑必要性，设 $\boldsymbol{D}$ 是欧几里得距离阵，则存在 $\boldsymbol{X}_1,\boldsymbol{X}_2,\cdots,\boldsymbol{X}_n\in\mathbf{R}^r$，使得

$$\begin{aligned}d_{ij}^2&=(\boldsymbol{X}_i-\boldsymbol{X}_j)'(\boldsymbol{X}_i-\boldsymbol{X}_j)\\&=\boldsymbol{X}_i'\boldsymbol{X}_i+\boldsymbol{X}_j'\boldsymbol{X}_j-\boldsymbol{X}_j'\boldsymbol{X}_i-\boldsymbol{X}_i'\boldsymbol{X}_j\\&=\boldsymbol{X}_i'\boldsymbol{X}_i+\boldsymbol{X}_j'\boldsymbol{X}_j-2\boldsymbol{X}_i'\boldsymbol{X}_j\end{aligned}\tag{10.1}$$

$$\frac{1}{n}\sum_{i=1}^{n}d_{ij}^2=\boldsymbol{X}_j'\boldsymbol{X}_j+\frac{1}{n}\sum_{i=1}^{n}\boldsymbol{X}_i'\boldsymbol{X}_i-\frac{2}{n}\sum_{i=1}^{n}\boldsymbol{X}_i'\boldsymbol{X}_j\tag{10.2}$$

$$\frac{1}{n}\sum_{j=1}^{n}d_{ij}^2=\boldsymbol{X}_i'\boldsymbol{X}_i+\frac{1}{n}\sum_{j=1}^{n}\boldsymbol{X}_j'\boldsymbol{X}_j-\frac{2}{n}\sum_{j=1}^{n}\boldsymbol{X}_i'\boldsymbol{X}_j\tag{10.3}$$

$$\frac{1}{n}\sum_{j=1}^{n}\left(\frac{1}{n}\sum_{i=1}^{n}d_{ij}^2\right)=\frac{1}{n^2}\sum_{i=1}^{n}\sum_{j=1}^{n}d_{ij}^2=\frac{1}{n}\sum_{i=1}^{n}\boldsymbol{X}_i'\boldsymbol{X}_i+\frac{1}{n}\sum_{j=1}^{n}\boldsymbol{X}_j'\boldsymbol{X}_j-\frac{2}{n}\sum_{i=1}^{n}\sum_{j=1}^{n}\boldsymbol{X}_i'\boldsymbol{X}_j\tag{10.4}$$

由式(10.1)～式(10.4)可得

$$\begin{aligned}b_{ij}&=\frac{1}{2}\left(-d_{ij}^2+\frac{1}{n}\sum_{j=1}^{n}d_{ij}^2+\frac{1}{n}\sum_{i=1}^{n}d_{ij}^2-\frac{1}{n^2}\sum_{i=1}^{n}\sum_{j=1}^{n}d_{ij}^2\right)\\&=\frac{1}{2}\left(2\boldsymbol{X}_i'\boldsymbol{X}_j-\frac{2}{n}\sum_{j=1}^{n}\boldsymbol{X}_i'\boldsymbol{X}_j-\frac{2}{n}\sum_{i=1}^{n}\boldsymbol{X}_i'\boldsymbol{X}_j+\frac{2}{n}\sum_{i=1}^{n}\sum_{j=1}^{n}\boldsymbol{X}_i'\boldsymbol{X}_j\right)\\&=(\boldsymbol{X}_i'\boldsymbol{X}_j-\boldsymbol{X}_i'\bar{\boldsymbol{X}}-\bar{\boldsymbol{X}}'\boldsymbol{X}_j+\bar{\boldsymbol{X}}'\bar{\boldsymbol{X}})\\&=(\boldsymbol{X}_i-\bar{\boldsymbol{X}})'(\boldsymbol{X}_j-\bar{\boldsymbol{X}})\end{aligned}\tag{10.5}$$

其中，$\bar{\boldsymbol{X}}=\frac{1}{n}\sum_{i=1}^{n}\boldsymbol{X}_i$。用矩阵表示为

$$\boldsymbol{B}=(b_{ij})_{n\times n}=\begin{pmatrix}(\boldsymbol{X}_1-\bar{\boldsymbol{X}})'\\(\boldsymbol{X}_2-\bar{\boldsymbol{X}})'\\\vdots\\(\boldsymbol{X}_n-\bar{\boldsymbol{X}})'\end{pmatrix}(\boldsymbol{X}_1-\bar{\boldsymbol{X}},\boldsymbol{X}_2-\bar{\boldsymbol{X}},\cdots,\boldsymbol{X}_n-\bar{\boldsymbol{X}})\geqslant 0$$

这里，称 $\boldsymbol{B}$ 为 $\boldsymbol{X}$ 的中心化内积矩阵。

再来考虑充分性，假设 $\boldsymbol{B}\geqslant\boldsymbol{0}$，欲指出 $\boldsymbol{X}$ 正好为 $\boldsymbol{D}$ 的一个构图，且 $\boldsymbol{D}$ 是欧几里得型的。

记 $\lambda_1\geqslant\lambda_2\geqslant\cdots\geqslant\lambda_r$ 为 $\boldsymbol{B}$ 的正特征根，$\lambda_1,\lambda_2,\cdots,\lambda_r$ 对应的单位特征向量为 $\boldsymbol{e}_1,\boldsymbol{e}_2,\cdots,\boldsymbol{e}_r$，$\boldsymbol{\Gamma}=(\boldsymbol{e}_1,\boldsymbol{e}_2,\cdots,\boldsymbol{e}_r)$ 是以单位特征向量为列组成的矩阵，则 $\boldsymbol{X}=\left(\sqrt{\lambda_1}\boldsymbol{e}_1,\sqrt{\lambda_2}\boldsymbol{e}_2,\cdots,\sqrt{\lambda_r}\boldsymbol{e}_r\right)=(x_{ij})_{n\times r}$，$\boldsymbol{X}$ 矩阵中每一行对应空间中的一个点，第 i 行即 X_i。令 $\boldsymbol{\Lambda}=\mathrm{diag}(\lambda_1,\lambda_2,\cdots,\lambda_r)$，那么有

$$\boldsymbol{B}=\boldsymbol{X}\boldsymbol{X}'=\boldsymbol{\Gamma}\boldsymbol{\Lambda}\boldsymbol{\Gamma}'\tag{10.6}$$

$$X = \Gamma \Lambda^{1/2} \tag{10.7}$$

即 $b_{ij} = X_i'X_j$。由于 $b_{ij} = \frac{1}{2}\left(-d_{ij}^2 + \frac{1}{n}\sum_{j=1}^{n} d_{ij}^2 + \frac{1}{n}\sum_{i=1}^{n} d_{ij}^2 - \frac{1}{n^2}\sum_{i=1}^{n}\sum_{j=1}^{n} d_{ij}^2\right)$，因此有

$$\begin{aligned}(X_i - X_j)'(X_i - X_j) &= X_i'X_i + X_j'X_j - 2X_i'X_j \\ &= b_{ii} + b_{jj} - 2b_{ij} = d_{ij}^2\end{aligned}$$

这样说明 X 正好为 D 的一个构图，D 是欧几里得型的。

通过上面的讨论可以知道，只要按式(10.5)求出各个点对之间的内积，以及内积矩阵 B 的 r 个非零特征值及所对应的一组特征向量，据式(10.7)即可求出 X 矩阵的 r 个列向量或空间 n 个点的坐标。

三、度量多维标度的古典解

根据上述古典多维标度法的基本思想及方法，可给出求古典解的一般步骤：

(1)根据距离阵数据，按照式(10.5)计算出 b_{ij}。

(2)根据 b_{ij} 构造出内积矩阵 B。

(3)计算内积矩阵 B 的特征值 $\lambda_1 \geqslant \lambda_2 \geqslant \cdots \geqslant \lambda_n$ 和 r 个最大特征值 $\lambda_1 \geqslant \lambda_2 \geqslant \cdots \geqslant \lambda_r > 0$ 对应的单位特征向量。其中，r 的确定有两种方法，一是事先确定 $r=1$、2 或 3；二是通过计算前 r 个大于零的特征值占全体特征值的比例 κ 确定。

$$\kappa = \frac{\lambda_1 + \lambda_2 + \cdots + \lambda_r}{|\lambda_1| + |\lambda_2| + \cdots + |\lambda_n|} \geqslant \kappa_0$$

其中，κ_0 为预先给定的变差贡献比例。

(4)根据式(10.7)计算 X，得到 r 维拟合构图(简称古典解)。

这里需要注意的是，若 λ_i 中有负值，则表明 D 是非欧几里得型的。

如果已知的数据不是 n 个对象之间的某种距离，而是 n 个对象间的某种相似性测度，只需将相似系数阵 C 转换为广义距离阵 D，其他计算与上述方法相同。令

$$d_{ij} = (c_{ii} + c_{jj} - 2c_{ij})^{1/2} \tag{10.8}$$

由定义 10.3 可知，$c_{ii} + c_{jj} - 2c_{ij} \geqslant 0$，显见 $d_{ii} = 0, d_{ij} = d_{ji}$，故 D 为距离阵。根据数学定理易知，当 $C \geqslant 0$ 时，由式(10.8)定义的距离阵为欧几里得型。

四、非度量多维标度的古典解

在实际问题中，涉及更多的是不易量化的相似性测度，如两种颜色的相似性，虽然可以用 1 表示颜色非常相似，10 表示颜色非常不相似，但是这里的数字只表示颜色之间的相似或不相似程度，并不表示实际的数值大小，因而是定序尺度，这时是由两两颜色间的不相似数据 δ_{ij} 形成“距离”矩阵的。对于非度量的不相似性矩阵，如何进行多维标度分析呢？假定有一个 n 个对象的不相似矩阵 $(\delta_{ij})_{n\times n}$，要寻找 n 个对象的一个 r 维拟合构造点 X。下面介绍 Kruskal 的非度量多维标度分析方法。

为了寻找一个较好的拟合构造点，可以从某一个拟合构造点开始，即先将 n 个对象随意放置在 r 维空间，形成一个感知图，用 $\boldsymbol{X}_i=(X_{i1},X_{i2},\cdots,X_{ir})'$ 表示 i 对象在 r 维空间的坐标，对象 i 与 j 在 r 维空间的距离为

$$d_{ij}=\sqrt{(X_{i1}-X_{j1})^2+(X_{i2}-X_{j2})^2+\cdots+(X_{ir}-X_{jr})^2}$$

然后微调 n 个对象在空间的位置，改进空间距离 d_{ij} 与不相似数据 δ_{ij} 间的匹配程度，直到匹配性无法改进。显然，定量测度 d_{ij} 与 δ_{ij} 间的匹配性是问题的难点，因为对定序尺度 δ_{ij} 来说，如何量化它与 d_{ij} 间的对应程度是解决问题的关键。Kruskal 提出了用最小平方单调回归的方法，确定 δ_{ij} 的单调转换 $\hat{d}_{ij}$ 。然后，又提出用以测度偏离完美匹配程度的量度 STRESS，称为应力，定义为

$$\text{STRESS}=\sqrt{\sum_i\sum_j\left(d_{ij}-\hat{d}_{ij}\right)^2\Big/\sum_i\sum_j d_{ij}^2} \tag{10.9}$$

d_{ij} 与 $\hat{d}_{ij}$ 之间差异越大，STRESS 值越大，表明匹配性也就越差。非度量多维标度法就是要采用迭代方法，找到使 STRESS 尽可能小的 r 维空间中 n 个对象的坐标。对于找到的拟合构造点，当 STRESS=0 时，表示拟合完美，$d_{ij}=\hat{d}_{ij}$；当 0<STRESS⩽2.5%时，表示拟合非常好；当 2.5%<STRESS⩽5%时，表示拟合好；当 5%<STRESS⩽10%时，表示拟合一般；当 10%<STRESS⩽20%时，表示拟合差。

另一种测量偏离完美匹配的量度是由塔卡杨(Takane)等提出的，已成为一个更受欢迎的准则。对给定维数 r ，将这个量度记为 S 应力，其定义为

$$\text{S 应力}=\left(\sum\sum(d_{ij}^2-\hat{d}_{ij}^2)^2\Big/\sum\sum d_{ij}^4\right)^{1/2} \tag{10.10}$$

也就是说，S 应力是将式(10.9)中的 d_{ij} 和 $\hat{d}_{ij}$ 用它们的平方代表后所得到的量度。S 应力的值介于 0 和 1 之间。典型的情况是：此值小于 0.1 意味着感知图是 n 个对象的一个好的几何表示。

在非度量多维标度分析过程中，另一个需要解决的问题是感知图空间维数 r 的确定。可以制作应力-r 图确定感知图的维数 r 。从前述可知，对每一个 r ，可以找到使应力达到最小的点结构。随着 r 的增大，最小应力将在运算误差的范围内逐渐下降，且当 $r=n-1$ 时达到零。从 $r=1$ 开始，可将应力 $S(r)$ 对 r 作图。这些点随 r 的增大而呈下降排列。若找到一个 r ，上述下降趋势到这一点开始接近水平状态，即形成一个“肘”形曲线，则这个 r 便是“最佳”维数。

非度量多维标度虽然是基于非度量尺度数据的分析方法，但是当定量尺度的距离阵中的数据不可靠，而距离大小的顺序可靠时，采用非度量多维标度比度量多维标度得到的结果更接近于实际。

第三节 多维标度法中的几个问题

一、解的不唯一性

这里需要特别注意，并非所有的距离阵都存在一个 r 维的欧几里得空间和 n 个点，使得 n 个点之间的距离等于 $\boldsymbol{D}$。因此，并不是所有的距离阵都是欧几里得距离阵，还存在非欧几里得距离阵。

当距离阵为欧几里得距离阵时，可求得一个 $\boldsymbol{D}$ 的构图 $\boldsymbol{X}$，当距离阵不是欧几里得距离阵时，只能求得 $\boldsymbol{D}$ 的拟合构图。在实际应用中，即使 $\boldsymbol{D}$ 为欧几里得距离阵，一般也只求 $r=2$ 或 3 的低维拟合构图。

值得注意的是，由于多维标度法求解的 n 个点仅仅要求它们的相对欧几里得距离与 $\boldsymbol{D}$ 相近，也就是说，只与相对位置相近而与绝对位置无关，根据欧几里得距离在正交变换和平移变换下的不变性，显然所求得到的解并不唯一。

二、古典解的优良性

$\boldsymbol{X}$ 的 r 维主坐标正好是将 $\boldsymbol{X}$ 中心化后 n 个样品的前 r 个主成分的值。

由这个结论，可以从另一个角度来描述 $\boldsymbol{X}$ 的 k 维主坐标。若 $\boldsymbol{D}$ 是欧几里得型的，$n\times p$ 矩阵 $\boldsymbol{X}$ 是它的构造点，$\hat{\boldsymbol{X}}$ 是 $n\times k$ 矩阵（$k<p$），是 $\boldsymbol{D}$ 的低维拟合构造点，$\hat{\boldsymbol{X}}$ 相应的距离阵为 $\hat{\boldsymbol{D}}$。定理和以上的讨论指出，这个低维拟合构造点是 $\boldsymbol{HXT}_k$，由于 $\boldsymbol{H}$ 仅起中心化的作用，故拟合构造点等价于 $\boldsymbol{XT}_k$，即 $\boldsymbol{X}$ 右乘一个列单位正交矩阵。

考虑一切形如 $\hat{\boldsymbol{X}}=\boldsymbol{X\Gamma}_1$ 的拟合构造点，其中，$\boldsymbol{\Gamma}_1:p\times k$，$\boldsymbol{\Gamma}=(\boldsymbol{\Gamma}_1,\boldsymbol{\Gamma}_2)=(\gamma_{(1)},\gamma_{(2)},\cdots,\gamma_{(p)})$ 为 p 阶正交矩阵，易见

$$d_{ij}^2=\sum_{i=1}^{p}(x_{it}-x_{jt})^2=\sum_{i=1}^{p}(x_i'\gamma_{(t)}-x_j'\gamma_{(t)})^2$$

$$\hat{d}_{ij}^2=\sum_{t=1}^{k}(x_i'\gamma_{(t)}-x_j'\gamma_{(t)})^2$$

后者为拟合构造点之间的距离。上两式表明 $\hat{d}_{ij}\leqslant d_{ij}$，因此可以用

$$\varphi=\sum_{i=1}^{n}\sum_{j=1}^{n}\left(d_{ij}^2-\hat{d}_{ij}^2\right)$$

来度量 $\hat{\boldsymbol{X}}$ 拟合 $\boldsymbol{X}$（或 $\boldsymbol{D}$）的程度。

第四节 实例分析与计算机实现

一、多维标度法分析实例 1

表 10.1 是我国 12 个城市之间的航空距离，利用多维标度法在平面坐标上标出 12 座

城市之间的相对位置。

表 10.1　我国 12 个城市之间的航空距离　　(单位：km)

	北京市	合肥市	长沙市	杭州市	南昌市	南京市	上海市	武汉市	广州市	成都市	福州市	昆明市
北京市	0	959	1446	1200	1398	981	1178	1133	1967	1697	1681	2266
合肥市	959	0	641	476	450	145	412	345	1105	1392	730	1795
长沙市	1446	641	0	805	331	799	964	332	620	940	743	1116
杭州市	1200	476	805	0	468	240	176	656	1099	1699	519	2089
南昌市	1398	450	331	468	0	583	644	343	665	1240	437	1457
南京市	981	145	799	240	583	0	273	504	1255	1618	747	1870
上海市	1178	412	964	176	644	273	0	761	1308	1782	678	2042
武汉市	1133	345	332	656	343	504	761	0	873	1047	780	1364
广州市	1967	1105	620	1099	665	1255	1308	873	0	1390	763	1357
成都市	1697	1392	940	1699	1240	1618	1782	1047	1390	0	1771	711
福州市	1681	730	743	519	437	747	678	780	763	1771	0	1959
昆明市	2266	1795	1116	2089	1457	1870	2042	1364	1357	711	1959	0

(一)操作步骤

(1)加载 R 包。

```
library(MASS)
library(tidyverse)
library(foreign)                    #读取其他统计软件数据格式文件
```

(2)读取数据。

利用 read.spss 函数可以读取 sav 文件，由于读取的结果是列表，因此需要将其转换为矩阵数据(这里利用 sapply 函数)。

```
d<-read.spss('c10.sav')
d<-sapply(d[-1],function(x) x)
rownames(d) <- colnames(d)
```

(3)利用 cmdscale 函数进行多维标度分析。

```
mds = cmdscale(d,k=2,eig=T)
```

这里 d 是距离阵，k 为多维标度最终的维度，eig 为“T”表示需要返回特征根信息。

(二)输出结果

(1)拟合构造点在二维表标度中的坐标。cmdscale 函数返回值的 points 组件存储了二维坐标信息。

```
mds$points
##              [,1]        [,2]
```

```
## 北京    606.05202 -1026.33944
## 合肥    350.53073  -122.58545
## 长沙   -283.98667   123.96647
## 杭州    612.25700   167.98511
## 南昌     21.84193   233.85691
## 南京    493.49062   -93.76697
## 上海    637.79398    67.49573
## 武汉    -41.10031   -93.30307
## 广州   -366.74547   688.33167
## 成都   -989.30927  -500.41279
## 福州    378.17791   632.22590
## 昆明  -1419.00248   -77.45408
```

(2)特征根信息。cmdscale 函数返回值的 eig 组件存储了特征根信息，可以据此计算方差贡献率。

```
sum(abs(mds$eig[1:2]))/sum(abs(mds$eig))
## [1] 0.8855278
```

可以看出，生成的两个维度信息能够较好地还原距离阵中的信息。

(3)结果可视化(图 10.1)。

```
x = mds$points[,1]
y = mds$points[,2]
p = ggplot(data.frame(x,y),aes(x,y,label=colnames(d)))
p+geom_point(shape=16,size=3,colour='red')+geom_text(hjust=0.5,vjust=
0.5,alpha=0.5)
```

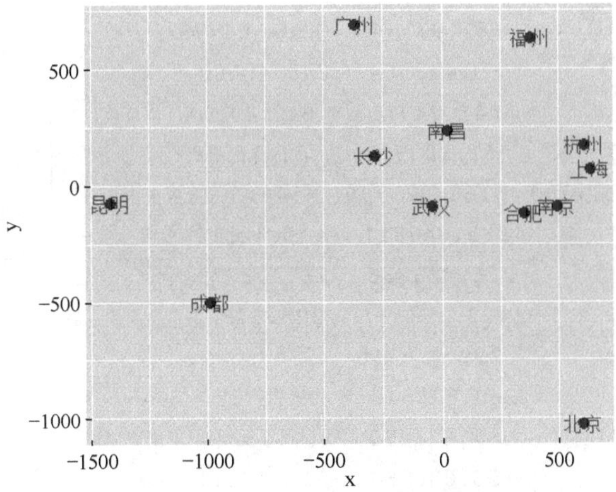

图 10.1　可视化结果(多维标度法分析实例 1)

从图 10.1 中可以看出，利用多维标度法能够基于各城市间距离较好地还原地理空间的临近关系。

二、多维标度法分析实例 2

本实例选用 R 语言自带的数据集“eurodist”，数据集存储了欧洲 21 个城市间的距离。在 R 语言环境中，可以输入“?eurodist”获得此数据集的相关帮助信息。

(一)操作步骤

(1)读取数据。

```
d <- eurodist
```

(2)利用 cmdscale 函数进行多维标度分析。

```
mds = cmdscale(d,k=2,eig=T)
```

这里 d 是距离阵，k 表示多维标度最终的维度，eig 为“T”表示需要返回特征根信息。

(二)输出结果

(1)拟合构造点在二维标度中的坐标 cmdscale 函数返回值的 points 组件存储了二维坐标信息。

```
mds$points
##                        [,1]        [,2]
## Athens           2290.274680  1798.80293
## Barcelona        -825.382790   546.81148
## Brussels           59.183341  -367.08135
## Calais            -82.845973  -429.91466
## Cherbourg        -352.499435  -290.90843
## Cologne           293.689633  -405.31194
## Copenhagen        681.931545 -1108.64478
## Geneva             -9.423364   240.40600
## Gibraltar       -2048.449113   642.45854
## Hamburg           561.108970  -773.36929
## Hook of Holland   164.921799  -549.36704
## Lisbon          -1935.040811    49.12514
## Lyons            -226.423236   187.08779
## Madrid          -1423.353697   305.87513
## Marseilles       -299.498710   388.80726
## Milan             260.878046   416.67381
## Munich            587.675679    81.18224
## Paris            -156.836257  -211.13911
## Rome              709.413282  1109.36665
## Stockholm         839.445911 -1836.79055
## Vienna            911.230500   205.93020
```

(2)特征根信息。

cmdscale 函数返回值的 eig 组件存储了特征根信息，可以据此计算方差贡献率。

```
sum(abs(mds$eig[1:2]))/sum(abs(mds$eig))
## [1] 0.7537543
```

(3)结果可视化(图 10.2)。

```
library(ggplot2)
x = mds$points[,1]
y = mds$points[,2]
p = ggplot(data.frame(x,y),aes(x,y,label=labels(d)))
p+geom_point(shape=16,size=3,colour='red')+geom_text(hjust=0.5,vjust=
0.5,alpha=0.5)
```

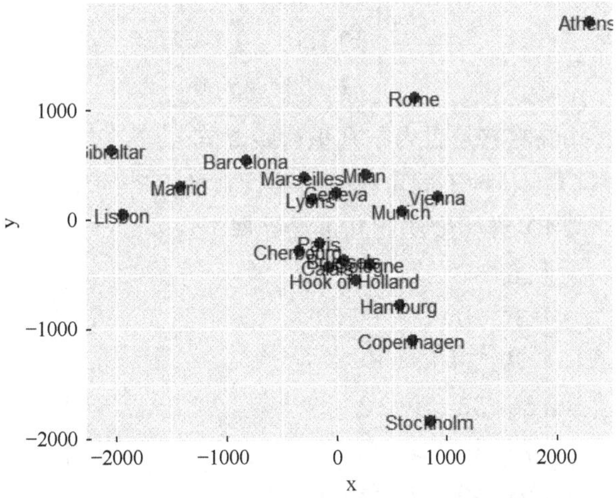

图 10.2 可视化结果(多维标度法分析实例 2)

三、小结

在进行标度分析时，若数据不是距离阵，则应首先对数据做标准化变换，生成距离阵。将距离阵传送给 cmdscale 函数即可得到二维坐标信息，通常可以绘制散点图展示分析结果。

➢ 思考与练习

10.1 简述多维标度法的作用。

10.2 简述古典多维标度分析的思想与方法。

10.3 求度量多维标度古典解的一般步骤是什么？

10.4 简述权重多维标度法的基本思想与方法。

10.5 度量多维标度与非度量多维标度各适用于什么情况？

10.6 求下面相似系数阵的古典解。

$$\begin{bmatrix} 1.00 & & & & & \\ 0.20 & 1.00 & & & & \\ 0.01 & 0.45 & 1.00 & & & \\ 0.40 & 0.98 & 0.96 & 1.00 & & \\ 0.08 & 0.05 & 0.56 & 0.03 & 1.00 & \\ 0.15 & 0.21 & 0.20 & 0.88 & 0.75 & 1.00 \end{bmatrix}$$

10.7 设有如下距离阵

$$D=\begin{bmatrix} 0 & & & \\ 90 & 0 & & \\ 30 & 110 & 0 & \\ 22 & 83 & 45 & 0 \end{bmatrix}$$

求其拟合构图，并说明它是否为欧几里得距离阵。

10.8 下面的数据是 10 种不同可乐软包装饮料的品牌的相似阵，其中 0 表示相同，100 表示完全不同。试用多维标度法对其进行处理。

$$\begin{bmatrix} 0 & & & & & & & & & \\ 34 & 0 & & & & & & & & \\ 79 & 54 & 0 & & & & & & & \\ 86 & 36 & 70 & 0 & & & & & & \\ 76 & 30 & 51 & 66 & 0 & & & & & \\ 63 & 40 & 37 & 90 & 35 & 0 & & & & \\ 57 & 86 & 77 & 50 & 76 & 77 & 0 & & & \\ 62 & 80 & 71 & 88 & 67 & 54 & 66 & 0 & & \\ 65 & 23 & 69 & 66 & 22 & 35 & 76 & 71 & 0 & \\ 26 & 60 & 70 & 89 & 63 & 67 & 59 & 33 & 59 & 0 \end{bmatrix}$$

10.9 通过 R 语言，根据习题 5.9 中数据使用多维标度法对 2010 年我国部分省会城市和计划单列市的经济情况进行分析。

第十一章

多变量的可视化分析

第一节　引言

众所周知，图形是人们直观了解、认识数据的一种可视化手段。如果能将所研究的数据直接显示在一个平面图上，便可以一目了然地看出分析变量间的数量关系。直方图、散点图等就是常用的二维平面图示方法。虽然三维数据也可以用三维图形来表示，但观测三维数据存在一定的难度，而且在许多实际问题中，多变量数据的维数通常又都大于3，那么如何用图形直观地表现三维以上的数据呢？自20世纪70年代以来，多变量数据的可视化分析研究就一直是人们关注的问题，从研究成果来看，主要可以分为两类：一类是使高维空间的点与平面上的某种图形对应，这种图形能反映高维数据的某些特点或数据间的某些关系；另一类是对多变量数据进行降维或者转换处理，在尽可能多地保留原始信息的原则下，将数据的维数降为二维或一维，再在平面上表示。例如，前面介绍的主成分分析法、因子分析法、多维标度法等就属于此类方法。这里按照多变量数据的测度特征，介绍R语言环境下几种实用而有效的多变量可视化方法。

第二节　多个分类变量的可视化

对多个分类变量，通常使用条形图展现数据的特征。条形图由若干平行条状的矩形所构成，以每一个矩形的高度(面积)来代表数值的大小。

一、堆积(分组)条形图

R语言中可以使用barplot函数绘制各种形式的二维条形图，barplot的主要参数如下。

formula：R语言的公式对象，形如“z~x+y”(表示z是目标变量，x与y是影响因素)。

data：数据框，formula描述中的变量均来自此参数对应的数据框。

subset：对data参数取子集的条件。

beside：分组条形图开关，默认绘制堆积条形图。

main：标题。

.xlab(ylab)：x(y)轴的标签。

legend：图例开关。

下面以 R 语言内置数据集 Titanic 为例说明其使用方法。

```
d.Titanic <- as.data.frame(Titanic)  #将内置数据集Titanic转换为数据框
head(d.Titanic)   #查看数据框前5行
##   Class    Sex   Age Survived Freq
## 1   1st   Male Child       No    0
## 2   2nd   Male Child       No    0
## 3   3rd   Male Child       No   35
## 4  Crew   Male Child       No    0
## 5   1st Female Child       No    0
## 6   2nd Female Child       No    0
```

这里各组件(列)的含义分别是：Class 是船舱等级，Sex 是性别，Age 是年龄分类，Survived 是存活状态，Freq 是符合所在行其他各列状态取值组合的人数。从 head 函数的结果可以看出，这个数据集是整理后的分组频数数据，前四列是分组标签，最后一列是频数分布值。

下面的代码演示了船舱等级和存活状态两个分类变量的堆积条形图，结果如图 11.1 所示。

```
barplot(Freq ~ Class + Survived, data = d.Titanic,
        subset = Age == "Adult" & Sex == "Male",
        main = "barplot(Freq ~ Class + Survived, *)", ylab = "#{passengers}",
legend = TRUE)
```

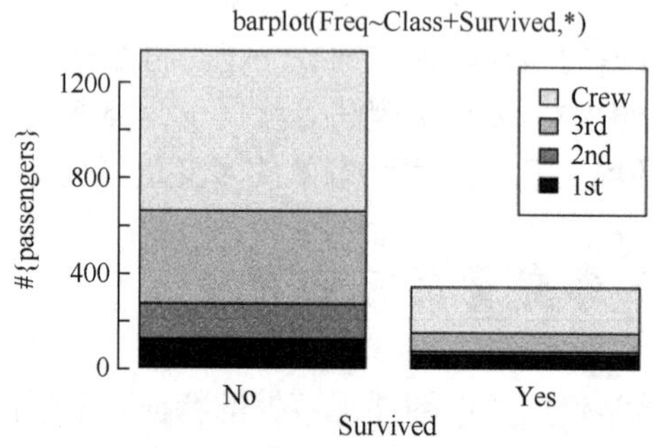

图 11.1　船舱等级和存活状态的堆积条形图

如下列代码所示，将 beside 参数设置为 TRUE，将绘制分组条形图，结果如图 11.2 所示。

```
barplot(Freq ~ Class + Survived, data = d.Titanic,
        subset = Age == "Adult" & Sex == "Male",
        main = "barplot(Freq ~ Class + Survived, *)", ylab = "#{passengers}",
legend = TRUE,beside=TRUE)
```

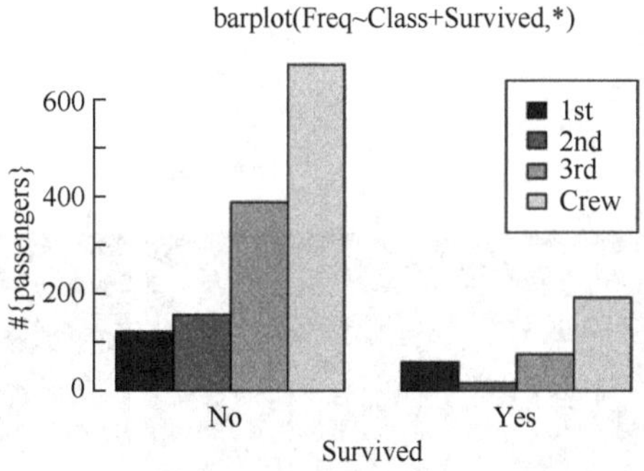

图 11.2 船舱等级和存活状态的分组条形图

二、马赛克图

要展示多于两个分类变量的特征，barplot 就不再适用了。这时可以使用 mosaicplot 函数绘制马赛克图。马赛克图以矩形的面积表示多个分类变量取值组合情况下数据出现的次数。mosaicplot 函数的参数与 barplot 类似，这里不再具体介绍。需要注意的是，与 barplot 不同，该函数的数据要求是没有整理过的原始数据。下面的代码演示了 mosaicplot 函数的使用方法。

首先需要将分组数据转换为原始数据，代码如下：

```
#将分组数据转换为原始数据
d1 <- d.Titanic
d2 <- d1[rep(1:nrow(d1),times = d1$Freq),1:4]
head(d2)
##        Class   Sex    Age    Survived
## 3      3rd     Male   Child  No
## 3.1    3rd     Male   Child  No
## 3.2    3rd     Male   Child  No
## 3.3    3rd     Male   Child  No
## 3.4    3rd     Male   Child  No
## 3.5    3rd     Male   Child  No
```

下面的代码演示了两个分类变量的马赛克图，结果如图 11.3 所示。

```
mosaicplot(Survived ~ Sex  , data = d2, color = TRUE,cex=1.2,main='Titanic dataset')
```

可以看出，与没有存活的群体相比较，存活下来的人中女性比例要高很多。

下面的代码演示了三个分类变量的马赛克图，结果如图 11.4 所示。

```
mosaicplot(Survived ~ Sex + Class , data = d2, color = TRUE,main='Titanic dataset')
```

可以看出，加入船舱等级后，在存活下来的女性中，头等舱的女性占比很高；同时在存活下来的男性中，船员占比很高。

下面的代码演示了四个分类变量的马赛克图，结果如图 11.5 所示。

```
mosaicplot(Survived ~ Sex + Class + Age , data = d2, color =
TRUE,main='Titanic dataset'))
```

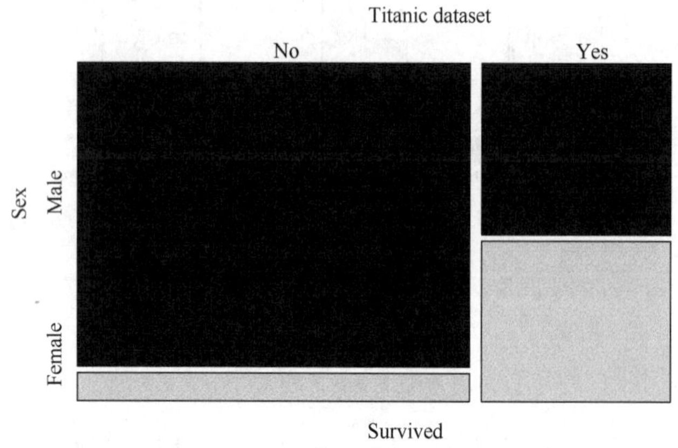

图 11.3　两个分类变量的马赛克图

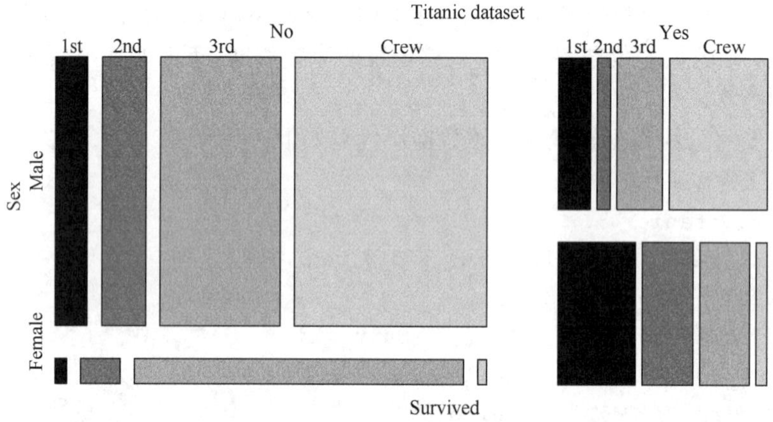

图 11.4　三个分类变量的马赛克图

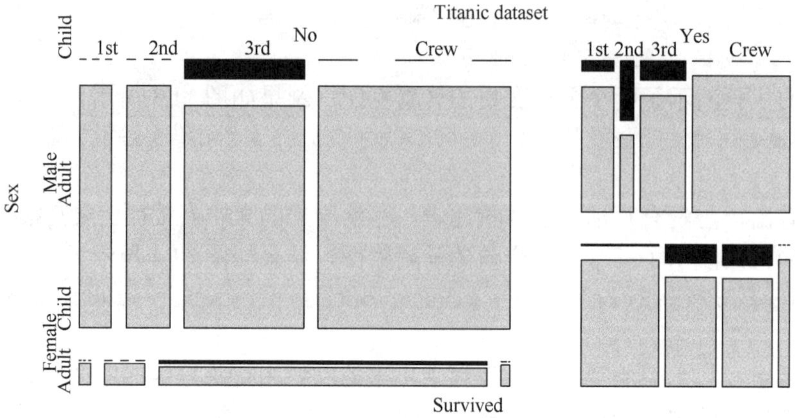

图 11.5　四个分类变量的马赛克图

可以看出，引入年龄分类后，二等舱的男性存活比例要高于二等舱的女性。

第三节　多个数值变量的可视化

一、散点图

散点图主要用来展示两个(二维散点图)或三个(三维散点图)数值变量间的关系。

下面的演示用到 R 语言自带的数据集“mtcars”，这个数据集的各个组件(变量)有 mpg(油耗，单位为英里/加仑)、cyl(气缸数)、disp(排气量)、hp(马力)、drat(传动比)，wt(重量)、qsec(1/4 英里加速耗时)、vs(发动机类型：0 代表 V 型，1 代表直列)、am(变速箱类型：0 表示自动挡，1 表示手动挡)、gear(前进挡位数)、carb(化油器数量)。

下面的代码演示了用 plot 函数绘制二维散点图，结果如图 11.6 所示。

```
plot(x=mtcars$disp,y=mtcars$mpg,xlab='disp',ylab='mpg')
```

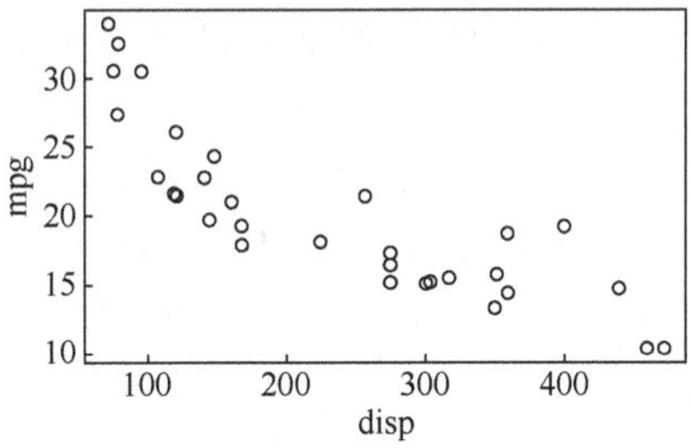

图 11.6　用 plot 函数绘制的二维散点图

plot 函数的主要参数如下。

x: x 轴数据。

y: y 轴数据。

type: 类型，常用的值有“p”(点)、“l”(折线)、“h”(垂线)。

main: 图的标题。

xlab: x 轴名称。

ylab: y 轴名称。

下面的代码演示了使用 plot3D 包的 scatter3D 函数绘制三维散点图，结果如图 11.7 所示。

```
library(plot3D)
scatter3D(x=mtcars$disp,y=mtcars$hp,z=mtcars$mpg,col=gray(level=3:9/10),
xlab='disp',ylab='hp',zlab='mpg',type='h')
```

col 参数用来指定颜色方案，这里使用 gray 函数设定灰度调色板，其灰度值自动与 z 参数相对应。可以看出，沿着 disp 增长的方向，点的颜色由浅变深，说明 mpg 与 disp 间有一定的负相关性。同样可以预判 hp 与 mpg 间也有一定的负相关性。此外，从垂线与

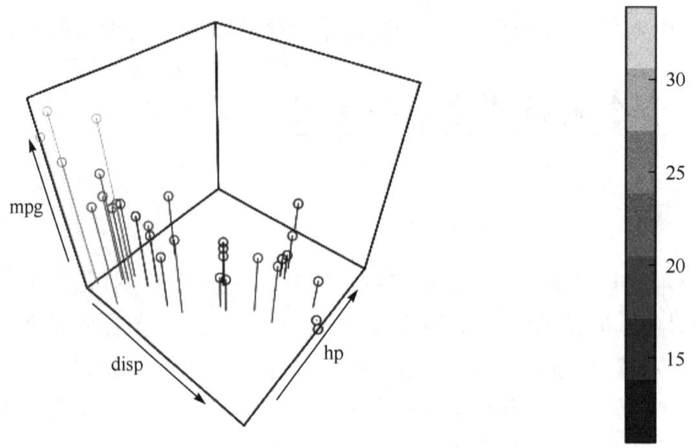

图 11.7 用 plot3D 包的 scatter3D 函数绘制的三维散点图

disp 和 hp 轴构成片面的交点(点的投影)上，可以看出 disp 与 hp 间有一定的正相关性。

下面的代码演示了使用 scatter3D 函数演示四个数值变量的特征，结果如图 11.8 所示。

```
scatter3D(x=mtcars$disp,y=mtcars$hp,z=mtcars$mpg,colvar=mtcars$qsec,
col=gray(level=3:9/10),xlab='disp',ylab='hp',zlab='mpg')
```

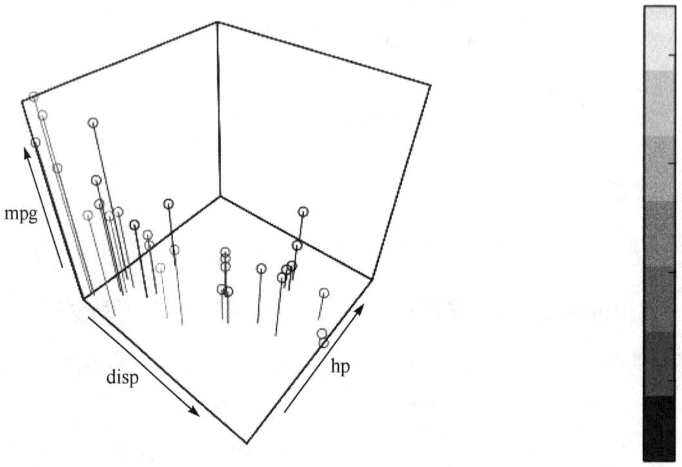

图 11.8 用 scatter3D 函数演示的四个数值变量的特征

可以看出，加速性好的车(颜色深的点)，一般都有比较高的发动机功率和较大的排气量。

二、相关图

散点图可以以直观的方式展示数值变量间的联系，来自 GGally 包的 ggpairs 和 ggcorr 函数可以提供更加丰富的信息，下面代码演示了此函数的使用方法，结果如图 11.9 所示。

```
library(GGally)
d <-mtcars[,c('mpg','hp','wt','qsec')]
ggpairs(d)
```

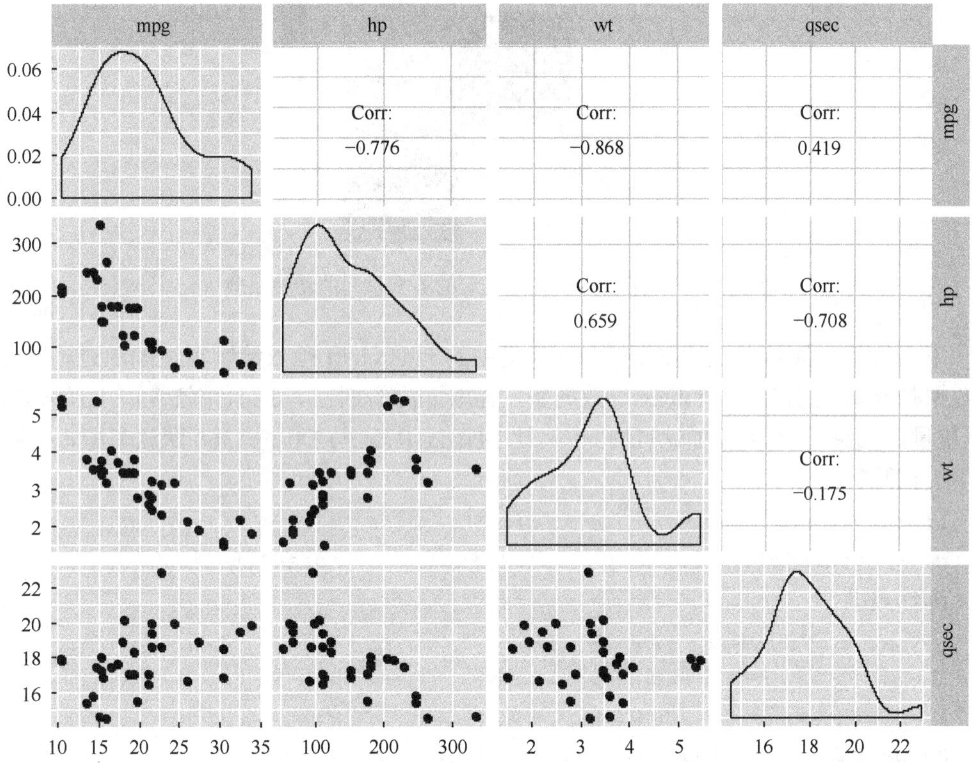

图 11.9 GGally 包的 ggpairs 函数绘制相关图演示结果

从图 11.9 中可以看出，下三角部分绘制的两两对应的散点图，mpg 与 wt 负相关，hp 与 wt 是正相关的；主对角线绘制了各个变量的密度函数曲线，可以看出 mpg 基本呈正态分布，hp 明显右偏，wt 有一定的左偏；上三角部分则标注了两两对应的相关系数值，可以看出 mpg 与 wt 的相关系数绝对值最大。

下面的代码利用 ggcorr 函数直观地展现了各变量间的相关系数，结果如图 11.10 所示，可以更加直观地看出 wt 与 hp、mpg 与 qsec、mpg 与 wt 间的相关系数绝对值较大。

```
ggcorr(d,low = 'white',high='black',midpoint = -1)
```

三、雷达图

散点图主要用来研究不同数值变量间的联系，如果要研究不同个体在多个数值变量上的表现特点，可以使用雷达图。

雷达图是一种较为常用的多变量可视化图形。在雷达图中，每个变量都有自己的数值轴，每个数值轴都从中心向外辐射。由于图形好像雷达荧光屏上的图像，故称其为雷达图，又像蜘蛛网，所以也称为蛛网图。

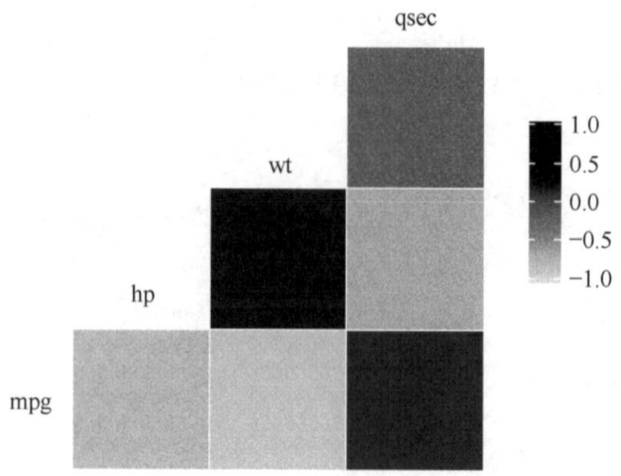

图 11.10 用 ggcorr 函数展示的各变量间的相关系数

下面的代码演示了使用 R 语言 fmsb 包中的 radarchart 函数绘制雷达图的过程，用到的数据是 R 语言自带的“mtcars”数据集，选取 mpg(油耗)、disp(排气量)、hp(马力)、wt(重量)、qsec(1/4 英里加速耗时)来对比 Mazda RX4 与 Duster 360 两款车型，结果如图 11.11 所示。

```
library(fmsb)
d <- mtcars[c(1,7),c('mpg','disp','hp','wt','qsec')]
print(d)
             mpg disp  hp   wt  qsec
1           21.0  360 245 3.57 16.46
2            0.0    0   0 0.00  0.00
Mazda RX4   21.0  160 110 2.62 16.46
Duster 360  14.3  360 245 3.57 15.84
d <- rbind(sapply(d,max),0,d)
radarchart(d)
```

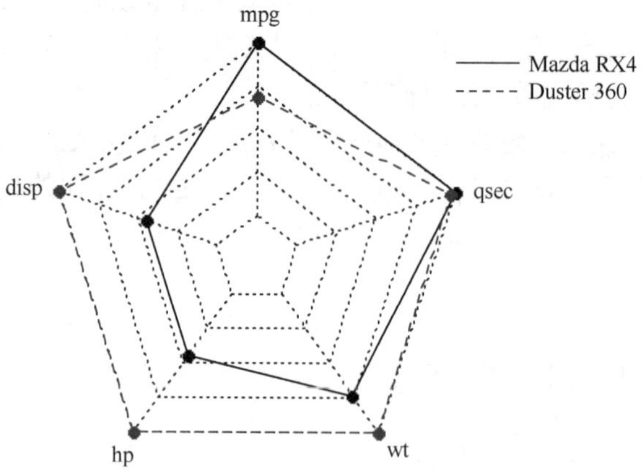

图 11.11 Mazda RX4 和 Duster 360 两款车型各指标雷达图

可以看出，Mazda RX4 在 mpg 方面具有优势，而 Duster 360 在 disp、wt 和 hp 方面明显优于 Mazda RX4，在 qsec 指标上两者相差不大。

注意使用默认参数时，数据框的前两行表示每一组件(列)的最大值与最小值。下面的代码演示不用事先计算最大(小)值，自动判断数据范围的参数设定及效果，如图 11.12 所示。

```
d <- mtcars[c(1,7),c('mpg','disp','hp','wt','qsec')]
radarchart(d,maxmin = FALSE)
```

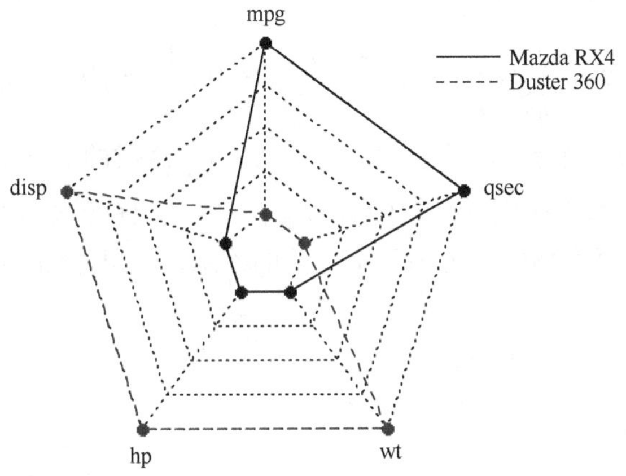

图 11.12　Mazda RX4 和 Duster 360 两款车型各指标雷达图(自动判断数据范围)

可以看出，因为只涉及两组数据对比，此时数据点将放置在最内圈或最外圈。

四、星座图

星座图是将高维空间的样本点投影到平面上的一个半圆内，用投影点表示样本点的多元图示方法。由于样本点在半圆内的投影犹如浩瀚苍穹中的星座，所以称其为星座图。

星座图的作图方法如下。

(1) 通过对观测数据 x_{ij} 作极差标准化变换，将其变换为角度 $\{\theta_{ij}\}$：

$$\theta_{ij} = \frac{x_{ij} - x_{\min,j}}{x_{\max,j} - x_{\min,j}} \times 180°, \quad 0° \leqslant \theta_{ij} \leqslant 180°$$

其中，$x_{\max,j} = \max\limits_{1\leqslant i\leqslant n}\{x_{ij}\}$，即第 j 变量的最大值；$x_{\min,j} = \min\limits_{1\leqslant i\leqslant n}\{x_{ij}\}$，即第 j 变量的最小值。

(2) 取一组权数 $w_1, w_2, \cdots, w_p$，满足 $w_{ij} \geqslant 0$，且 $\sum\limits_{j=i}^{p} w_{ij} = 1$。确定权数的一般原则是重要指标的权数应相对大一些，但究竟如何确定权数，目前尚无一个公认的好的解决办法。如果各变量的重要程度相差不大或难以区分，一个简单而实用的方法是等权处理，即取 $w_1 = w_2 = \cdots = w_p$。

(3) 确定第 i 次观测数据 $x_i=(x_{i1},x_{i2},\cdots,x_{ip})'$ 对应于平面的点 (ξ_i,η_i) 及其路径。

$$\begin{cases}\xi_i=\sum_{j=1}^{p}w_j\cos\theta_j\\ \eta_i=\sum_{j=1}^{p}w_j\sin\theta_j\end{cases},\quad i=1,2,\cdots,p$$

称 (ξ_i,η_i) 为第 i 次观测数据样本点的星，它将落在以原点为圆心的单位圆的上半部。

星的路径坐标点为

$$\left(\xi_i^{(i)}=\sum_{j=1}^{l}w_j\cos\theta_{ij},\eta_i^{(l)}=\sum_{j=1}^{l}w_j\sin\theta_{ij}\right),\quad l=1,2,\cdots,p$$

记为 $O_1,O_2,\cdots,O_p$,则 O_p 就是样本点的星， $O_1,O_2,\cdots,O_p$ 连成的折线即该星的路径。

(4) 画一半径为1的上半圆及半圆的底边直径，将 n 个样本点的星和路径画在半圆内。

下面代码以第三章实例的数据演示星座图的绘制，结果如图 11.13 所示。

```
library(readr)
d0<- read_csv('./data/c3_1.csv')  #读取数据
## Parsed with column specification:
## cols(
##   地区 = col_character(),
##   类别 = col_double(),
##   `地区生产总值(亿元)` = col_double(),
##   `全社会固定资产投资额(亿元)` = col_double(),
##   `社会消费品零售总额(亿元)` = col_double(),
##   `货物进出口总额(亿元)` = col_double(),
##   `一般公共预算收入(亿元)` = col_double()
## )
d <- d0[,c(-1,-2)]   #去除前两列

#计算theta矩阵
theta <- sapply(d,function(x){(x-min(x))/(max(x)-min(x))*pi})
w <- 1/5    #权重取1/5
#计算星座路径的横纵坐标
ksi <- t(apply(theta,1,function(x){cumsum(w*cos(x))}) )
eta <- t(apply(theta,1,function(x){cumsum(w*sin(x))}) )
#初始化绘图区域
plot(c(-1.2,1.2),c(-0.1,1.2),col='white',xlab='',ylab='',family='')
#循环绘制所有星座路径
for(i in 1:31){
  lines(ksi[i,],eta[i,],type='b',lwd=1)   #绘制星座路径
}
```

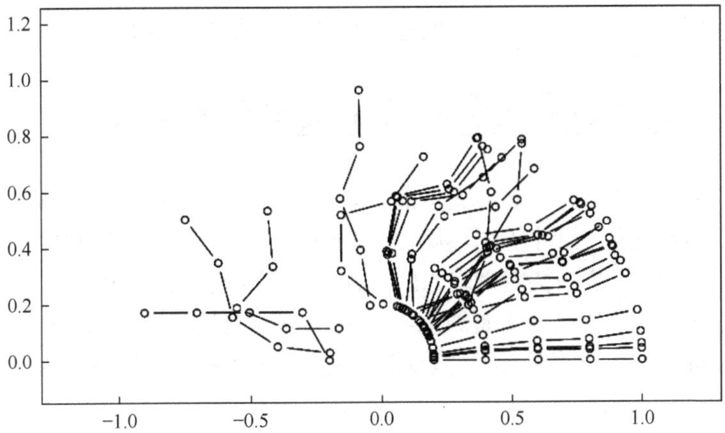

图 11.13 第三章实例星座图演示结果

可以选择部分省的星座路径进行对比分析，代码如下，结果如图 11.14 所示。

```
#选取部分省重新绘制
plot(c(-1.2,1.2),c(-0.1,1.2),col='white',xlab='',ylab='',family='')
locs = c(3,10,11,21,23,28,29)
nms <- d0[locs,1][[1]]
print(nms)
## [1] "河北" "江苏" "浙江" "海南" "四川" "甘肃" "青海"
for(i in 1:length(locs)){
  lines(ksi[locs[i],],eta[locs[i],],pch=i,type='b',lwd=1)    #绘制星座路径
}
#添加图例
legend(x = 0.8,y = 1.2,legend = nms,pch=1:length(locs),cex=1)
```

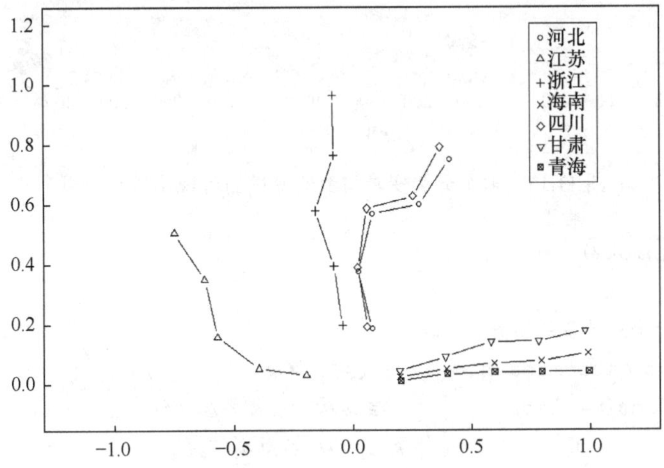

图 11.14 部分省的星座路径

可以看出，甘肃、青海与海南的经济发展指标星座路径具有一定的相似性，河北与

四川的相似度也比较高，江苏的星座路径与其他几个省差别较大。

第四节 多个分类变量与数值变量的可视化

对于具有多个分类变量与数值变量的混合数据集，可以将颜色、形状等图形属性与分类变量关联，将颜色、尺寸等图形属性与数值变量关联，还可以利用子图、分面等方式进行处理。同时针对某些特定需求，R 语言还提供了专用处理包。

下面的代码演示了 R 语言内置数据集“mtcars”中的分类变量：am 与 cyl 和数值变量 disp、mpg、hp 与 wt 间的关系(这里用到了 ggplot2 包的函数，请读者自行查看相关帮助文档)，结果如图 11.15 所示。

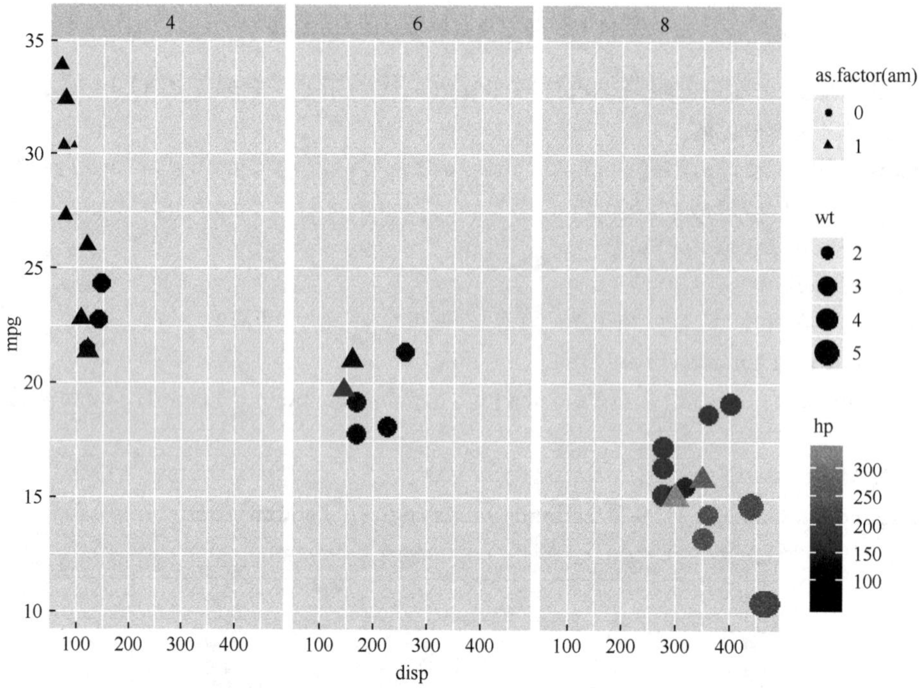

图 11.15 多个分类变量与数值变量的可视化显示结果

```
library(ggplot2)
d <- mtcars
#利用ggplot函数设置绘图基本参数
p <- ggplot(data=mtcars,        #设置数据集
          aes(x=disp,           #aes用于设置图形属性
             y=mpg,            #x,y对应坐标轴映射
             shape=as.factor(am),#设置外形映射
             color=hp,                 #设置颜色映射
             size=wt))                 #设置尺寸映射
```

```
p+geom_point()+                      #绘制散点图
  facet_grid(~cyl)                   #设置分面参数，此处按照cyl值进行分面
```

从图中可以很容易看出以下几点：

(1)与 cyl 的取值对应的有三个分面，分别在最上方以灰底黑字标识，即 cyl 取值为 4、6、8 的三个分面；

(2)mpg 的值随 disp 的增大而减小；

(3)mpg 的值随 cyl 的增大而减小；

(4)cyl 值相同时，手动挡的汽车比自动挡的汽车省油；

(5)8 个 cyl 的分面中，mpg 值随 hp 值的增大而减小；

(6)cyl 值为 4 时 wt 的值越小，mpg 的值越大，其他 cyl 值的情况下这种关系不明显。

➢ 思考与练习

11.1　试述对多变量进行可视化分析的方法和意义。

11.2　折线图、条形图、散点图、雷达图及星座图适用的场合及特点是什么？

11.3　表 11.1 为我国华北地区 5 个省(自治区、直辖市)2010 年全社会固定资产投资资金来源的五项指标数据(单位：亿元)。试分别利用折线图、条形图、散点图、雷达图和星座图等多变量可视化方法对数据进行分析。

表 11.1　华北地区 5 个省(自治区、直辖市)2010 年全社会固定资产投资资金来源五项指标数据

(单位：亿元)

地区	国家预算内资金	国内贷款	利用外资	自筹资金	其他资金
北京市	91.2	2189.3	43.8	3240.2	2752.4
天津市	53.0	1678.2	125.0	3998.9	1032.1
河北省	373.5	2161.5	87.8	12331.8	1595.3
山西省	456.8	918.5	32.7	3974.8	765.0
内蒙古自治区	378.7	1090.3	7.5	7188.5	404.0

参 考 文 献

陈富国. 1990. 多维标度法的理论与方法. 心理科学通信, (4): 38-42

方开泰. 1989. 实用多元统计分析. 上海: 华东师范大学出版社

何晓群. 2004. 多元统计分析. 北京: 中国人民大学出版社

胡国定, 张润楚. 1989. 多元数据分析方法——纯代数处理. 天津: 南开大学出版社

雷钦礼. 2002. 经济管理多元统计分析. 北京: 中国统计出版社

黎自任. 1995. 经济多元分析. 北京: 中国统计出版社

王学仁, 王松桂. 1990. 实用多元统计分析. 上海: 上海科学技术出版社

于秀林, 任雪松. 2002. 多元统计分析. 北京: 中国统计出版社

张尧庭, 方开泰. 1982. 多元统计分析引论. 北京: 科学出版社

朱建平. 2005. 数据挖掘中的统计方法及实践. 北京: 中国统计出版社

Johnson R A, Wichern D W. 1998. Applied Multivariate Statistical Analysis. 4th ed. London: Prentice-Hall

Kabacoff R I. 2016. R 语言实战(第二版). 北京：人民邮电出版社

Lattin J M,Carroll J D, Green P E. 2003. Analyzing Multivariate Data. Boston: Cengage Learning Inc

Richard C. 2014. 学习 R. 刘军，译. 北京：人民邮电出版社

附 录

常用统计表

附表 1 正态分布概率表

$$F(Z)=P(|x-\bar{x}|/\sigma<z)$$

Z	F(Z)	Z	F(Z)	Z	F(Z)	Z	F(Z)
0.00	0.0000	0.25	0.1974	0.50	0.3829	0.75	0.5467
0.01	0.0080	0.26	0.2051	0.51	0.3899	0.76	0.5527
0.02	0.0160	0.27	0.2128	0.52	0.3969	0.77	0.5587
0.03	0.0239	0.28	0.2205	0.53	0.4039	0.78	0.5646
0.04	0.0319	0.29	0.2282	0.54	0.4108	0.79	0.5705
0.05	0.0399	0.30	0.2358	0.55	0.4177	0.80	0.5763
0.06	0.0478	0.31	0.2434	0.56	0.4245	0.81	0.5821
0.07	0.0558	0.32	0.2510	0.57	0.4313	0.82	0.5878
0.08	0.0638	0.33	0.2586	0.58	0.4381	0.83	0.5935
0.09	0.0717	0.34	0.2661	0.59	0.4448	0.84	0.5991
0.10	0.0797	0.35	0.2737	0.60	0.4515	0.85	0.6047
0.11	0.0876	0.36	0.2812	0.61	0.4581	0.86	0.6102
0.12	0.0955	0.37	0.2886	0.62	0.4647	0.87	0.6157
0.13	0.1034	0.38	0.2961	0.63	0.4713	0.88	0.6211
0.14	0.1113	0.39	0.3035	0.64	0.4778	0.89	0.6265
0.15	0.1192	0.40	0.3108	0.65	0.4843	0.90	0.6319
0.16	0.1271	0.41	0.3182	0.66	0.4907	0.91	0.6372
0.17	0.1350	0.42	0.3255	0.67	0.4971	0.92	0.6424
0.18	0.1428	0.43	0.3328	0.68	0.5035	0.93	0.6476
0.19	0.1507	0.44	0.3401	0.69	0.5098	0.94	0.6528
0.20	0.1585	0.45	0.3473	0.70	0.5161	0.95	0.6579
0.21	0.1663	0.46	0.3545	0.71	0.5223	0.96	0.6629
0.22	0.1741	0.47	0.3616	0.72	0.5285	0.97	0.6680
0.23	0.1819	0.48	0.3688	0.73	0.5346	0.98	0.6729
0.24	0.1897	0.49	0.3759	0.74	0.5407	0.99	0.6778

续表

Z	F(Z)	Z	F(Z)	Z	F(Z)	Z	F(Z)
1.00	0.6827	1.35	0.8230	1.70	0.9109	2.10	0.9643
1.01	0.6875	1.36	0.8262	1.71	0.9127	2.12	0.9660
1.02	0.6923	1.37	0.8293	1.72	0.9146	2.14	0.9676
1.03	0.6970	1.38	0.8324	1.73	0.9164	2.16	0.9692
1.04	0.7017	1.39	0.8355	1.74	0.9181	2.18	0.9707
1.05	0.7063	1.40	0.8385	1.75	0.9199	2.20	0.9722
1.06	0.7109	1.41	0.8415	1.76	0.9216	2.22	0.9736
1.07	0.7154	1.42	0.8444	1.77	0.9233	2.24	0.9749
1.08	0.7199	1.43	0.8473	1.78	0.9249	2.26	0.9762
1.09	0.7243	1.44	0.8501	1.79	0.9265	2.28	0.9774
1.10	0.7287	1.45	0.8529	1.80	0.9281	2.30	0.9786
1.11	0.7330	1.46	0.8557	1.81	0.9297	2.32	0.9797
1.12	0.7373	1.47	0.8584	1.82	0.9312	2.34	0.9807
1.13	0.7415	1.48	0.8611	1.83	0.9328	2.36	0.9817
1.14	0.7457	1.49	0.8638	1.84	0.9342	2.38	0.9827
1.15	0.7499	1.50	0.8664	1.85	0.9357	2.40	0.9836
1.16	0.7540	1.51	0.8690	1.86	0.9371	2.42	0.9845
1.17	0.7580	1.52	0.8715	1.87	0.9385	2.44	0.9853
1.18	0.7620	1.53	0.8740	1.88	0.9399	2.46	0.9861
1.19	0.7660	1.54	0.8764	1.89	0.9412	2.48	0.9869
1.20	0.7699	1.55	0.8789	1.90	0.9426	2.50	0.9876
1.21	0.7737	1.56	0.8812	1.91	0.9439	2.52	0.9883
1.22	0.7775	1.57	0.8836	1.92	0.9451	2.54	0.9889
1.23	0.7813	1.58	0.8859	1.93	0.9464	2.56	0.9895
1.24	0.7850	1.59	0.8882	1.94	0.9476	2.58	0.9901
1.25	0.7887	1.60	0.8904	1.95	0.9488	2.60	0.9907
1.26	0.7923	1.61	0.8926	1.96	0.9500	2.62	0.9912
1.27	0.7959	1.62	0.8948	1.97	0.9512	2.64	0.9917
1.28	0.7995	1.63	0.8969	1.98	0.9523	2.66	0.9922
1.29	0.8030	1.64	0.8990	1.99	0.9534	2.68	0.9926
1.30	0.8064	1.65	0.9011	2.00	0.9545	2.70	0.9931
1.31	0.8098	1.66	0.9031	2.02	0.9566	2.72	0.9935
1.32	0.8132	1.67	0.9051	2.04	0.9587	2.74	0.9939
1.33	0.8165	1.68	0.9070	2.06	0.9606	2.76	0.9942
1.34	0.8198	1.69	0.9090	2.08	0.9625	2.78	0.9946

续表

Z	F(Z)	Z	F(Z)	Z	F(Z)	Z	F(Z)
2.80	0.9949	2.90	0.9962	3.00	0.9973	4.00	0.99994
2.82	0.9952	2.92	0.9965	3.20	0.9986	4.50	0.999994
2.84	0.9955	2.94	0.9967	3.40	0.9993	5.00	0.999999
2.86	0.9958	2.96	0.9969	3.60	0.99968		
2.88	0.9960	2.98	0.9971	3.80	0.99986		

附表 2　t 分布临界值表

$$P\left[\left|t(\nu)\right| > t_{\alpha}(\nu)\right] = \alpha$$

单侧 双侧	α =0.10 α =0.20	0.05 0.10	0.025 0.05	0.01 0.02	0.005 0.01
$\nu=1$	3.078	6.314	12.706	31.821	63.657
2	1.886	2.920	4.303	6.965	9.925
3	1.638	2.353	3.182	4.541	5.841
4	1.533	2.132	2.776	3.747	4.604
5	1.476	2.015	2.571	3.365	4.032
6	1.440	1.943	2.447	3.143	3.707
7	1.415	1.895	2.365	2.998	3.499
8	1.397	1.860	2.306	2.896	2.355
9	1.383	1.833	2.262	2.821	3.250
10	1.372	1.812	2.228	2.764	3.169
11	1.363	1.796	2.201	2.718	3.106
12	1.356	1.782	2.179	2.681	3.055
13	1.350	1.771	2.160	2.650	3.012
14	1.345	1.761	2.145	2.624	2.977
15	1.341	1.753	2.131	2.602	2.947
16	1.337	1.746	2.120	2.583	2.921
17	1.333	1.740	2.110	2.567	2.898
18	1.330	1.734	2.101	2.552	2.878
19	1.328	1.729	2.093	2.539	2.861
20	1.325	1.725	2.086	2.528	2.845
21	1.323	1.721	2.080	2.518	2.831
22	1.321	1.717	2.074	2.508	2.819
23	1.319	1.714	2.069	2.500	2.807
24	1.318	1.711	2.064	2.492	2.797
25	1.316	1.708	2.060	2.485	2.787
26	1.315	1.706	2.056	2.479	2.779
27	1.314	1.703	2.052	2.473	2.771
28	1.313	1.701	2.048	2.467	2.763
29	1.311	1.699	2.045	2.462	2.756
30	1.310	1.697	2.042	2.457	2.750
40	1.303	1.684	2.021	2.423	2.704
50	1.299	1.676	2.009	2.403	2.678
60	1.296	1.671	2.000	2.390	2.660
70	1.294	1.667	1.994	2.381	2.648

续表

单侧	α =0.10	0.05	0.025	0.01	0.005
双侧	α =0.20	0.10	0.05	0.02	0.01
80	1.292	1.664	1.990	2.374	2.639
90	1.291	1.662	1.987	2.368	2.632
100	1.290	1.660	1.984	2.364	2.626
125	1.288	1.657	1.979	2.357	2.616
150	1.287	1.655	1.976	2.351	2.609
200	1.286	1.653	1.972	2.345	2.601
∞	1.282	1.645	1.960	2.326	2.576

附表 3 χ^2 分布临界值表

$$P[\chi^2(\nu) > \chi^2_\alpha(\nu)] = \alpha$$

ν	显著性水平(α)												
	0.99	0.98	0.95	0.90	0.80	0.70	0.50	0.30	0.20	0.10	0.05	0.02	0.01
1	0.0002	0.0006	0.0039	0.0158	0.0642	0.148	0.455	1.074	1.642	2.706	3.841	5.412	6.635
2	0.0201	0.0404	0.103	0.211	0.446	0.713	1.386	2.403	3.219	4.605	5.991	7.824	9.210
3	0.115	0.185	0.352	0.584	1.005	1.424	2.366	3.665	4.642	6.251	7.815	9.837	11.341
4	0.297	0.429	0.711	1.064	1.649	2.195	3.357	4.878	5.989	7.779	9.488	11.668	13.277
5	0.554	0.752	1.145	1.610	2.343	3.000	4.351	6.064	7.289	9.236	11.070	13.388	15.068
6	0.872	1.134	1.635	2.204	3.070	3.828	5.348	7.231	8.558	10.645	12.592	15.033	16.812
7	1.239	1.564	2.167	2.833	3.822	4.671	6.346	8.383	9.803	12.017	14.067	16.622	18.475
8	1.646	2.032	2.733	3.490	4.594	5.527	7.344	9.524	11.030	13.362	15.507	18.168	20.090
9	2.088	2.532	3.325	4.168	5.380	6.393	8.343	10.656	12.242	14.684	16.919	19.679	21.666
10	2.558	3.059	3.940	4.865	6.179	7.267	9.342	11.781	13.442	15.987	18.307	21.161	23.209
11	3.053	3.609	4.575	5.578	6.989	8.148	10.341	12.899	14.631	17.275	19.675	22.618	24.725
12	3.571	4.178	5.226	6.304	7.807	9.304	11.340	14.011	15.812	18.549	21.026	24.054	26.217
13	4.107	4.765	5.892	7.042	8.634	9.926	12.340	15.119	16.985	19.812	22.362	25.472	27.688
14	4.660	5.368	6.571	7.790	9.467	10.821	13.339	16.222	18.151	21.064	23.685	26.873	29.141
15	5.229	5.985	7.261	8.547	10.307	11.721	14.339	17.322	19.311	22.307	24.996	28.259	30.578
16	5.812	6.614	7.962	9.312	11.152	12.624	15.338	18.413	20.465	23.542	26.296	29.633	32.000
17	6.408	7.255	8.672	10.035	12.002	13.531	16.338	19.511	21.615	24.769	27.587	30.995	33.409
18	7.015	7.906	9.390	10.865	12.857	14.440	17.338	20.601	22.760	25.989	28.869	32.346	34.805
19	7.633	8.567	10.117	11.651	13.716	15.352	18.338	21.689	23.900	27.204	30.144	33.687	36.191
20	8.260	9.237	10.851	12.443	14.578	16.266	19.337	22.775	25.038	28.412	31.410	35.020	37.566
21	8.897	9.915	11.591	13.240	15.445	17.182	20.337	23.858	26.171	29.615	32.671	36.343	38.932
22	9.542	10.600	12.338	14.041	16.314	18.101	21.337	24.939	27.301	30.813	33.924	37.659	40.289
23	10.196	11.293	13.091	14.848	17.187	19.021	22.337	26.018	28.429	32.007	35.172	37.968	41.638
24	10.856	11.992	13.848	15.659	18.062	19.943	23.337	27.096	29.553	33.196	36.415	40.270	42.980
25	11.524	12.697	14.611	16.473	18.940	20.867	24.337	28.172	30.675	34.382	37.652	41.566	44.314
26	12.198	13.409	15.379	17.292	19.820	21.792	25.336	29.246	31.795	35.563	38.885	42.856	45.642
27	12.897	14.125	16.151	18.114	20.703	22.719	26.336	30.319	32.912	36.741	40.113	44.140	46.963
28	13.565	14.847	16.928	18.930	21.588	23.647	27.336	31.391	34.027	37.916	41.337	45.419	48.278
29	14.256	15.574	17.708	19.768	22.475	24.577	28.336	32.461	35.139	39.087	42.557	46.693	49.588
30	14.593	16.306	18.493	20.599	23.364	25.508	29.336	33.530	36.250	40.256	43.773	47.962	50.892

附表 4 *F* 分布临界值表

$P[F(\nu_1,\nu_2)>F_\alpha(\nu_1,\nu_2)]=\alpha(\alpha=0.05)$

ν_2 \ ν_1	1	2	3	4	5	6	8	10	15
1	161.4	199.5	215.7	224.6	230.2	234.0	238.9	241.9	245.9
2	18.51	19.00	19.16	19.25	19.30	19.33	19.37	19.40	19.43
3	10.13	9.55	9.28	9.12	9.01	8.94	8.85	8.79	8.70
4	7.71	6.94	6.59	6.39	6.26	6.16	6.04	5.96	5.86
5	6.61	5.79	5.41	5.19	5.05	4.95	4.82	4.74	4.62
6	5.99	5.14	4.76	4.53	4.39	4.28	4.15	4.06	3.94
7	5.59	4.74	4.35	4.12	3.97	3.87	3.73	3.64	3.51
8	5.32	4.46	4.07	3.84	3.69	3.58	3.44	3.35	3.22
9	5.12	4.26	3.86	3.63	3.48	3.37	3.23	3.14	3.01
10	4.96	4.10	3.71	3.48	3.33	3.22	3.07	2.98	2.85
11	4.84	3.98	3.59	3.36	3.20	3.09	2.95	2.85	2.72
12	4.75	3.89	3.49	3.26	3.11	3.00	2.85	2.75	2.62
13	4.67	3.81	3.41	3.18	3.03	2.92	2.77	2.67	2.53
14	4.60	3.74	3.34	3.11	2.96	2.85	2.70	2.60	2.46
15	4.54	3.68	3.29	3.06	2.90	2.79	2.64	2.54	2.40
16	4.49	3.63	3.24	3.01	2.85	2.74	2.59	2.49	2.35
17	4.45	3.59	3.20	2.96	2.81	2.70	2.55	2.45	2.31
18	4.41	3.55	3.16	2.93	2.77	2.66	2.51	2.41	2.27
19	4.38	3.52	3.13	2.90	2.74	2.63	2.48	2.38	2.23
20	4.35	3.49	3.10	2.87	2.71	2.60	2.45	2.35	2.20
21	4.32	3.47	3.07	2.84	2.68	2.57	2.42	2.32	2.18
22	4.30	3.44	3.05	2.82	2.66	2.55	2.40	2.30	2.15
23	4.28	3.42	3.03	2.80	2.64	2.53	2.37	2.27	2.13
24	4.26	3.40	3.01	2.78	2.62	2.51	2.36	2.25	2.11
25	4.24	3.39	2.99	2.76	2.60	2.49	2.34	2.24	2.09
26	4.23	3.37	2.98	2.74	2.59	2.47	2.32	2.22	2.07
27	4.21	3.35	2.96	2.73	2.57	2.46	2.31	2.20	2.06
28	4.20	3.34	2.95	2.71	2.56	2.45	2.29	2.19	2.04
29	4.18	3.33	2.93	2.70	2.55	2.43	2.28	2.18	2.03
30	4.17	3.32	2.92	2.69	2.53	2.42	2.27	2.16	2.01
40	4.08	3.23	2.84	2.61	2.45	2.34	2.18	2.08	1.92
50	4.03	3.18	2.79	2.56	2.40	2.29	2.13	2.03	1.87
60	4.00	3.15	2.76	2.53	2.37	2.25	2.10	1.99	1.84
70	3.98	3.13	2.74	2.50	2.35	2.23	2.07	1.97	1.81
80	3.96	3.11	2.72	2.49	2.33	2.21	2.06	1.95	1.79
90	3.95	3.10	2.71	2.47	2.32	2.20	2.04	1.94	1.78
100	3.94	3.09	2.70	2.46	2.31	2.19	2.03	1.93	1.77
125	3.92	3.07	2.68	2.44	2.29	2.17	2.01	1.91	1.75
150	3.90	3.06	2.66	2.43	2.27	2.16	2.00	1.89	1.73
200	3.89	3.04	2.65	2.42	2.26	2.14	1.98	1.88	1.72
∞	3.84	3.00	2.60	2.37	2.21	2.10	1.94	1.83	1.67

（α =0.01） 续表

v_2 \ v_1	1	2	3	4	5	6	8	10	15
1	4052	4999	5403	5625	5764	5859	5981	6056	6157
2	98.50	99.00	99.17	99.25	99.30	99.33	99.37	99.40	99.43
3	34.12	30.82	29.46	28.71	28.24	27.91	27.49	27.23	26.87
4	21.20	18.00	16.69	15.98	15.52	15.21	14.80	14.55	14.20
5	16.26	13.27	12.06	11.39	10.97	10.67	10.29	10.05	9.72
6	13.75	10.92	9.78	9.15	8.75	8.47	8.10	7.87	7.56
7	12.25	9.55	8.45	7.85	7.46	7.19	6.84	6.62	6.31
8	11.26	8.65	7.59	7.01	6.63	6.37	6.03	5.81	5.52
9	10.56	8.02	6.99	6.42	6.06	5.80	5.47	5.26	4.96
10	10.04	7.56	6.55	5.99	5.64	5.39	5.06	4.85	4.56
11	9.65	7.21	6.22	5.67	5.32	5.07	4.74	4.54	4.25
12	9.33	6.93	5.95	5.41	5.06	4.82	4.50	4.30	4.01
13	9.07	6.70	5.74	5.21	4.86	4.62	4.30	4.10	3.82
14	8.86	6.51	5.56	5.04	4.69	4.46	4.14	3.94	3.66
15	8.86	6.36	5.42	4.89	4.56	4.32	4.00	3.80	3.52
16	8.53	6.23	5.29	4.77	4.44	4.20	3.89	3.69	3.41
17	8.40	6.11	5.19	4.67	4.34	4.10	3.79	3.59	3.31
18	8.29	6.01	5.09	4.58	4.25	4.01	3.71	3.51	3.23
19	8.18	5.93	5.01	4.50	4.17	3.94	3.63	3.43	3.15
20	8.10	5.85	4.94	4.43	4.10	3.87	3.56	3.37	3.09
21	8.02	5.78	4.87	4.37	4.04	3.81	3.51	3.31	3.03
22	7.95	5.72	4.82	4.31	3.99	3.76	3.45	3.26	2.98
23	7.88	5.66	4.76	4.26	3.94	3.71	3.41	3.21	2.93
24	7.82	5.61	4.72	4.22	3.90	3.67	3.36	3.17	2.89
25	7.77	5.57	4.68	4.18	3.85	3.63	3.32	3.13	2.85
26	7.72	5.53	4.64	1.14	3.82	3.59	3.29	3.09	2.81
27	7.68	5.49	4.60	4.11	3.78	3.56	3.26	3.06	2.78
28	7.64	5.45	4.57	4.07	3.75	3.53	3.23	3.03	2.75
29	7.60	5.42	4.54	4.04	3.73	3.50	3.20	3.00	2.73
30	7.56	5.39	4.51	4.02	3.70	3.47	3.17	2.98	2.70
40	7.31	5.18	4.31	3.83	3.51	3.29	2.99	2.80	2.52
50	7.17	5.06	4.20	3.72	3.41	3.19	2.89	2.70	2.42
60	7.08	4.98	4.13	3.65	3.34	3.12	2.82	2.63	2.35
70	7.01	4.92	4.07	3.60	3.29	3.07	2.78	2.59	2.31
80	6.96	4.88	4.04	3.56	3.26	3.04	2.74	2.55	2.27
90	6.93	4.85	4.01	3.53	3.23	3.01	2.72	2.52	2.42
100	6.90	4.82	3.98	3.51	3.21	2.99	2.69	2.50	2.22
125	6.84	4.78	3.94	3.47	3.17	2.95	2.66	2.47	2.19
150	6.81	4.75	3.91	3.45	3.14	2.92	2.63	2.44	2.16
200	6.76	4.71	3.88	3.41	3.11	2.89	2.60	2.41	2.13
∞	6.63	4.61	3.78	3.32	3.02	2.80	2.51	2.23	2.04

R 语言简介

一、R 语言开发环境简介

R 是用于统计分析、绘图的语言和操作环境，是一个自由、免费、源代码开放的软件，被公认为进行统计计算和统计制图的优秀工具。

(一)R 语言安装

可以访问官网(https://www.r-project.org)，在 Download 菜单下单击 CRAN，选择合适的镜像服务器(国内推荐使用清华大学镜像服务器 https://mirrors.tuna.tsinghua.edu.cn/CRAN)，按照提示选择适合计算机操作系统的安装版本，按照提示进行安装即可。

(二)R 语言界面简介

R 语言运行后，界面如附图 1 所示，可以在 Console 窗口输入 R 语言指令，完成本书案例分析中的大部分操作。

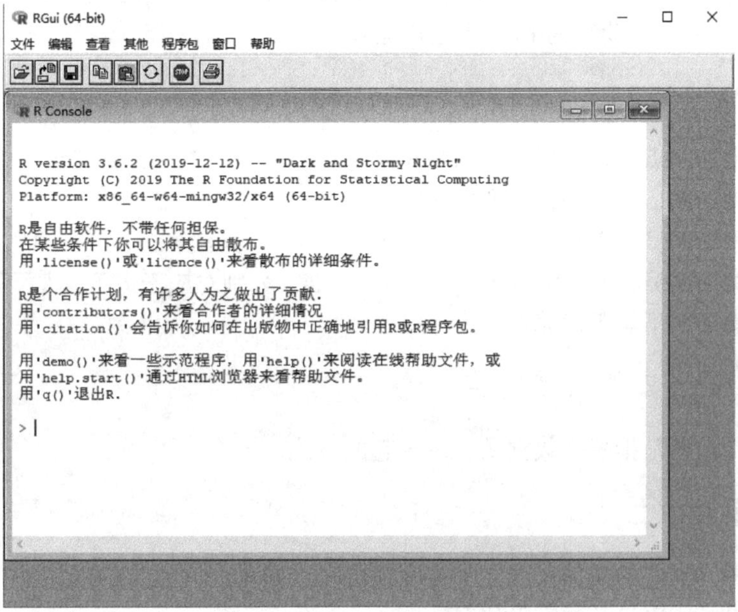

附图 1　R 语言运行界面

二、R 语言中的变量、数据类型与运算

(一)变量

R 语言中的变量是用符合要求的符号(变量名称)指代内存中的某些区域。从形式上

看，变量可以存储原子向量、原子向量组或许多 Robject 的组合。有效的变量名称由字母、数字、点或下划线字符组成。变量名应以字母开头。

R 语言中可以利用“<-”将数据(变量)赋值给某一变量，例如：

```
#在R语言中#号后的内容表示注释
x <- 10
y <- x
print(x);print(y)        #print函数用来显示结果，“；”用来分隔同行的不同语句
## [1] 10
## [1] 10
```

(二)数据类型

(1)整数。R 语言默认使用 32 位二进制(double)存储整数，因此整数的范围为$\pm 2\times 10^9$。

(2)浮点数。浮点数即数学中所说的实数，R 语言中默认使用 32 位二进制(double)存储一个实数。

(3)字符串。R 语言中一个字符串是指一对单引号或双引号范围内的字符，如‘hello’、“good morning”等。

(4)逻辑值。在涉及逻辑判断或逻辑运算时，R 语言用 TRUE(也可以简写为 T)表示逻辑真，FALSE(可以简写为 F)表示逻辑假。

(三)常见的运算符号

对于整数和浮点数，可以使用的常见运算符有+、–、*、/、^(或**)、%%等，分别对应于加、减、乘、除、乘方、取模运算。

常用的逻辑运算符有&、|、!，分别对应与、或、非运算。

常用的关系运算符号有>、>=、<、<=、==、!=，分别对应于大于、大于等于、小于、小于等于、等于、不等于运算。

三、R 语言中的数据结构

数据结构主要是指多个数据结合在一起的方式。

(一)向量

将多个相同类型的数据按照一个维度组合在一起称为向量。在 R 语言中可以利用“c”函数创建向量，下面是几种常见情况：

```
x <- c(1,2,3)
y <- c(x,4,6,7)
u <- c(1.1,2.1,3.1)
v <- c('hello','R','World')
w <- c(TRUE, FALSE)
#下面使用cat函数实现更加灵活的输出显示
cat('\n x=',x);cat('\n y=',y);cat('\n u=',u);cat('\n v=', v);cat('\n w=',w)
```

```
##
## x= 1 2 3
##
## y= 1 2 3 4 6 7
##
## u= 1.1 2.1 3.1
##
## v= hello R World
##
## w= TRUE FALSE
```

向量是由多个数据组合而成的，若想访问特定位置的数据，需要利用“变量名[索引]”的方式来访问。R语言支持下面4种索引方法。

(1) 正整数。当索引为正整数时，R语言将返回向量索引位置处的分量数据，例如：

```
x <- 5:1    #这里用来创建公差为1(-1)的等差数列
print(x[5])
## [1] 1
print(x[c(5,3)])
## [1] 1 3
```

(2) 负整数。当索引为负整数时，R语言将返回向量除索引位置的分量数据，例如：

```
x <- 5:1
print(x[-5])
## [1] 5 4 3 2
print(x[c(-5,-3)])
## [1] 5 4 2
```

(3) 逻辑值。当索引为与向量长度相同的逻辑向量时，R语言将返回向量对应索引值为真的位置的分量数据，例如：

```
x <- 5:1
loc <- x>3
x[loc]
## [1] 5 4
```

(4) 名字。可以利用names函数对向量的每个分量命名，之后可以使用名字来访问对应的分量数据，例如：

```
x <- 5:1
names(x) <- c('a','b','c','d','e')
x[c('b','a')]
## b a
## 4 5
```

注意：当一个字符串向量表示某一分类变量时，通常需要将其转换为因子类型的变量，以方便后续分析处理。下面的例子利用factor函数将表示性别的变量x转换为因子类型的变量y。

```
x <- c('男','男','女','男','女')
y <- factor(x = x,labels = c('男性','女性'),levels=c('男','女'))
print(y)
## [1] 男性 男性 女性 男性 女性
## Levels: 男性 女性
```

可以看出，x 参数是表示分类变量的字符串向量，labels 参数用来说明如何标记(显示)不同类别，levels 参数用来说明原始数据中的类别字符串。

(二)阵列及矩阵

将多个相同类型的数据沿着两个维度(或多个维度)组合在一起称为矩阵(阵列)，示例如下：

```
x <- 1:24
M <- matrix(x,nrow = 4)
cat('matirx M is: \n')
## matirx M is:
print(M)
##      [,1] [,2] [,3] [,4] [,5] [,6]
## [1,]    1    5    9   13   17   21
## [2,]    2    6   10   14   18   22
## [3,]    3    7   11   15   19   23
## [4,]    4    8   12   16   20   24
MM <- array(x,dim = c(3,2,2))
cat('array MM is:\n')
## array MM is:
print(MM)
## , , 1
##
##      [,1] [,2]
## [1,]    1    4
## [2,]    2    5
## [3,]    3    6
##
## , , 2
##
##      [,1] [,2]
## [1,]    7   10
## [2,]    8   11
## [3,]    9   12
```

可以利用 rownames 和 colnames 函数对矩阵的行和列进行命名，也可以使用 dimnames 函数对阵列的各个维度进行命名。

若要访问矩阵或者阵列特定位置的数据，可以采用“变量名[维度 1 索引，维度 2 索引]”的方式(若某一维度没有索引值，表示对该维度不做索引限制)，例如：

```
M <- matrix(1:6,nrow=3)
rownames(M) <- c('r1','r2','r3')
colnames(M) <- c('c1','c2')
print(M[3,2])   #第3行第2列
## [1] 6
print(M[2,])    #第2行
## c1 c2
##  2  5
print(M[-2,2])   #第1,3行，第2列
## r1 r3
##  4  6
print(M[-2,-1])  #第1，3行，第2列
## r1 r3
##  4  6
loc <- M[,1]>2
print(M[loc,])     #矩阵第1列大于2的所有行
## c1 c2
##  3  6
```

(三)数据框

R 语言中的数据框是与现实生活中表格对应的一种数据结构，其特点是沿着两个维度将多个数据组合在一起，同一列的数据类型必须一致，不同列的数据类型可以不同。数据框的各列一般称为组件(变量)。

数据框的创建示例如下：

```
nms <- c("张三","李四","王五")
scores <- c(85,90,95)
d <- data.frame(name = nms,score = scores,stringsAsFactors = F)
print(d)
##   name score
## 1 张三    85
## 2 李四    90
## 3 王五    95
```

对数据框的索引除了可以参照矩阵的方式(这里不再举例)，还可以用“$”记号对组件进行索引，这时返回的结果是向量。需要注意的是，组件名称同时也是数据框的列名。

```
print(d[1,])
##   name score
## 1 张三    85
```

```
print(d[,2])
## [1] 85 90 95
print(d[1,2])
## [1] 85
print(d[,'name'])
## [1] "张三" "李四" "王五"
print(d$name[1:2])
## [1] "张三" "李四"
```

注：在 R 语言中还有一种称为 tibble 的数据结构，可以看成 data.frame 的升级版。本书使用的 tidyverse 包中读取数据文件的函数会返回 tibble 对象的数据。tibble 的一个显著特点是：若 x 是 tibble 对象，则 x[i]会返回由第一列组成的 tibble 对象，x[[1]]会返回第一列的数据(向量)。更多关于 tibble 对象的特点，请参看 tibble 包的帮助文档。

(四)列表

列表是 R 语言中的万能数据容器，它可以将任意类型的数据(变量或 R 对象)沿着一个维度组合在一起，例如：

```
L <- list(a = c(1,2,3),
          b = matrix(1:12,nrow = 4),
          c = data.frame(x = 1:3, y = c('a','b','c')) )
L2 <- c(1,2,L)
print(L)
## $a
## [1] 1 2 3
##
## $b
##      [,1] [,2] [,3]
## [1,]    1    5    9
## [2,]    2    6   10
## [3,]    3    7   11
## [4,]    4    8   12
##
## $c
##   x y
## 1 1 a
## 2 2 b
## 3 3 c
print(L2)
## [[1]]
## [1] 1
##
```

```
## [[2]]
## [1] 2
##
## $a
## [1] 1 2 3
##
## $b
##      [,1] [,2] [,3]
## [1,]    1    5    9
## [2,]    2    6   10
## [3,]    3    7   11
## [4,]    4    8   12
##
## $c
##   x y
## 1 1 a
## 2 2 b
## 3 3 c
```

在R语言中对列表进行索引访问与向量索引的方法类似，需要注意的是索引后的结果是子列表。若想访问到具体的数据，需要使用“[[索引]]”方式。下面是对列表索引的几个例子：

```
print(L[[1]])
## [1] 1 2 3
print(L[[1]][2])
## [1] 2
print(L[1])
## $a
## [1] 1 2 3
```

注意：形如“L[1][2]”的索引是不被支持的。

四、R语言的函数与流程控制

(一)函数

R语言中的函数定义模板如下：

```
函数名 <- function ( 参数列表 ) {
  函数体
  return(返回值)
}
```

注意：上述模板中的中文部分是可以自己定义的，英文部分是固定的形式(后面的模板都遵从这一原则)。

下面的例子演示了定义函数 f(x,y)=3x+4y，并求在点(1,2)处的函数值。

```
f1 <- function(x,y){
  f <- 3*x+4*y
  return(f)
}

print(f1(1,2))
## [1] 11
```

(二)选择分支

R 语言中的选择分支模板如下：

```
if( 逻辑值 ){
  分支1
}else{
  分支2
}
```

下面的例子演示了当 3>5 为真时，显示 Yes，否则显示 No。

```
if(3>5){
  print('Yes')
}else{
  print('No')
}
## [1] "No"
```

(三)循环

R 语言支持 repeat、while 和 for 三种常见的循环结构。

(1) repeat。

repeat 循环支持将某些操作无限重复(需要编写代码，在满足一定条件时强制退出循环)，其模板如下：

```
repeat{
  循环体
}
```

下面的代码利用 repeat 实现了 1 到 100 的累加。

```
i <- 1
s <- 0
repeat{
  s = s+i
  i<- i+1
  if(i>100) break
}
```

```
print(s)
## [1] 5050
```

(2) while。

当 while 循环的条件为逻辑真时，将会循环执行循环体的操作，其模板如下：

```
while(条件){
  循环体
}
```

下面的代码用 while 循环实现了计算 1 到 100 的累加值。

```
i <- 1
s <- 0
while(i<=100){
  s <- s+i
  i <- i+1
}
print(s)
## [1] 5050
```

(3) for。

for 循环会依次将某一向量的值赋给循环变量，并执行循环体的操作，其模板如下：

```
for(循环变量 in 向量){
  循环体
}
```

下面的代码用 for 循环实现了计算 1 到 100 的累加值。

```
s <- 0
for(i in 1:100){
  s <- s+i
}
print(s)
## [1] 5050
```

五、R 语言的高级循环函数

R 语言针对数据分析的特点，内建了针对向量、矩阵(阵列)、数据框及列表的高级循环函数。

(一)向量运算

R 语言中大部分运算都支持运算对象为向量和矩阵。

```
x <- 1:3  #:在R中可以创建公差为1的等差数列
y <- 4:6
print(x+y)
## [1] 5 7 9
```

可以看出，加法运算是在向量 x 与 y 的对应分量间循环执行的。

(二)apply 函数

apply 函数可以沿着阵列的某个维度循环执行指定操作(函数)，例如：

```
M <- matrix(1:12,nrow = 4)
r1 <- apply(M,1,sum)
r2 <- apply(M,2,sum)
print(M)
##      [,1] [,2] [,3]
## [1,]    1    5    9
## [2,]    2    6   10
## [3,]    3    7   11
## [4,]    4    8   12
print(r1)
## [1] 15 18 21 24
print(r2)
## [1] 10 26 42
```

注：因为 apply 的第三个参数是函数，在某些场景下，需要完成一些自定义的操作，但是又不想单独写一个函数。匿名函数可以帮助我们实现这个需求，下面的代码演示了匿名函数的使用方法：

```
M <- matrix(1:12,nrow = 4)
apply(M,1,function(x){sum(2*x)})
## [1] 30 36 42 48
```

这里的 function(x){sum(2*x)}就是一个匿名函数，可以理解为没有函数名的函数。

(三)lapply 函数

lapply 函数将向量(或列表)的每一个分量(组件)循环传递给指定函数，并将结果 y 组合(以列表的形式)返回。

```
x <- 1:3
r <- lapply(x,function(x){x^2}) #这里lapply的第二个参数定义了一个匿名函数
print(r)
## [[1]]
## [1] 1
##
## [[2]]
## [1] 4
##
## [[3]]
## [1] 9
```

与 lapplay 功能类似的还有 sapply 和 vapply，读者可以自行参看 R 语言的帮助文档。

(四)tapply 函数

tapply函数可以将某个支持split方法的R对象(向量、列表)按照某个分组变量分组，将分组后的对象传送给指定函数进行处理，并按分组次序返回处理结果。

```
x <- c(90,85,90,95,99,75)
y <- c('F','M','M','F','F','M')
tapply(x,y,mean)
##  F  M
## 95 83
```